鱼生火，肉生痰，萝卜白菜保平安。

彩读养生馆 5

蔬果养生堂1000例

养生堂膳食营养课题组 编著

中国轻工业出版社

目录

第一章 蔬果知识知多少

第二章 蔬果食疗慢性病

第三章 蔬果食疗常见病

第四章 蔬果食疗亚健康

第五章 蔬果美丽计划

第六章 蔬果四季攻略

第七章 蔬果适宜人群

第八章 蔬果中医养生

书中常用单位换算：1千卡＝4.186千焦

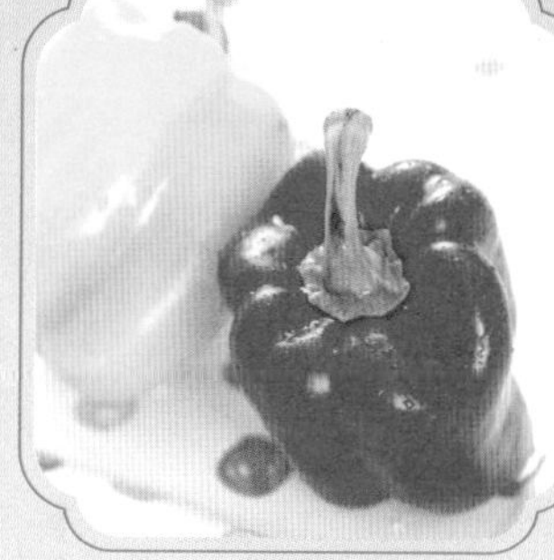

第一章

蔬果知识知多少

『养生之道，莫先于食。』饮食是人类维持生命的基本条件，而要使人活得健康愉快、充满活力和智慧，则需考虑饮食的合理调配。因为食能排邪而安脏腑，悦神爽志以资气血，所以若能用食平疴，适性遣疾，最易收养生之效益。

第一节 蔬果的性味归经及养生功效

YANG SHENG

蔬果有多种保健和医疗效果，人们可以根据自身的体质、健康状态，对症食蔬果，并择优食用，以撷取新鲜蔬果的高营养价值，结合天然药物养生祛病的功效，烹制出具有滋补、祛病功效的药膳，有助于疗疾养生、延年益寿。常吃这些蔬果，可以有效控制体重，减少患病的危险，有效促进人体的健康。

蔬果的四性

蔬果的四性，是指蔬果具有寒、热、温、凉四性，这四性指的是人在吃完这些食物后的身体反应。介于四者之间，既不温不热又不寒不凉，合理食用，才是真正的健康之道。所以要了解蔬果的属性，根据自己的体质选择适宜的饮食，如下表：

蔬果属性	代表蔬果	适宜体质
寒凉性蔬果	芹菜、冬瓜、大白菜、空心菜、芒果、柑、梨等	实热体质的人
温热性蔬果	生姜、韭菜、蒜、辣椒、桃子、荔枝、杨梅等	偏寒体质的人
较平和性蔬果	黄花菜、胡萝卜、李子、柠檬、苹果、大枣、梅子等	各种体质的人

除了要针对自己的体质食用蔬果外，也要注意适量食用。

蔬果的五味

就是指食物中辛、甘、酸、苦、咸五种味，实际上还有淡味、涩味，习惯上把淡归入甘味，把涩归入咸味。

不同的味具有不同的作用和功效，如下表：

蔬果归味	蔬果功效	代表蔬果
苦味蔬果	有清热、泻火、祛湿、降气、解毒等作用	苦瓜、百合、橙、槟榔等
甘味蔬果	有补益和缓解疼痛、痉挛等作用	南瓜、丝瓜、豌豆苗、西瓜、香蕉、无花果、椰子、香瓜等
辛味蔬果	有发散行气、活血等作用	姜、葱、蒜、花椒、辣椒等
酸味蔬果	有敛汗、止喘、止泻、固涩、利尿等作用，同时还能增进食欲，健脾开胃，增强肝脏功能	橄榄、木瓜、石榴、西红柿等
咸味蔬果	有软坚、散结、润下和补益阴血等作用	海带、柿子、莲子等

蔬果的归经

蔬果的归经是指蔬果对人体各部位的特殊作用，它表明蔬果对人体作用具有重点选择性。如白菜归胃经，韭菜归心经。当然，蔬果对人体所起的作用，有一定的适应范围。此外，性味相同的蔬果，归经也有所不同。如同为补益的蔬果，有的归入心经，能养心安神；有的入脾胃经，能健脾开胃。蔬果同药物一样，有一药归两经或三经，也有一菜归两经或三经，如菠菜归肝经、胃经和肠经；黄瓜归肺经、脾经、胃经、肠经、膀胱经等。

蔬果维护健康

蔬果的营养成分是人体很理想的能量来源，各种不同的蔬果营养成分可分别进入人体的某脏某经，从而滋养人的脏腑、经脉、气血乃至四肢、骨骼、皮肤、头发等。如水果及绿叶蔬菜富含维生素C，由于维生素C是抗“坏血病”的维生素，所以又被称为“抗坏血酸”，对维持骨、齿、血液、肌肉等组织的正常机能有很重要的作用。黄色和红色蔬果含有丰富的胡萝卜素，在体内可转化为维生素A，能加快儿童的生长发育、促进智力的发展。蔬果中还含有大量的膳食纤维，能增强肠胃蠕动，加快体内多余和有毒物质的排出。正是蔬果富含这么多的营养素，从而维持了正常的生命活动，并增强了抗御邪气的能力，使人们远离疾病的困扰。

蔬果祛病的基本原理就是利用其四性五味及阴阳属性，补不足，损有余，使机体阴阳达到相对平衡，防病治病，健康长寿。

蔬果帮助排毒

我们一直暴露在充满汽车尾气、香烟烟雾、工厂排放出的化学烟雾等有害化学物质的环境中；我们每天食用的水及食物也含有超标准含量的水银、铅、残留农药等有害物质及食品添加剂等；我们吃下的高油脂、高热量的食物，到了体内会转换成有害物质。上述情况会造成进入我们体内的毒素越来越多，当毒素累积到一定程度，就会引发各种疾病。因此，排除毒素、净化身体是现代人的健康养生秘诀。

蔬果对于排毒有很显著的作用，它们所含的膳食纤维、柠檬酸等成分对阻止毒素在体内积累、分解各种毒素有很好的效果。比如：苹果中的半乳糖醛酸有助于排毒，果胶则能避免食物在肠道内腐化；西红柿含柠檬酸，能帮助清除各器官的毒素，增加血液的碱度以达到健康的目的。因此，适当吃些蔬菜和水果，对维持身体正常机能、保证人体健康大有益处。

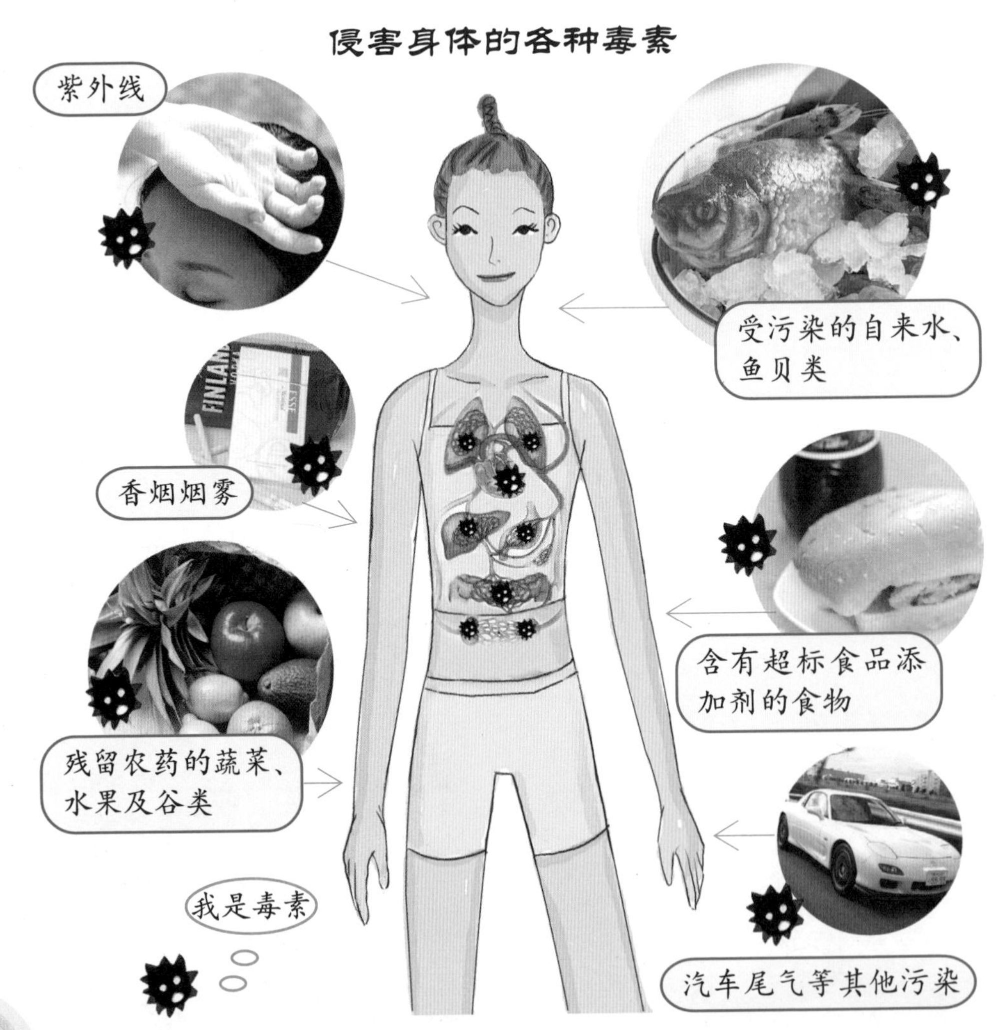

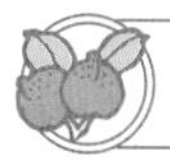

蔬果增强免疫力

蔬菜是膳食纤维、维生素与矿物质的最佳来源，含有β－胡萝卜素、维生素C、维生素A、维生素E等，可以增强人体组织机能及免疫力。蔬果中含有的膳食纤维能促进排便，清除体内有毒物质，减少脂肪的合成，促进消化道的健康，而钾离子和钙离子能帮助排除盐分、中和血酸，所以，多吃蔬果有益健康。

有些水果也含有丰富的钙、铁等矿物质，每日均衡摄取就不会营养失调。建议每天至少吃两种水果，不妨选一种维生素C含量高的水果，另一种则最好选矿物质含量高的水果。而部分水果带皮吃，营养会更全面，如苹果、香瓜、梨等，因为其膳食纤维和营养素都藏在外皮中。

蔬果提升气色

一般而言，营养失调会导致气色不佳，缺少铁、叶酸、维生素B_{12}、维生素C、铜、锌等，更会让人面有菜色，所以应多吃富含上述物质的蔬果。

对于经常脸色苍白、食欲不振、头晕、头痛、无精打采、容易疲倦的人，要留意是否贫血。轻度的缺铁性贫血，只要靠饮食调理，很快就能得以改善。

蔬果开胃消食

日常要多食清淡食物，它可以使人保持好胃口，促进食物中的营养物质得到更好地吸收。经常吃蔬菜，会使胃保持正常的张弛变化，让人具备正常的饥饿感和饱腹感，拥有一个动力十足、消化力一流的胃。《中国居民膳食指南》指出正常的成年人每天应吃500～700克蔬果、水果。每个人都应从小养成吃蔬果的好习惯，从断奶前就开始吃菜泥、水果泥，锻炼、养护我们的胃，逐步建立起一个健康的消化系统。

蔬果筑起抑癌的三道防线

蔬果中的化学物质能在人体中筑起三道防线，抑制癌症的侵袭。

第一道防线

某些蔬果中的化学物质能阻止人体内致癌物质的形成。例如，西红柿中的两种酸类，能阻止人体内亚硝胺的产生；雌激素在人体内会分解成某些致癌物质，而普遍存在于卷心菜和西兰花中的吲哚，能改变这种新陈代谢过程，避免致癌物的产生；大蒜所含的有机硫化物，也能中和人体内某种潜在的致癌物。

第二道防线

一旦致癌物质进入人体细胞，某些蔬菜所含的化学物质如西兰花中的萝卜硫素等，也能进入细胞之内，刺激细胞中的蛋白分子，把致癌物质包围起来。这时细胞膜会自动打开一个缺口，把被包围的致癌物质从细胞内送出，通过血液排泄掉，避免了细胞核的变异。

第三道防线

异鹰爪豆碱(多存在于豆类及其制品中)等蔬果化学物质，能消灭人体内初期形成的直径1～2毫米的癌病灶。已经癌变的组织会不断生长出新的毛细血管，以吸取营养和氧气，异鹰爪豆碱正好能起到抑制癌变组织新生毛细血管的作用，使其因得不到足够营养而萎缩。

经过这三道防线的抵御，使很多癌细胞难以侵袭人体。

第二节 平常蔬果的非常营养

YING YANG

我们每天都应该均衡地摄入各种营养素，这些营养素至少应该包括糖、蛋白质、脂肪、水、维生素、矿物质、膳食纤维等。千万别以为只有米面、肉类、鸡蛋、牛奶等食物才含有这些营养素，蔬果中也含有很多人体必需的营养，并且很多营养素是在蔬果以外的食物中找不到的。

维生素及矿物质

维生素及矿物质是维持身体正常生理机能不可或缺的营养素，而大部分的维生素和矿物质都可以从蔬果中获得，从蔬果里获取维生素及矿物质既经济又安全。这里介绍几种主要的维生素和矿物质，如下表：

	成分	功效	代表蔬果
维生素	维生素A	可维持视力与黏膜细胞的健康并调节皮肤的新陈代谢	南瓜、西兰花、胡萝卜、西红柿、橙、枇杷、山楂、西瓜、樱桃
	B族维生素	能协助能量产生与调整热量代谢，预防疲劳	玉米、南瓜、花生、茄子、菇类
	维生素C	可以抗氧化，抑制黑色素的形成	油菜、薄荷、青椒、白菜、辣椒、菜花、柑橘、枣、山楂和猕猴桃
	维生素E	能抗氧化，延缓衰老	黑芝麻、花生、葵花子
	维生素P	可保护血管，增强维生素C的活性	枣、柑橘
	维生素U	可预防溃疡并促进溃疡愈合	圆白菜、紫菜、甘蓝菜
	叶酸	身体内红血球形成所必需的物质	菠菜、菜花
矿物质	钙	维持肌肉、骨骼、神经系统的正常功能	油菜、小白菜、芹菜、海带
	铁	协助身体的造血功能，大多存在于深绿色蔬菜中	菠菜、香菜、芥菜、木耳菜、苋菜、莴笋、枸杞子等
	锌	是生长必需的矿物质之一	菇类、山芹菜、种子类(如葵花子、南瓜子)、樱桃、山楂等

糖

蔬果的糖分主要有葡萄糖、蔗糖、果糖等。成熟的水果含糖较多，所以吃起来很甜，仁果类的苹果、梨等含果糖较多；浆果类的葡萄等含葡萄糖和果糖较多；柑橘类果实含蔗糖较多；核果类的桃、李子、杏等含蔗糖较多。各种果实含糖量一般在10%～20%之间，枣、葡萄、山楂等含糖量在20%以上。

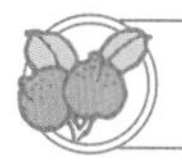

膳食纤维

膳食纤维是人体中的消化酶无法消化的物质，多存于植物中，特别是水果蔬菜中最为常见。膳食纤维分为水溶性膳食纤维和不溶性膳食纤维。水溶性膳食纤维会吸收一些对身体有害的物质排出体外；不溶性膳食纤维在吸收胃及肠里面的水分之后会膨胀，进而促进排便。不但如此，膳食纤维还可吸收胆汁酸并将其排出体外，达到抑制胆固醇的目的。一般来说需咀嚼越久的蔬果，含有的膳食纤维也就越多；从颜色上判断，一般颜色越深的蔬菜，其所含的膳食纤维就越多。青菜类蔬菜水烫之后会缩小，比较容易大量食用，可多吃用醋、酱油等烫拌的青菜，这是非常好的膳食纤维的摄取来源。膳食纤维中还含有一种果胶，存在于未成熟的水果中的果胶是属于不溶性的膳食纤维，存在于成熟水果中的果胶则是属于水溶性膳食纤维。

蛋白质

蛋白质和脂肪是人体不可缺少的营养素，它们对人体的正常生长、发育以及防治疾病都有极其重要的作用。某些蔬果如花生、芝麻、胡桃、葵花子等所含的蛋白质属完全蛋白，内含人体必需的氨基酸如赖氨酸、色氨酸、蛋氨酸、酪氨酸等，故有较高的营养价值。

脂肪

蔬果中所含的脂肪，是人体必需而体内又不能合成的不饱和脂肪酸，它不但是组成人体细胞的基本成分，也是维持细胞膜柔软、有弹性和保持活性的重要物质，在人体新陈代谢中有着维持平衡的作用。如果人体不饱和脂肪酸供应充足，那么头发就会乌黑发亮，皮肤也会光滑润泽、柔软而富有弹性。反之，头发就会变得干燥易脱落，皮肤也会变色干燥粗糙。由于不饱和脂肪酸可以使人容貌秀美，所以也称“美容酸”。很多蔬果，如花生、芝麻、葵花子、油橄榄等都含有丰富的“美容酸”，其中最具代表性的就是油橄榄，从油橄榄中榨取的橄榄油是许多女性心目中的美容圣品。

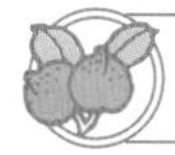

其他

西红柿中富含的番茄红素和香菇中所含的多糖体有防癌功效；胡萝卜中所含的胡萝卜素有抗氧化作用；大蒜中的硒是特殊的植物性化学成分，有助于身体化学反应的平衡；还有海带中的胶质可以让皮肤有弹性、毛发更有光泽……这些对人体有特殊功效的营养素，可以让生理机能维持正常平衡，而且也只能通过蔬果获得。

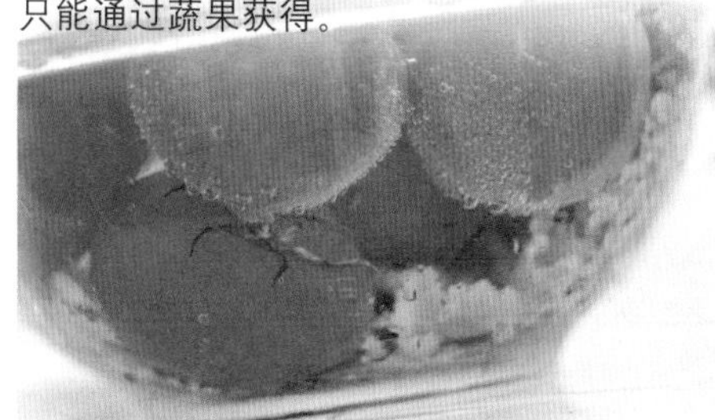

第三节 蔬果的五行五色

WU XING WU SE

中国传统的五行学说，认为世界的元素是由金、木、水、火、土架构而成，此五行各有其代表色，即白、绿、黑、红、黄。而中医学认为人体自成一个完整的小宇宙体系，因此五行学说也可以对应人体的五个重要脏器，即肺、肝、肾、心、脾。这种对应关系透露出一个讯息，只要均衡地食用这五种颜色的蔬菜，就能平衡滋养五脏，增强身体的抵抗力与自愈力，延年益寿。

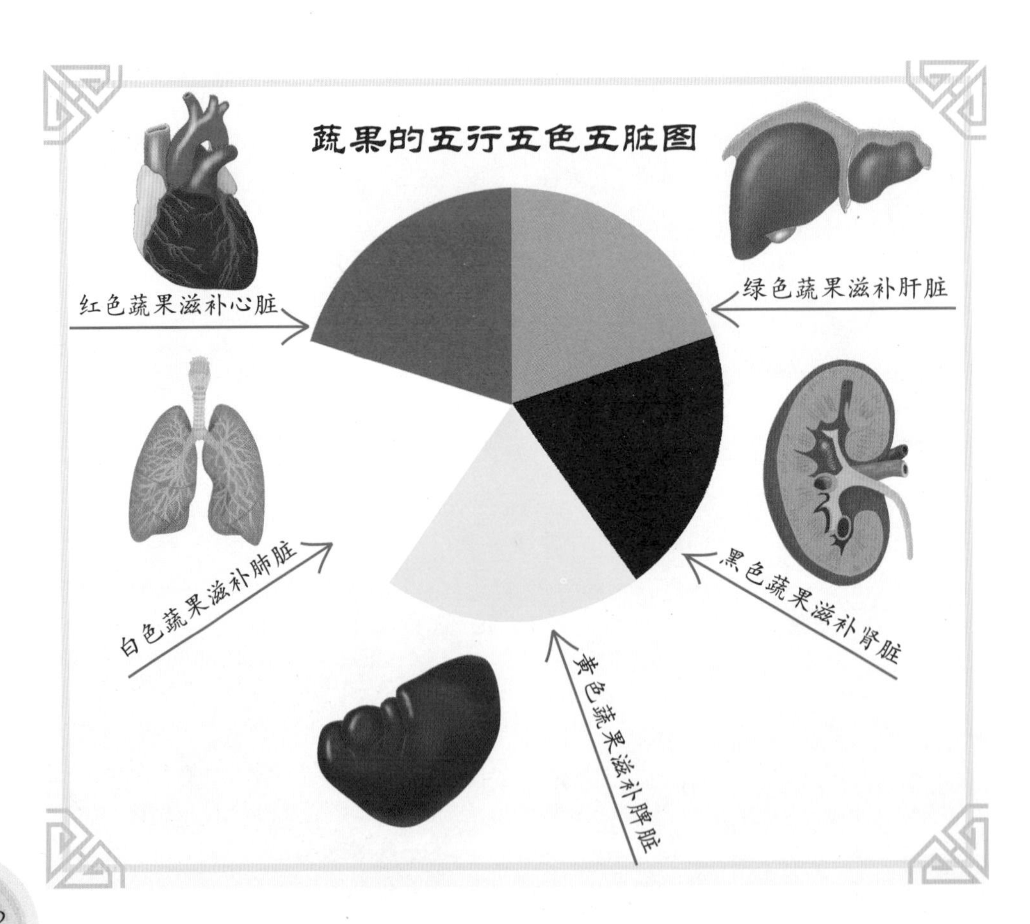

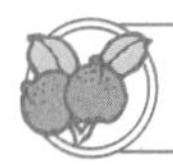

白色蔬果

偏白色的蔬果，如菜花、山药、白萝卜、莲藕、茭白、竹笋、冬瓜、洋葱、大蒜、香蕉、梨等，通常含有丰富的纤维素及一些抗氧化物质，且性质偏凉性，因此有助于安定情绪、理清思绪，对高血压和心脏疾病患者的好处很多。另外，它们还具有提高免疫功能、预防溃疡病和胃癌、保护心脏的作用。

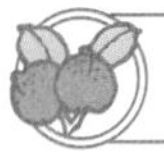

红色蔬果

红色蔬果呈现红色的原因是其含有类胡萝卜素，它能抑制促进癌细胞形成的活性氧，还能提高人体免疫力。代表蔬果有西红柿、红辣椒、红甜椒、胡萝卜、西瓜、草莓、苹果、李子、无花果、樱桃等。它们含有番茄红素、胡萝卜素、维生素A、维生素C、氨基酸、铁、锌、钙等，可以增加人体细胞的活力，预防感冒，并能刺激食欲和神经系统，有益于心脏的健康。这几年来，番茄红素这个词被越来越多的男人所了解，因为这种东西对男人的前列腺有益。于是，这些食品就成了男性饮食的新宠。

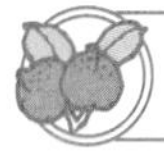

黑色蔬果

黑色蔬果的营养价值最高，包括黑茄子、海带、黑香茹、黑木耳、桑葚、乌梅、黑葡萄等，其表皮之所以呈现黑色，是因为含有丰富的色素类物质，例如原花青素、叶绿素等。这些色素类物质具有很强的抗氧化性，能起到抗衰老的作用。与浅色水果相比，黑色水果含有更加丰富的维生素C，可提高人体抵抗力。此外，黑色水果中的钾、镁、钙等矿物质的含量也高于普通水果，这些矿物质大多以有机酸盐的形式存于水果当中，对维持人体的离子平衡有重要作用。

黄色蔬果

黄酮类物质使蔬果呈现黄色，其具有抗酸化的作用，对动脉硬化、癌症、细胞老化有预防效果。如胡萝卜、南瓜、黄花菜、玉米、甘薯、黄豆以及水果橘、橙、柑、柚、芒果、菠萝等黄色食品，它们含有丰富的胡萝卜素、维生素C、维生素E和少量的油脂，可以健脾、预防胃炎、防治夜盲症、护肝、使皮肤变得细嫩，并有中和致癌物质的作用。黄色蔬果还富含维生素A和维生素D。维生素A能保护胃肠黏膜，维生素D具有促进钙、磷两种矿物质吸收的作用，进而收到壮骨强筋之功效，能延缓生理老化，调节胃肠的消化功能。

绿色蔬果

绿色蔬果如菠菜、芦笋、青菜、芹菜、生菜、青椒、猕猴桃等富含维生素C、维生素B_1、维生素B_2、胡萝卜素和铁、硒、钼等微量元素和大量膳食纤维，有利于维持人体的酸碱平衡，使大便通畅，保持肠道内正常菌群的繁殖，改善消化功能，还有预防紫外线伤害的作用。对高血压及失眠的毛病有一定的镇静功效，因此有益于肝脏的休养生息，可维持良好的肝脏排毒功能，做好体内环保。另外，绿色的蔬菜还含有酒石黄酸，能阻止糖类变成脂肪囤积，可以说是维持好身材所不可或缺的法宝。

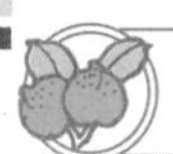

特殊颜色蔬果

之所以颜色特殊，是因为这些蔬果中含有较为特殊的元素，这些元素对人体往往有特殊的保健功效。

紫色蔬果含有对消除眼睛疲劳相当有效的原花色素，这种成分还具有增强血管弹性的功能。紫菜、紫茄子、紫葡萄等都含有丰富的芦丁和维生素C，对预防高血压、心脑血管疾病及遏制出血倾向有一定作用。紫菜中大量的碘，可有效防止甲状腺肿大，而丰富的钙、铁及胆碱还能够帮助我们增强记忆，促进牙齿及骨骼健康。

蓝色蔬果主要是指海藻类的海洋食品。其中的螺旋藻含有18种氨基酸，11种微量元素及9种维生素，可以健身强体、帮助消化、增强免疫力、美容保健、抗辐射等，海藻多糖还有抗肿瘤、抗艾滋病功能。此外，蓝莓也是真正的蓝色食品，它所含的细菌抑制因子、叶酸等，在41种水果蔬菜中的抗氧化能力最强。

蔬果的579原则

蔬果色彩不同，所含的营养成分各有偏重，但却都具有特别的保健功能，了解了它们所具有的营养价值，你会发现哪一种颜色的食物都不能少。但在食用时也要掌握一定的原则。

每天要选择5种不同颜色的蔬果，每日应摄食不同颜色的蔬果各一份，若是未烹饪的生的蔬果，一份相当于一个拳头大；若是煮过的蔬果，一份则相当于半个拳头大。

具体蔬果一份的量可参考下表。

当然，并不是所有的人需要蔬果的分量都一样，就像每个人的拳头大小都不一样。每天5份5种不同颜色的蔬果，是维持健康的基本要求，若要让身体更有活力，远离疾病，成年女性可以将每日摄食7份蔬果定为目标，成年男性则以每日摄食9份蔬果定为目标。

蔬果的类型	一份的量
100%纯蔬果汁	180毫升
一般的绿叶沙拉（生的）	一个拳头大
切碎的、生的蔬果	半个拳头大
煮过的蔬菜	半个拳头大
煮过的豆类	半个拳头大
水果干	1/4个拳头大
新鲜水果（如苹果、橘子、香蕉等）	一个拳头大

第四节 蔬果选购秘诀要领

XUAN GOU

蔬果是否好吃，要看其新鲜度。因为新鲜，才能使蔬果保留最多的养分，口感也更鲜脆清甜。挑选蔬果其实有很大的学问，不同的蔬果有自己独特的标准，要掌握要领，才能买到既美味可口又经济实惠的蔬果。

蔬菜选购要领

我们要挑选根茎饱满、茎叶新鲜的优良蔬菜，已经发皱、褪色的则不宜食用。另外还要注意不要挑选颜色、形状或气味不佳的蔬菜，此类蔬菜可能添加了化学药剂，有害身体，故需小心选择。以下就主要食用的蔬菜部位，为大家介绍挑选的要诀：

叶菜类：主要的可食部分是菜叶与嫩茎，像大白菜、油菜、菠菜、空心菜、甘薯叶、龙须菜等都属于叶菜类。一般可以依照各种叶菜类的性质作为挑选考虑，例如：大白菜叶片要厚、空心菜幼嫩去根、菠菜幼嫩带根。综合来说，叶菜类蔬菜挑选重点是以菜叶肥大、叶面光滑为佳，勿购买菜叶已经枯萎、变色、长斑点的青菜。

根茎类：此类又可细分为①根菜类：是指食用其块茎部的蔬菜，例如胡萝卜、白萝卜、菜头、小红萝卜等；②块茎类：是指食用其根部的蔬菜，例如土豆、甘薯、莲藕等；

③茎菜类：是指食用其茎部的蔬菜，例如芹菜、笋、葱、洋葱等。根菜类蔬菜应挑选形状饱满、结实者为佳；土豆应挑选未发芽者，否则会有毒素；茎菜类则选择鲜嫩、外表无受伤、无腐烂颓软者为佳。

菇蕈类：有干香菇、洋菇、金针菇、木耳等，挑选香菇以菇形完整厚实、干燥度佳、表面带深褐色、菇伞有花形裂纹、伞内呈米白色，闻起来有自然香气的为优。伞内过白或有黑点则属劣等品；表面摸起来粉粉的、闻起来有霉味的表示已有可能出现霉菌。木耳应挑选干燥、正反两面“黑白分明”者为佳，若白色那面出现灰黑的颜色，即不新鲜；水发木耳则挑选闻起来没有异味，颜色没有特别鲜明的为宜。

瓜果类：如苦瓜、冬瓜、茄子、青椒、西红柿等。苦瓜、冬瓜应选择幼嫩、颜色鲜明、无斑点者；茄子应选择肉质饱满但身软、蒂呈鲜绿的；青椒应尽量挑选肉厚、外表大而直、无弯曲的。

豆荚、种子类：如豌豆、四季豆、豆芽菜等，应挑选色泽自然、未染色素、表皮光滑者。

水果选购要领

在选购过程中，可以根据以下选购原则挑选新鲜水果。

基本原则：水果的成熟现象包括果形变大、重量增加、质地变软、果皮转色、香气变浓、糖度增加、酸度减少、苦涩味消除等。

闻香气：成熟的水果会散发出特有的香味，可用鼻子闻水果的底部，若香气愈浓表示水果愈甜，如香瓜、菠萝等。

试重量：同种水果分别置于两手掌上比较重量，或手掌轻拍听声音。较重或声音清脆者通常水分较多，如苹果、香瓜等。

摸软硬：半成熟果实硬而脆，之后会变软。木瓜、香蕉要在肉质变软时食用；但像苹果等水果则适合在半成熟时食用。

辨果色：未成熟水果大多含较多叶绿素而偏绿色，随着水果成熟，类胡萝卜素含量增加而使水果呈橙黄色，如香蕉、橘子等；或是红、紫色的花青素增加而使水果呈红、紫色，如苹果、葡萄等。这些水果的颜色愈深表示甜度愈高。

第五节 蔬果无隐患清洗法

QING XI

很多人健康出现问题，和饮食不洁有很大的关系，特别是蔬果，在食用时要特别注意清洗，以避免农药与细菌的污染。

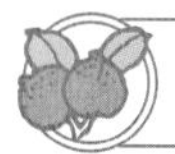

要食用时再洗

从市场买回蔬果后，不要把所有蔬果先洗好再保存，因为这样的话，无论是将蔬果放置于室温下或是冰箱中，都会加速蔬果的腐烂，因此，每次只需现吃现洗。

以流动的水清洗最好

蔬果买回后，可先用水冲掉泥土、菜虫、虫卵等。接下来就是仔细的清洗工作：若是带皮的蔬果，可以用软毛刷子在流动的水下轻轻刷洗；若是圆白菜、大白菜等包叶类蔬菜，就先把外围的叶片丢弃，内叶部分再一片一片在流动的清水下清洗；若是小叶类的蔬菜，可去除叶柄基部再清洗；若是蔬果表面有凹槽或是受伤的部分，则需要切除受伤部分或切开后于流动的水下仔细清洗。

有人喜欢用盐或清洗剂清洗蔬果，其实效果都不大，若清洗不干净反而会残留清洁剂于蔬果上，因此，最好的清洗蔬果的方式就是以流动的水逐个清洗，虽然会浪费一些水，但是这种方式是最安全有效的。

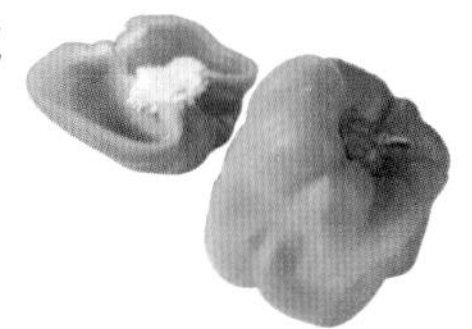

轻刷去皮最放心

若是经过以上的清洗方式，还觉得不放心，可以把一些可以去皮的蔬果去皮食用，就不必担心农药残留的问题了。但是，一些蔬果的皮中含有许多对抗疾病的宝贵物质，例如营养素多存在于果皮中，因此将果皮丢弃了非常可惜，还是建议好好清洗蔬果，把一些可食用的果皮一起吃下去，这样既安全又健康。

存放久一点再食用

若购买的不是有机农产品，可以先放置几天再食用，因为农药在空气中会随着时间而分解成对身体无害的物质。但是，必须注意所买的蔬果种类，像根茎类蔬果较能久放，叶菜类则不能久放。

第六节 蔬果保存有术

BAO CUN

很多人都遇到过这样的情况，买回来的蔬果忘了处理放置到冰箱里，等食用时才发现，蔬果早蔫了。这是因为蔬果被摘取后，本身的水分只会蒸发，不会增加，所以时间一久，就会出现缺水而扁缩的现象，而且宝贵的营养素也会随着水分的蒸发而逸失。

因此，保存蔬果也要方法得当才行，下面介绍几种储藏蔬果的方法：

直立竖放

菜心、葱等蔬菜会在摘采后继续垂直生长、开花，如果平放则会导致茎叶逐渐弯曲、变形，整株就会开始萎倒。因此，将蔬菜的根朝下、叶朝上竖放，可以保存更多的叶绿素、水分和维生素。适合此法的蔬菜有：菠菜、茼蒿、白菜、圆白菜等叶菜类蔬菜。

未熟水果保存法

水果应该现削现吃，但如果买到的是尚未熟透的水果，则应该放置于常温下等熟度够了，再放到冰箱中保存，可使水果维持新鲜。如酪梨、榴莲、芒果、猕猴桃、柿子、木瓜等。

保鲜袋保护

使用保鲜袋保存蔬果，可以阻止养分和水分的逸失，但通常要放入冰箱中才能真正维持蔬果的新鲜度。适合此法的有：小黄瓜、青椒、西红柿等瓜果类蔬菜，还有苹果、梨、芒果等薄皮和软皮的水果。较特别的是荔枝和桂圆这两种水果，如果长时间放在冰箱内，外壳会干硬，并影响到果肉风味，所以建议在装入保鲜袋前，先在水果上喷洒少许水，再放进冰箱，就可以较长时间地保持果肉的新鲜口感。

氽烫法

在煮开的水中加入一小撮盐，放入蔬菜氽烫一下，随即捞起放凉(不能煮至熟)，可以防止花菜类蔬菜继续开花而变枯黄。适合此法的有：菜花、四季豆、青豆等花菜类和豆类蔬菜。

冰箱冷藏与冷冻

这是应用低温保存的原理，温度控制在0～4℃，可以减缓蔬果成熟的速度，并减少腐败的机会，这也是目前最常用、最方便的保存法。如一些硬皮蔬果：萝卜、西瓜、哈密瓜等，可直接放进冰箱中。还有一些水果必须放入冰箱才能久存，如桃子、桑葚、李子、荔枝、桂圆、红毛丹、樱桃、板栗、番石榴、葡萄、莲雾、梨、草莓、山竹、火龙果、甜瓜、柚子等。不过冰箱也不是万能的，最多只能维持两天的新鲜度，如果以纸或保鲜袋包装后冷藏，大约可延长一两天的保存期。适合此法的还有：所有的叶菜类、瓜豆类、菇蕈类蔬菜及辣椒等。

有些蔬果勿冷藏

像香蕉、杨桃、枇杷等千万不要放入冰箱，否则会冻伤。

放置阴凉处保存

一般来说，含糖分较多、表皮较硬且厚的蔬菜，如甘薯、莲藕、萝卜、芋头、土豆等，比较适合放在阴凉处保存，若放在冰箱里反而更容易坏或者发芽。但在阴凉处保存时，这些蔬菜也各有不同。如带着泥土的葱、胡萝卜等，可以把它们埋进花盆的泥土里，露出叶子，就可以保存比较长的时间了；再如洋葱、土豆、蒜头等则可以把它们不经过清洗直接放进网袋或有通气孔的塑料袋中，置于阴暗的地方就可以了。

蔬果冷藏时间不宜超过1周

用冰箱冷藏蔬菜水果，最适宜的温度在0～4℃之间。蔬果在采摘后仍会发生呼吸代谢，出现营养成分的变化，加上细菌的作用，蔬菜中的硝酸盐会转化为亚硝酸盐，这是一种有毒物质，对人体有害。0～4℃的低温可以降低蔬果中酶的活性，延缓呼吸代谢，抑制细菌的生长。

但在此低温条件下，仍不能阻止蔬果中的氨基酸、矿物质和维生素等营养成分的分解或流失，因此放在冰箱里保存的时间不能超过1个星期。

第七节 蔬果烹调里的大学问

PENG TIAO

绿叶类蔬菜的烹饪方法

蔬菜尤其是绿叶蔬菜应采用急火快炒，即加热温度为200～250℃，加热时间不超过5分钟。这样可以防止维生素和可溶性营养成分的流失。但注意急火快炒时不宜放油过多，以免摄入过多油脂，如担心煳锅，可使用不粘锅炒菜。

旺火速炒，锅内温度高，可使蔬菜组织内的氧化酶迅速变性失去活性，防止维生素C因酶促进氧化而损失。据测定，叶类蔬菜用大火速炒的方法可使维生素C保存率达60%～80%；维生素B_2和胡萝卜素可保留76%～94%。而用煮、炖、焖等方法烹制蔬菜，维生素C损失较大，如大白菜切块煮15分钟，维生素C损失可达45%。

大火速炒，由于温度高，翻动勤，受热均匀，成菜时间短，可防止蔬菜细胞组织失水过多，避免可溶性营养成分的损失；同时叶绿素破坏少，原果胶物质分解少，从而既可保持蔬菜质地脆嫩，色泽翠绿，又可保持蔬菜的营养成分。

根茎类蔬菜的烹调方法

对于一些根茎类、新鲜豆荚类蔬菜，如土豆、藕、芋头、四季豆等，烧炖的方法比起热炒的营养损失要少，以每100克土豆和胡萝卜的烹调为例，不同烹调方法其维生素C的留存率如下面两表所示：

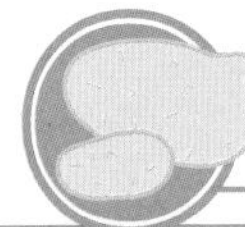

土豆在炒、炖、烧后维生素C的存留率表

烹调方法		烹调前(毫克)	烹调后(毫克)	存留率(%)
炒	去皮、切成丝，用油炒6～8分钟，加盐、酱油	20.8	11.8	57
炖	去皮、切成块，加水及调味品，大火煮10分钟，小火炖30分钟	20.8	12.9	62
烧	切块，用油煸5～16分钟，用水煮5～6分钟	20.8	16.6	80

胡萝卜在炒、炖后维生素C的存留率表

	烹调方法	烹调前(毫克)	烹调后(毫克)	存留率(%)
炒	切成片，油炒6～12分钟，加盐	4.75	3.20	67
炖	切成块，加水及调味品，炖20～30分钟	4.75	4.38	92

从表中可以看出，烧和炖更适宜于根茎类蔬菜。因为，原料切块较大，暴露在空气中的表面积比切丝小；原料先用油煸炒过，原料表面有一层保护性油膜，可减少氧化损失。

大多数蔬菜都须经过热处理后才能食用，营养成分损失是不可避免的。但是，选择适宜的加热方法，控制加热条件，可以降低一定程度的损失。所以在烹调中针对不同性质的原料，选择相应的烹调方式是十分必要的。

几种烹调法的宜与忌

在采用下列方法烹调蔬果时，应注意操作过程中的宜与忌，这样可以使烹调后的味道更好，并能够尽量多地保留蔬果中的营养成分。

烹调法	宜	忌
煮	若采用水煮方式烹调蔬果，必须使用少量水，并且待水沸腾后再将蔬果放入。若是水煮根茎类蔬菜，则需要加盖子，这样可以避免维生素流失，煮的时间约20分钟	水煮蔬果是日常生活中较常使用的方法，不过在水煮的过程不要加过多的水，烹煮沸的时间不宜过长，否则易丢失蔬果中的矿物质和维生素
热炒	热炒时少用油，这样可以保留住汤汁。放入蔬果稍微拌炒后就盖上锅盖，让蔬果全部受热，然后将火关小，这样蔬果就会在本身所含有的水分中煮熟	若油量大、温度高，蔬果中的维生素大多会被破坏
微波	运用微波炉烹煮蔬菜也是快速的方法，以高功率微波烹调，煮到蔬菜刚好变软就可以了，这样能有效保持其清脆的口感	用微波炉水煮及清蒸的蔬菜会损失掉全部维生素 B_1、叶酸与维生素C
调味	在烹调绿色蔬菜时加入盐，会减少对营养素的破坏；红色蔬菜，如木耳菜、红苋菜等，还有白色或淡色蔬菜，如白菜、甘蓝、土豆等，可以在烹煮时，加入少许的酸性物质，如醋，增加其鲜明色彩	不要放小苏打等，这会破坏蔬菜中的维生素C和B族维生素

其他烹调小窍门

蔬菜须先洗后切，切后即烹：蔬菜在烹调前必须清洗。但先洗后切与切后再洗，其营养损失程度差别很大。蔬菜中的水溶性维生素和矿物质等都能溶于水。它们存在于蔬菜组织或汁液中，受到纤维等组织的保护，如组织不破坏就处于稳定状态，因而在清洗时不至于损失营养。

蔬菜加工得越细小，与水接触时间越长，营养成分也就流失得越多。

蔬菜切后浸泡时间与维生素C流失表

切后浸泡	损失率
在洗切后马上测定	0%～1%
切后浸泡10分钟	16%～18.5%
切后浸泡30分种	30%以上

其他各类营养成分也都有不同程度的流失。因此，蔬菜漂洗必须整棵进行(尤其是叶菜类)，这样可以有效地控制水溶性营养成分的流失。

蔬菜经刀工处理后，组织受到破坏，与空气接触和受光面积增大，一些易被氧化和光解的营养成分，如维生素C和B族维生素等，会受到损失，存放时间越长，营养成分损失也就越大。所以，应尽可能缩短切配与烹调之间的时间，应切后即烹。另外，茎叶类蔬菜不宜切得过于细小，以减少营养素的流失。

少去皮、少切细块：蔬菜去皮越少、切的块越大越好，这是因为蔬菜的营养素多集中在外皮，因此去皮或切得细碎会使营养素流失更多。

煮的时间不宜太久：蔬菜烹煮时间不宜过长，以免营养流失过多；如用电饭锅烹煮青绿色易熟的蔬菜，须等电饭锅开关跳起后才放进去焖熟。

避免热炒时放油过多：通常烹制蔬菜时总习惯大火快炒，这样炒出的菜会很可口，但应尽量少放油，否则会使人体摄取过量油脂，增加身体的负担；其次，由于油脂放入锅中高温快炒时，容易因加热过度而发生劣变反应，这些劣变物质虽不至于多到危害身体，但若能避免摄食这些油脂过氧化物，对身体也是非常有利的。另外，由于热油的温度高于滚水，蔬菜在热油中炒拌后，许多营养素会被破坏，所以应减少蔬菜在热油中炒拌的时间。

先煮后拌油：有些蔬菜生吃最好，但如果无法接受生吃蔬菜，可以改变一下烹调方式。先在锅中放入一两碗清水，水量根据蔬菜量而定，等水滚后加入大蒜、姜等调味料，再加入需要烹制的蔬菜，最后将蔬菜捞出，用色拉油或香油拌一下即可。这样既能留住营养，又与炒菜风味相似，是非常聪明的烹调方法。

正确使用高汤，喝出健康功效：用基底高汤制作蔬菜汤时，若材料中有中药材，必须用冷却过的高汤，将中药放入冷高汤中，先浸泡后慢火煮滚，其精华才能完全释出。

饮食的高营养搭配

每次选用3～5种蔬菜：每天食物中一定要搭配含维生素A、维生素C、维生素E及β－胡萝卜素的蔬菜，以达到抗氧化功效，并时常变换蔬菜种类与颜色，以深色蔬菜搭配淡色蔬菜。颜色愈深抗氧化能力愈强。深色蔬菜有：菠菜、油菜、荷兰芹、韭菜、各色甜椒、红辣椒、南瓜、西红柿等。淡色蔬菜如：芹菜、圆白菜、莴笋等，可搭配藻类、菇蕈类等食用。

添加热性食材缓和蔬菜凉性：蔬菜属性多为“平性”与“寒凉性”，肠胃敏感、常拉肚子、偏寒性体质的人可以加些温热性材料一起煮，以调和属性。最方便的方法就是加些具有温热属性并能提味去腥的调味料，如大蒜、姜、辣椒、香菜等。

需搭配富含蛋白质的食物：蛋白质是构成一切细胞和组织结构必不可少的成分，可转化为热量，所以即使想瘦身的人也不能不摄取蛋白质。而富含蛋白质的蔬菜为牛蒡、甘薯等，其他蔬菜中亦含有或多或少的蛋白质。但较优质的蛋白质存在于鱼、肉、豆、奶、蛋中，因此也必须适当搭配此类食物。

每日蔬果摄取量维持在500～700克：目前中国人的蔬果摄取量普遍不足。这里所说的每日蔬果摄取量是指去除蔬果不可食部分外皮、子、核、根茎或枯黄叶片等之后的净重。

巧做蔬果沙拉

◆ 做水果沙拉时，可在普通的蛋黄沙拉酱内加入适量的甜味鲜奶油，制出的沙拉奶香味浓郁。

◆ 在沙拉酱内调入酸奶，可打稀固态的蛋黄沙拉酱，用于拌水果沙拉，味道更好。

◆ 制作蔬菜沙拉时，如果选用普通的蛋黄酱，可在沙拉酱内加入少许醋、盐，更适合中国人的口味。

◆ 在沙拉酱中加入少许鲜柠檬汁，或白葡萄酒、白兰地，可使蔬菜不变色。

◆ 制作蔬菜沙拉时，叶菜最好用手撕，以保新鲜，蔬菜洗净沥干水后再用沙拉酱搅拌。

◆ 沙拉入盘前，用蒜头擦一下盘边，沙拉味道会更鲜。

第八节 蔬果饮食宜与忌

YI YU JI

蔬菜宜一餐吃完

新鲜蔬菜，一次不要烹调太多，烹调后即食，一餐吃完，不要反复加热接着食用。

蔬菜中除含丰富的矿物质和维生素外，还有相当多的硝酸盐和亚硝酸盐，特别是韭菜、芹菜、萝卜、莴笋等，这些蔬菜在新鲜时及刚炒熟时，硝酸盐以本身形式存在；但当蔬菜过夜或重新加热时，硝酸盐可以被细菌作用还原成亚硝酸盐。当大量亚硝酸盐摄入体内，进入血液中，可与血液中的血红蛋白形成高铁血红蛋白或亚硝基血红蛋白，使血红蛋白失去携氧功能，使人体呈缺氧状态。其次，蔬菜经过反复加热，维生素损失殆尽，失去蔬菜的营养价值。因此，蔬菜最好现炒现吃，不要吃隔夜的剩菜。

老年人不宜长期吃素

老年人由于热量消耗减少、食欲减退，或者出于减肥和防治高血压的目的而禁荤吃素。这实际上是不智之举，对身心健康有害。

人体衰老、头发变白、牙齿脱落、骨质疏松及心血管疾病的发生，都与锰元素的摄入不足有关。缺锰不但影响骨骼发育，而且会引起周身骨痛、乏力、驼背、骨折等疾病。缺锰还会出现思维迟钝、感觉不灵。

植物性食物中所含的锰元素，人体很难吸收，而肉类食物中虽然含锰元素较少，但容易被人体吸收利用。所以，吃肉是摄取锰元素的重要途径。因此，老年人不宜吃素。

炒蔬菜前宜沥尽水

蔬菜经水洗涤或氽烫后，在烹调前，必须把蔬菜表面的水沥尽控干，尤其是叶菜类。若将原料从水中捞出后就迅速投入油锅中大火快炒，不仅会“炸锅”溅油，而且会越炒水溢出越多，使蔬菜中大量可溶性营养成分随汁液扩散到汤汁中，不仅影响成菜的营养价值，也影响成菜的口感和风味。

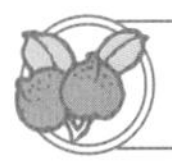

忌食未腌透的酸菜

未腌透的酸菜含有大量的亚硝酸盐，进入人体血液循环中，将正常的低铁血红蛋白氧化为高铁血红蛋白，使红细胞失去携氧功能。导致全身缺氧，出现胸闷、气促、乏力、精神不振等症状。此外，亚硝酸胺类化合物还是致癌物质。

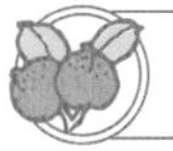

补充维生素C宜用蔬菜

维生素C制剂，应用范围很广，不少人就误认为服用维生素C制剂与食用含维生素C食物的效果是一样。事实上，天然食物中所含的维生素C与人工合成的维生素C是不尽相同的。

人工合成的维生素C是纯药物制剂，在效果上远不如天然维生素C。此外，服用合成制剂往往用量较大，若长期服用可在体内形成草酸，而这是形成肾脏草酸盐结石的潜在威胁。相反，水果、蔬菜中的维生素C，不会导致尿液中草酸含量过高。因此，不要用维生素C制剂替代蔬菜、水果。

对一个健康人来说，每日维生素C的需要量为50～150毫克。自然界中富含维生素C的食物有鲜枣、柑橘、山楂、雪里蕻、辣椒、蒜苗、西红柿及许多野生菜果等，适当食用即可满足人体每天对维生素C的需要。

吃水果宜在饭前

水果所含的热量高于蔬菜，可以代替部分主食。每日吃200～250克水果所提供的热能约相当于25克主食。同此，如果经常过量食用水果，同样可因热量过剩而使身体发胖。不过在饭前30分钟左右吃一些水果或饮一些果汁，水果内所含的果糖能使体内所需的热量得到满足，对食物的需求减少，特别是对脂肪的需要量大大降低，有抑制食欲的作用。这样可有效防止体内脂肪的积存，从而减轻体重。实验还表明，餐前饮用果汁的人，在进餐后所吸收的热量比平时减少20%～40%，这也有利于减肥。

吃水果要洗净或削皮

经过农药喷洒的果皮中常常会积存较多的农药残留物。若长期食用未清洗干净的水果，会使身体里的有毒物大量增加，危及人体健康。因此，在吃苹果、梨等水果时，要彻底洗净再吃，若处在无法清洗的条件下，一定要削皮再吃，千万不要随便擦擦就吃。

水果腐烂不宜吃

水果腐烂后会产生真菌，有相当一部分真菌在繁殖过程中会产生有毒物质。这些有毒物质可以从腐烂部分通过果汁向未腐烂部分扩散，使未腐烂部分同腐烂部分一样含有微生物的代谢物，尤其是真菌毒素。特别严重的是有些真菌毒素具有致癌作用，所以，尽管去除了腐烂部分，剩下的水果仍然不可以吃。

水果不能与海味同吃

海中的鱼、虾、藻类，都含有大量的蛋白质和丰富的钙、铁等矿物质。如果与含鞣酸量较多的水果（如石榴、山楂、柿子、青果、葡萄、酸柚、柠檬、杏、海棠、李子、酸梅等）同食，不仅会降低蛋白质的营养价值，还容易使海味中的钙、铁与鞣酸结合成一种新的不容易消化吸收的物质，这种物质能刺激肠胃，引起不适，严重者可发生恶心、呕吐、腹痛等现象。因此，这些水果不宜同海味同时食用，一般间隔几个小时再食为宜。

哪些果皮不宜吃

◆凡是外皮鲜艳的水果都应该削皮后食用，因为它们的果皮含有丰富的“炎黄酮”。这种化学物质进入人体，经肠道细菌分解成为二羟苯甲酸等，对甲状腺有很强的抑制功能，到一定程度会引起甲状腺浮肿。

◆荸荠生于肥沃水泽，其皮聚集着有害有毒生物的排泄物和化学物质，因此一定要去皮后煮熟再吃。

◆柿子成熟后，鞣酸便存在于柿子皮中，这种物质在胃酸作用下，与蛋白质发生作用生成沉淀物——“柿石”，易对胃黏膜造成损害。

第九节 蔬果也惹祸

RE HUO

吃蔬果不可过量。尽管蔬菜和水果含有诸多对人体有益的成分。但饮食讲究的是适量均衡原则，什么都不可过食，所谓物极必反。一旦过量食用蔬果也会惹祸，如很多“蔬菜病”“水果病”纷纷找上这些贪食者。

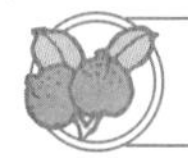

蔬菜病

多吃甘薯——易烧心：甘薯含有较多的氧化酶和粗纤维，在人肠胃里会产生大量二氧化碳气体引起腹胀；同时由于它含糖量高，吃多了会在胃内产生大量的酸，出现烧心等症状。因此，甘薯不宜多吃。

多吃辣椒——易致癌：辣椒所含的辣椒素对癌细胞有杀伤作用，平常少吃点辣椒，可以防癌、抗癌，但过多食用，辣椒素亦可破坏正常细胞，易致癌。由此可见，吃辣椒应该适量，不可过量，以免对人体健康造成危害。

多吃酸菜——易导致结石：腌制的酸菜中含有大量的亚硝酸盐，此外由于它酸度高，食用后在肠道内形成的草酸钙会被大量吸收，容易沉积形成结石。另外，酸菜在腌制过程中，维生素C被大量破坏，降低了营养价值。因此酸菜不宜多吃。

过多吃紫菜——易导致甲亢：紫菜食用方便，味道鲜美，是很受大众喜爱的食品。但是，紫菜却不可过量食用。成年人每天食用最多不可超过七八片；如果长期过量食用，将会因为吸收过多的碘而导致甲亢。

变质青菜——易导致肠源性紫绀：“青菜病”也叫“肠源性紫绀”。人如果吃了变质的青菜，或吃菜的量一次太多，吃的青菜焖煮的时间太长、放置时间太久，都会使人血液中的亚硝酸盐大大增多。患者会出现程度不同的缺氧症状，如口唇及指甲甚至全身皮肤青紫、气促，有恶心、呕吐、腹痛、腹泻等症状，重者可出现昏迷抽搐，甚至死亡。

生吃菜豆——易导致中毒：芸豆、扁豆、四季豆和黄豆等豆类中含有皂素、植物血球凝集素和抗胰蛋白酶因子。这些豆如果生吃或没熟透吃可引起中毒反应。症状有：恶心、呕吐、腹痛、腹泻、头晕、头痛等，多在食后3～4小时发生，一般两天左右可恢复。饮用未煮透的豆浆也会引起上述症状。

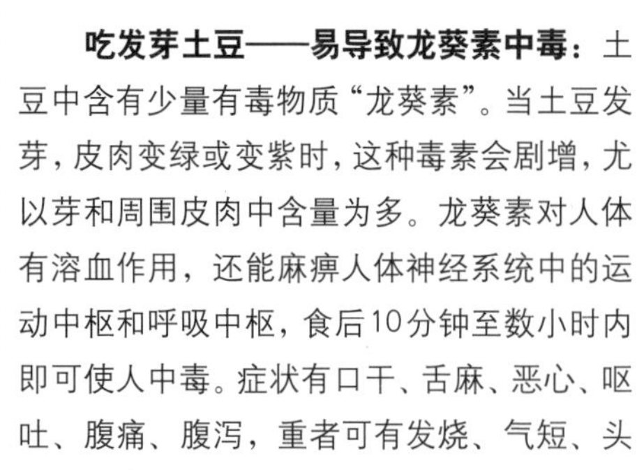

吃发芽土豆——易导致龙葵素中毒：土豆中含有少量有毒物质“龙葵素”。当土豆发芽，皮肉变绿或变紫时，这种毒素会剧增，尤以芽和周围皮肉中含量为多。龙葵素对人体有溶血作用，还能麻痹人体神经系统中的运动中枢和呼吸中枢，食后10分钟至数小时内即可使人中毒。症状有口干、舌麻、恶心、呕吐、腹痛、腹泻，重者可有发烧、气短、头晕、耳鸣、畏光、抽搐等症状，甚至因呼吸中枢麻痹而死亡。

吃鲜黄花菜——易导致秋水仙碱中毒：鲜黄花菜中含有一种叫做秋水仙碱的物质，食用后会在30分钟至4小时中出现中毒症状。轻者出现嗓子发干、胃区灼热不适、恶心呕吐，重者会有腹胀、腹痛、腹泻，甚至便血、尿血、尿闭。因此，在食用鲜黄花菜时，应将其放在水中浸泡两小时，挤出水分再进行烹调。煮的时间应长一些，不要大锅炒食，以免受热不匀而使有毒物质残留。

吃无根豆芽——易致癌：无根豆芽有的是用化肥生发的。化肥内常会含有氮类化合物，人食用后，在肠道细菌的作用下会转化为亚硝胺，这是一种强致癌物。因此，在采购时应注意识别。

多吃未成熟的西红柿——易导致中毒：茄科植物多少带有毒性，未成熟的西红柿尤为明显。半青半红的西红柿含有毒性的龙葵素，吃后会在胃中分解成番茄次碱，进食时会感到苦涩难咽，食后可发生中毒。中毒表现为咽喉麻痒、胃部灼痛、恶心呕吐、头晕、胃肠炎等症状，严惩者抽搐死亡。

多吃鲜木耳——易导致皮肤疾病：鲜木耳中含有一种叫卟啉的光感物质，人体摄入这类物质后若被太阳照射，会引起皮肤瘙痒、水肿，严重的还可导致皮肤坏死。若水肿发生在咽喉部，则可出现呼吸困难。干木耳是鲜木耳经过太阳暴晒处理后的产品，在暴晒过程中，卟啉大部分被分解破坏。所以要吃干木耳而不能吃鲜木耳。

蔬菜吃法不当也影响健康

人人都知道吃蔬菜好，但一些不合理的食用方法同样会带来身体的危害。以下是3种不当的蔬菜吃法，一定要注意：

◆ **饭前吃西红柿：**饭前吃西红柿，容易使胃酸增高，会产生烧心、腹痛等不适症状。而饭后吃西红柿，由于胃酸已经与食物混合，胃内酸度会降低，就能避免出现这些症状。

◆ **胡萝卜汁与酒同饮：**如果将含有丰富胡萝卜素的胡萝卜汁与酒一同摄入体内，可在肝脏中产生毒素，引起肝病。

◆ **炒苦瓜不汆烫：**在炒苦瓜之前，应先把苦瓜放在沸水中汆烫一下去除草酸，因为苦瓜中的草酸可妨碍食物中钙的吸收。

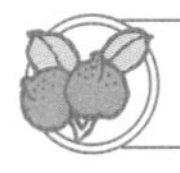

水果病

多吃荔枝——易得“荔枝病”：荔枝所含的单糖绝大部分是果糖，果糖要比葡萄糖难消化得多。如果一次吃荔枝过多，或连续多吃，除能导致发热上火外，往往还会得“荔枝病”，轻则恶心、出汗、四肢无力，重则头晕、昏迷、甚至突然抽搐，若不及时抢救，可在数小时内致人死亡。因此切记：荔枝不可多吃。

多吃葵花子——易导致脂肪肝：葵花子中含有一定量的不饱和脂肪酸，如果食用过多，会消耗体内大量的胆碱(维生素B_4)，从而使体内的脂肪代谢发生障碍，令大量脂肪堆积于肝脏形成脂肪肝，从而影响肝细胞的功能。另外，胆碱是构成乙酰胆碱的主要成分，而乙酰胆碱对神经冲动的传递起着重要作用。因此，为了防止身体缺乏胆碱，葵花子是不宜食用过多的。

多吃芒果——易导致过敏：芒果中含有果酸、氨基酸等刺激性物质，一旦果汁沾到嘴角处，易刺激皮肤，引发红肿、皮炎等。所以，最好将果肉切成小块，直接送入口中，吃完后应立即漱口、洗脸。

多吃榴莲——易消化不良：榴莲中含有丰富的植物蛋白，吃多了难消化。

多吃桃子——易上火：容易上火，凡是内热偏盛、易生疮疖的人不宜多吃。但是，吃果脯就没有这个弊端。

过多吃杏——易导致消化系统疾病与龋齿：杏除含有独特的苦杏仁苷、黄酮类物质，是防癌抗癌的佳果外，它还具有强烈的酸性，胃内的酸性液体增多了，会引起消化不良和溃疡病。同时，由于杏性温，食用过多会上火，容易诱发疖肿和腹泻，并对牙齿不利，容易发生龋齿。我国自古以来就有“杏伤人”之说，因此不可一次过多食用。

多吃柿子——易产生柿石：柿肉含有大量的单宁、柿胶酚，单宁收敛力强，故便秘患者不宜多吃。另外，空腹吃柿子或吃蟹后食柿子，易产生柿石。因此，胃炎、胃酸过多、脾胃虚寒等病人，及在空腹、劳累后最好不食或少食柿子。

多吃桑葚——易导致出血性肠炎：桑葚中含有胰蛋白酶抑制物质，过多食用能使肠道中的各种消化酶(特别是胰蛋白酶)的活性减弱，易引起出血性肠炎。同时，还会出现头晕、鼻出血、昏迷等症状。因此，桑葚是不宜多吃的。

多吃桂圆——易导致上火：桂圆为温热性水果，多食能导致生热上火，故阴虚火旺、咽喉肿痛、齿龈肿痛、鼻出血者忌用。

多吃橘子——易导致上火：中医学认为，橘子性温、味甘，能补阳益气，但易引起燥热。据营养学家测定，橘子中糖和维生素C等营养成分的含量在水果中是较高的，每100克蜜橘含热量57千卡。食用大量橘子后，所摄入的热量既不能转化为脂肪贮存在体内，也不易及时消耗掉，只能集聚在人体内，于是便使人“上火”。“上火”会使人（特别是小孩）的抵抗力降低，从而容易引发口腔炎、牙周炎、咽喉炎等各种炎症。因此，吃橘子一定要适量，一次不宜吃得过多。

多吃西瓜——易导致肠胃不适：一次吃西瓜过多，大量的水分吃进胃里会冲淡胃液，引起消化不良，过度的凉刺激又会减弱胃的正常蠕动，使胃功能受到不良影响，从而使人失去食欲；西瓜味甘性寒，体虚胃寒的人吃西瓜过量，还很容易引起腹胀、腹痛、腹泻。

果汁不等于水果

许多人认为果汁营养丰富，饮用又很方便。其实，果汁不能完全代替水果。

果汁饮料一般都含有各种添加剂，如色素剂、防腐剂等，这对儿童健康的危害不可忽视。如果孩子天天喝饮料，过量色素进入体内，容易沉积在他们未发育成熟的胃肠黏膜上，引起食欲不振和消化不良，干扰体内酶的代谢，对孩子新陈代谢和身体发育造成不良的影响。

同时，各种果汁饮料都含有较多的糖或糖精以及大量的电解质，会阻碍人体对铜的吸收，铜缺乏也会影响血红蛋白的生成，从而导致贫血。有时孩子们厌食恰恰是由于过量食入果汁中的高糖及其他天然营养成分引起的。

另外，有一种“果汁尿”病，发生率正呈增长趋势，其原因就在于人们饮用果汁太多，其中大量的糖不能为人体吸收利用，而是从肾脏排出，使尿液发生变化所致。这种情况日久天长就会引起肾脏病变。

因此，建议父母们在给儿童饮用高浓度果汁时应该用水稀释，同时应该有节制地让孩子饮用果汁。

第二章

蔬果食疗慢性病

在生病时如何最大限度地提高生命质量，摆脱疾病的威胁，恢复健康体魄？我们试着为自己找出最自然、最适当的饮食方法，希望找回遗失已久的健康。

第一节 心脏病

XINZANGBING

心脏在人的一生中跳动近26亿次。一旦心脏停止跳动而通过抢救不能复跳，那就意味着生命终止。心脏病被认为是人类健康的头号杀手。全世界1/3的人口死亡是由心脏病引起的，而我国，每年有几十万人死于心脏病。

临床症状

心脏病是一种慢性病。若患者有胸部发紧或窒息感，便要小心了，这种症状常见于心绞痛或心肌梗死发作。胸部尖锐刺痛是心包炎的常见表现。心脏病患者常能够感觉到心脏扑动感、撞击感、敲击感或奔腾感，即所谓的心悸；同时还伴有呼吸短促，腿、踝、腹部、肺脏及心脏液体潴留，头晕、虚弱或晕厥发作，不规则心脏搏动反复发作且持续时间较长等症状。

病因解析

心脏病的成因很复杂，其中胆固醇是心脏病的主要元凶，由于血液里脂肪太多导致斑块形成，从而将心脏血管堵塞引起心脏病。

另外，炎症也是心脏病的帮凶。当炎症发生后，胆固醇斑块引起免疫系统做出反应，使白血球急剧增加，即炎症使胆固醇斑块破碎，而当一个斑块破碎后，那些免疫防卫因子——白血球就被释放出来，这些白血球形成血栓，将血管堵塞，使血液流通中断，从而导致心脏病。除先天因素外，心脏病也多与生存环境、生活习惯、性格有关。

蔬果养生经

在一天三餐的设计中，运用一些蔬果的食疗方，通过合理的膳食，能有效地促进心脏的健康。例如每天进食5份富含抗氧化物的水果和蔬菜，包括西兰花、胡萝卜、圆白菜、西瓜、苹果、荔枝等。它们中含有的维生素C、维生素E以及β－胡萝卜素抗氧化物能中和具有破坏性的自由基。这些营养物能保护动脉壁，不让动脉粥样斑块在上面积聚。多吃蒜可以有效阻止血小板的凝聚，降低总胆固醇含量。同时，还要多吃西红柿，它是最佳的番茄红素来源。番茄红素能保护心脏，仅半杯番茄酱就能提供22毫克番茄红素，对心脏病的康复有非常大的助益。

养生食谱推荐 >>

山药含有大量的黏液蛋白、维生素及微量元素，能有效阻止血脂在血管壁的沉积，预防心血管疾病；金橘果实含金柑及丰富的维生素 C、维生素 P，对防止血管破裂，减缓血管硬化有良好的作用，对心脏病有很好的辅助疗效。

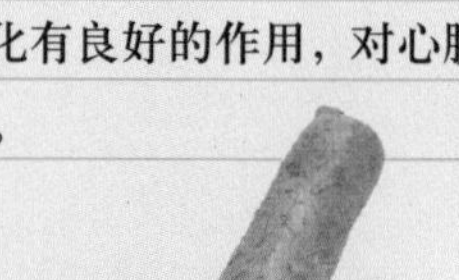

橘山药粟米粥

【材料】鲜山药1000克，金橘、粟米各50克

【调料】白糖15克

【做法】1.金橘洗净，切片。

2.山药去皮洗净，切片。

3.将山药与金橘片及淘洗干净的粟米一同入锅，加适量水，用大火煮开后，改用小火熬煮至材料成熟。

4.加入白糖即成。早晚分服。

萝卜芹菜汁

【材料】胡萝卜1/2根，芹菜80克，苹果1/2个，柠檬1/4个

【做法】1.胡萝卜洗净去皮，切成适当大小的块。

2.芹菜洗净去根，切成适当大小的块。

3.苹果洗净去皮和心，切成适当大小的段。

4.柠檬洗净去皮和内子，切成适当大小的块。

5.所有材料放入榨汁机中榨汁即可。

苹果是心血管的保护神，因为它不含饱和脂肪酸、胆固醇和钠；柠檬能缓解钙离子对血液凝固的促进作用，可预防和治疗心肌梗死；芹菜独特的芳香气味，具有镇静安神的作用；胡萝卜含有的某些成分具有增加冠状动脉血流量，促进肾上腺素合成的作用。

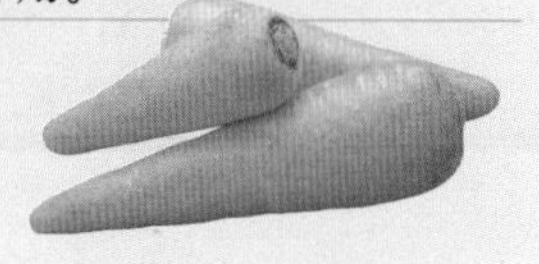

海带瘦肉粥

养生谈 海带含有昆布素，有清除血脂的作用，能使血中胆固醇含量显著降低；海带淀粉硫酸脂为多糖类物质，也具有降血脂的功效，另外，海带中还含有大量的甘露醇。因此，经常食用海带对防治心血管疾病非常有好处。

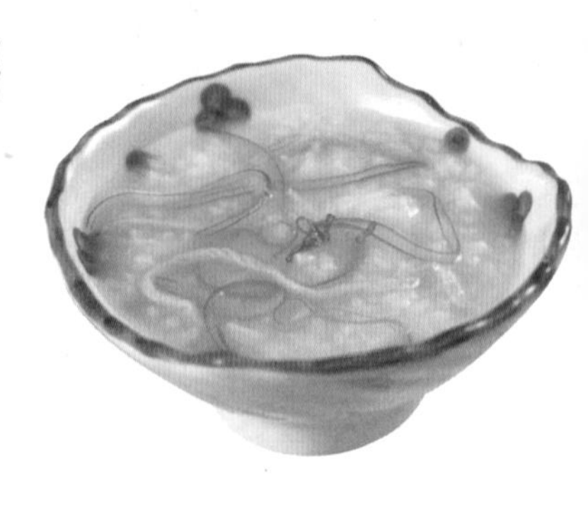

【材料】海带10克，猪瘦肉150克，大米100克

【调料】盐适量，葱花少许

【做法】1.海带用温水泡发开，择洗干净，切丝；猪肉洗净，切细丝。

2.大米淘净，放入锅中，加清水适量，浸泡5~10分钟后，小火煮粥，待沸后，放入海带、猪肉丝，煮至材料成熟。

3.根据个人口味，放入盐及葱花调味即可。

翡翠鸳鸯带子

【材料】西兰花200克，面粉100克，急冻带子50克，鸡蛋1个

【调料】盐、白糖、胡椒粉、淀粉、高汤各适量，姜片、葱段、蒜蓉各少许

【做法】1.将西兰花洗净、掰成小朵，用沸水氽烫熟。带子用沸水氽烫一下，沥水备用。

2.将鸡蛋打成蛋液，与适量清水倒入面粉中，加入部分盐、部分胡椒粉，搅拌成蛋面糊，放入带子。

3.锅内倒油加热，将裹上蛋面糊的带子放入油中炸至金黄色，沥油装盘。将淀粉、白糖、剩余盐、剩余胡椒粉加入高汤内，搅拌成芡汁。

4.锅内留底油，放入姜片、葱段、蒜蓉煸香，将西兰花放入锅内，倒入芡汁翻炒入味，淋在炸好的带子周围即可。

养生谈 西兰花含丰富的蛋白质、脂肪、糖类及较多的维生素A、维生素C、B族维生素和较丰富的钙、磷、铁等，其中维生素A是白菜的30倍，维生素C是苹果的20倍。还有类黄酮和维生素K，可减少心脏病和中风的发生。此菜心脏病、癌症患者可多食用，但尿路结石者忌食。

香煎茄片

【材料】长茄子2个，红椒、青椒各250克，蒜苗、海米各100克

【调料】葱末、姜末、蒜末、盐、胡椒粉、蛋黄液、白糖、酱油、鸡精、水淀粉、干淀粉、高汤各适量

【做法】1.将茄子洗净去皮切成厚片，在表面剞几刀，放进盐水中浸30分钟，取出沥水，裹上干淀粉，再裹上一层蛋黄液；海米、红椒、青椒分别洗净切成粒；蒜苗洗净，切成小段。

2.锅内倒油烧至四成热，下茄片炸至金黄色。

3.锅内留底油，放入葱末、姜末、蒜末煸香，放入青椒、红椒、海米，倒入少许高汤，下茄子片，加盐、胡椒粉、酱油、白糖、鸡精，翻炒至茄子入味，用水淀粉勾芡，下蒜苗段炒熟即可。

养生谈

本菜含有丰富的维生素E和维生素P，能增强人体细胞间的黏着力，改善微血管脆性，降低血液中胆固醇浓度和血压。其中，茄子所含的黄酮类化合物具抗氧化功能，可防止细胞癌变，同时可调节血压，保护心脏。不过虚寒腹泻、皮肤疮疡、孕妇以及目疾患者要忌食。

清凉西瓜盅

【材料】小西瓜1个，菠萝肉50克，荔枝5个，苹果1个，雪梨1个

【调料】冰糖适量

【做法】1.将菠萝肉切块；荔枝去壳取肉备用；苹果、雪梨洗净，去皮、核，切块备用。

2.西瓜洗净，在离瓜蒂1/6的地方呈锯齿形削开。将西瓜肉取出，去子、切块备用。将西瓜盅洗净备用。

3.锅内放水煮沸，放入冰糖煮化，再加入全部水果块略煮，晾凉后倒入西瓜盅中，再放入冰箱冷藏，食用时取出即可。

养生谈

西瓜是含水量最多的水果，若中暑发热、口干多汗、烦躁疲劳时，吃几块西瓜或喝一杯西瓜汁便能消暑解渴、消除疲劳。菠萝中的菠萝蛋白酶能加速溶解纤维蛋白和蛋白凝块，降低血液黏度，具有抗血栓作用，对心脑血管疾病有很好的辅助治疗效果。雪梨中丰富的维生素B_1，能保护心脏，减轻疲劳；维生素B_2、维生素B_3及叶酸能增强心肌活力，降低血压，保持身体健康。

咸鱼茄子煲

【材料】茄子700克，猪肉末250克，咸鱼100克（预先蒸熟备用），大蒜3瓣

【调料】盐适量，白糖15克，生抽、老抽各10克，豆酱、蚝油各5克，高汤240克

【做法】1.烧热油将茄子炸熟透后沥干油备用；蒜洗净后剁成细蓉。

2.用蒜蓉炝锅，放入猪肉末炒香，再放入预先蒸熟的咸鱼，加入豆酱调味。放入茄子及高汤烧沸，最后放入盐、蚝油、白糖、生抽及老抽调味。

3.再煮2分钟，放入预先烧热的瓦煲内，放大火上盖焖片刻即可。

养生谈

茄子含有丰富的矿物质钾，能抑制血压上升，外皮具有抗癌、防止动脉硬化、降低胆固醇的食疗功效，此煲很适合中年人食用以预防心血管疾病。

炼乳芸豆

【材料】芸豆300克

【调料】炼乳、白糖、蜂蜜各适量

【做法】1.芸豆用水泡涨，放入锅中，加适量水、白糖、蜂蜜煮烂。

2.把煮好的芸豆放入容器内，吃时蘸少许炼乳即可。

养生谈

芸豆营养丰富，是高钙、高镁、低钠食品，主要含蛋白质、氨基酸、维生素和粗纤维，其B族维生素的含量比鸡肉高，钙的含量是鸡肉的7倍，特别是带皮芸豆含钙非常高，每100克含钙达349毫克，比黄豆还要多，并且还含有多种球蛋白等营养成分，能增强人体免疫力，促进新陈代谢，促使机体排毒。若加上用牛奶浓缩而成的炼乳，则更称得上补钙美食。适于心脏病、动脉粥样硬化、高血脂、低血钾症患者食用。不过，芸豆在消化过程中会产生过多气体，造成胀肚，所以消化不良或有慢性消化道疾病的人应尽量少食。另外，芸豆一定要煮熟方可食用，以免中毒。

第二节 高血压病

GAOXUEYABING

高血压病是当今世界的流行病，是中老年人普遍存在的健康问题，目前患高血压病的人群呈扩大化趋势，而年龄也日益年轻化，具有患病率高、致残率高、死亡率高和自我知晓率低、合理用药率低、有效控制率低的“三高三低”特点。

临床症状

高血压病是以动脉血压升高，尤其是舒张压持续升高为特点的全身性、慢性血管疾病，以头痛、头晕、血压明显升高及易怒为主要临床表现。但在平时，高血压几乎没有什么症状，只有当血压高得很危险时，才会出现头痛、心悸、全身不适等症状。如果血压过高而得不到控制，长此下去，冠状动脉会受到损害，在受损的地方会形成一种脂肪组织，使冠状动脉变窄，甚至完全封闭，可能引发充血性心力衰竭或心脏病发作。

病因解析

高血压主要源于生活中不良的饮食习惯，如饮食过于油腻使得摄入的脂肪、糖等热量食品过多，造成血液黏稠度增高，从而促使血压升高。一些中老年人因各种原因造成的动脉硬化，使血管壁弹性减弱、血液受阻，一样可以使血压升高。此外，生活压力及紧张情绪，也容易造成血管的收缩而使血压上升。

蔬果养生经

中医认为，本病多为肝火上炎、肝肾阴虚、阴虚阳亢所为，当以清肝泻火、滋补肝肾为治。患者可通过饮食的调配来帮助调整血压。许多蔬果就具有降压与清洁血液的功能，如芹菜、油菜、洋葱、苹果、山楂等，能够帮助消除血液中的坏胆固醇，恢复正常的血压。

蔬果中还含有抗氧化剂，能够帮助血管扩张，有效降低血压，特别是水果中的纤维可以发挥抵抗紧张的作用，防止血压的上升。同时，蔬果中的维生素C也可以帮助治疗高血压，若维生素C摄取充足的话，患高血压的概率就会降低。另外，高血压患者要禁忌刺激性食物及烟、酒、浓茶，少吃肥肉、蛋类等动物脂肪及胆固醇较高的食物。

养生食谱推荐 >>

海味土豆炖排骨

【材料】排骨250克，海带200克，土豆2个

【调料】葱段、姜片、酱油、料酒、盐、白糖、大料、香油各适量

【做法】1.排骨洗净，海带洗净，放进沸水中氽至半熟，切小块；土豆去皮，洗净，切成块。

2.锅内倒入香油烧热，加入白糖炒成糖色，放入排骨和土豆，加入大料、葱段、姜片翻匀，再加入酱油、盐、料酒翻炒几下，倒入水没过排骨，用大火烧沸后，再转成小火将排骨炖熟，土豆炖软。

3.将海带块放入锅内，炖10分钟即可。

海带含有丰富的不饱和脂肪酸和食物纤维，能清除附着在血管壁上的胆固醇。海带中丰富的钙元素可降低人体对胆固醇的吸收，降低血压。这款汤适宜高血压、高血脂与缺碘人群食用。但孕妇、乳母不要多吃海带，因为海带中的碘可引起胎（婴）儿甲状腺功能障碍。

芹菜山楂粥

【材料】芹菜100克，山楂20克，大米100克

【做法】1.将芹菜去叶洗净，切成小丁；山楂洗净切片，备用。

2.大米淘洗干净，加适量的水，煮开后转成小火熬至软烂。

3.放入芹菜丁、山楂，再略煮10分钟左右即可。

养生谈

芹菜中含有一种特殊的活性物质，它能放松血管周围的平滑肌，造成血压降低的效果。而且，芹菜中含有高量的钾离子，有利尿作用，也能帮助控制血压。山楂还可消除冠状动脉的脂肪沉积，预防弹性纤维断裂、缺损、溃疡及血栓形成等。因此，这款粥是治疗高血压病及其并发症的首选之品。对于血管硬化、肥胖患者亦有辅助治疗效果。

香辣什锦菇

【材料】平菇、鸡腿菇、茶树菇各100克，青椒、红椒各30克

【调料】盐、蘑菇精、老干妈豆豉香辣酱各适量，葱丝、姜丝各少许

【做法】1.将平菇、鸡腿菇、茶树菇洗净，沥干水分，分别用手撕成粗丝；青椒、红椒切丝。

2.锅内倒油烧热，煸香葱丝、姜丝，加入豆豉香辣酱炒香，下入平菇丝、鸡腿菇丝、茶树菇丝、青椒丝、红椒丝同炒至熟，调入蘑菇精、盐即可。

养生谈 平菇基本不含淀粉，脂肪含量少，是糖尿病和肥胖症患者的理想食品。常吃平菇具有降低血压和血液中胆固醇的作用，可预防高血压和老年心血管疾病。平菇对妇女更年期综合症有辅助治疗效果，对肝炎、慢性胃炎、胃和十二脂肠溃疡、软骨病也有一定疗效。

洋葱海鲜汤

【材料】鲜鱿、虾仁、蟹柳各50克，草菇5朵，鸡蛋3个，洋葱2个

【调料】盐、味精、胡椒粉、料酒、高汤各适量

【做法】1.将鸡蛋打散，加入部分盐、味精、胡椒粉、高汤拌匀，上笼蒸熟。

2.洋葱切粒，草菇切片，与鲜鱿、虾仁、蟹柳一起用沸水氽烫至熟，放在蒸好的蛋羹上。

3.将锅烧热，倒入剩余高汤，加剩余盐、味精、胡椒粉及全部料酒煮沸，浇在海鲜蛋羹上即可。

养生谈 洋葱含有环蒜氨酸，能降低血压和血液中的胆固醇，并预防血栓形成，还有膳食纤维，在肠道里也可吸收胆固醇和胆汁酸。同时，洋葱还是目前所知唯一含前列腺素的植物，能减少血管和心脏冠状动脉的阻力，是高血脂、高血压患者的佳蔬。但若患有瘙痒性皮肤疾病、急性眼疾充血红肿之人忌食。

冬瓜虾卷

【材料】草虾12只，冬瓜200克

【调料】盐、胡椒粉、料酒、水淀粉各适量

【做法】1.草虾去壳、抽去肠泥，用部分盐抓洗，拭干，加入少许料酒、胡椒粉、剩余盐，腌渍5分钟。

2.冬瓜去皮，切长方形薄片，下入沸水中汆一下，稍软即刻捞出。

3.每片冬瓜片包入虾1只，卷成圆筒状，缝口朝下排入盘中，上屉蒸4分钟。

4.锅置火上，放少许油烧热，放入蒸后的冬瓜虾卷，小火烧熟后以水淀粉勾芡即可。

养生谈 冬瓜的营养丰富，不含脂肪，热量极低，含维生素C较多，且钾盐含量高，钠盐含量较低，适于高血压及高血压水肿、肾脏病、浮肿病等患者食用。冬瓜中所含的丙醇二酸，能有效地抑制碳水化合物转化为脂肪，对动脉硬化症、冠心病等有良好的治疗作用。本品可达到消肿而不伤正气的作用。但由于冬瓜性凉滑利，体质虚寒者勿食。癌症病人忌食冬瓜。

香菇油菜

【材料】香菇6朵，油菜300克

【调料】葱花、姜丝、味精、盐、香油各适量

【做法】1.油菜择洗干净，入沸水中汆烫一下，捞出，入冷水中冲凉。

2.香菇用温水泡发，洗净去蒂。

3.炒锅置火上，加油烧热，入葱花、姜丝爆锅，再加入油菜和香菇，大火炒熟，入盐、味精调味，淋上香油即成。

养生谈 油菜为低脂肪蔬菜，且富含膳食纤维，能与胆酸盐和食物中的胆固醇及三甘油脂结合，从粪便中排出，从而减少对脂类的吸收，故可用来降血脂。另外，香菇中的一种化合物香菇嘌呤，可以有效降低胆固醇指数。

芝麻素拌五丝

【材料】芝麻、胡萝卜各少许，芹菜4根，木耳4大朵，魔芋半块，红辣椒1个

【调料】白糖、盐、醋、香油各少许

【做法】1.芹菜去叶洗净切段；胡萝卜、木耳、魔芋和红辣椒洗净切丝。

2.除红辣椒外，将芹菜段、木耳丝、胡萝卜丝、魔芋丝全部汆烫至熟，沥干。

3.所有材料加白糖、盐、醋、香油拌匀即可。

养生谈 芹菜可以降血压与胆固醇；魔芋可以调节血脂；木耳可以净化血液，强壮身体。常吃这道菜可以降低血压，改善便秘，又可减肥瘦身。

酸辣香菇豆腐

【材料】水发香菇200克，豆腐1块，胡萝卜少许

【调料】葱末、姜末各少许，酱油7克，胡椒粉、高汤、盐、醋、味精、香油各适量

【做法】1.水发香菇择洗干净，切小块；豆腐洗净切小块；胡萝卜洗净，切片。

2.将上述材料分别汆烫，捞出沥干。

3.油锅烧热，以葱末、姜末、胡椒粉炝锅，添高汤，加豆腐块、香菇块、胡萝卜片、酱油、盐、醋，大火烧开，转小火慢炖至入味，最后加味精，淋香油即可。

养生谈 香菇中含有嘌呤、胆碱、酪氨酸、氧化酶以及某些核酸物质，能达到降血压、降胆固醇、降血脂的作用。此菜为高血压、高血脂、高胆固醇症及动脉硬化、冠心病患者的药膳佳肴。

第三节 糖尿病

TANGNIAOBING

糖尿病是一种由遗传基因决定的全身性慢性代谢性疾病，由于体内胰岛素的相对或绝对不足而引起糖、脂肪和蛋白质代谢的紊乱。其主要特点是三多一少，即多尿、多饮、多食和体重减少。

临床症状

因血糖过高，导致细胞内、外失水，刺激机体下丘脑口渴中枢而引起口渴、口干、多饮的症状；因尿液中含糖增多，由于糖会大量吸水，并且需要尿液排出，从而造成多尿；因葡萄糖利用障碍，蛋白质、脂肪消耗增多，引起乏力、消瘦；为了补充机体丢失的糖，维持正常生命活动所需热量，需多进食，从而形成典型的三多一少症状。另外，由于排尿功能增加，肾囊可能膨胀出现腰痛；有的病人因病情控制不好可因眼部晶状体渗透压改变而出现视物模糊；有些病人可由尿糖刺激引起外阴瘙痒，男性可有阴茎头炎，发生尿痛。

病因解析

糖尿病主要是由于体内胰岛素的相对或绝对不足而引起的糖、脂肪及蛋白质代谢的紊乱所致。当我们身体中未消耗的葡萄糖过多时，就会导致血糖升高。这时，胰脏会分泌胰岛素帮助血液中的血糖恢复正常。但若身体中的血糖值长期过高，就会需要大量的胰岛素来平衡，长期以往，胰脏会感到疲劳，使得功能衰竭，久而久之就无法正常分泌胰岛素了。一旦缺乏胰岛素，血液中的血糖就会失衡，血糖就会上升，从而使血液变得黏稠，引发一些并发症及伴随症状，如急性感染、肺结核、肾和视网膜等微血管病变及神经病变，严重时可发生酮症酸中毒。

蔬果养生经

医学专家认为治疗糖尿病，饮食第一，药物第二。常吃一些含热能较低的蔬果，如：青菜、白菜、黄瓜、冬瓜、西红柿、豆腐、黄豆芽等可达到控制血糖的目的。特别是苦瓜、洋葱、香菇、柚子、南瓜可降低血糖，是糖尿病人最理想的食物。但由于糖尿病患者无法摄取过多的糖分，同时又要注意摄取足够的纤维素，所以即使是选择蔬果也要注意不要过甜，否则可能增加胰脏负担而加重病情。

养生食谱推荐 >>

碧绿莴笋丝

【材料】莴笋500克

【调料】干辣椒、花椒、清汤、白糖、醋、香油、盐各适量

【做法】1.莴笋削皮、洗净，切成丝状，用沸水氽烫一下，取出沥干，装盘备用。

2.干辣椒切成短段，碗内放盐、白糖、醋，加少量清汤，对成汁。

3.油锅置火上，放入花椒，炸出香味后捞出，下干辣椒，炸至呈棕红色；将锅离火，把榨好的麻香油淋在莴笋丝上，最后淋上香油即可。

养生谈 莴笋的碳水化合物含量较低，而无机盐、维生素的含量则较高，尤其是含有较多的烟酸。烟酸被认为是胰岛素的激活剂，因此常食莴笋对糖尿病患者有益。

黄花苦瓜汤

【材料】苦瓜2条，黄花菜1包

【调料】盐、味精各适量

【做法】1.黄花菜浸泡后去头、洗净。

2.苦瓜对半切开，去子，再切小段后用开水烫过漂凉。

3.将黄花菜、苦瓜一同放进大碗里，加入盐、味精，隔水蒸50分钟至熟即可。

养生谈 苦瓜中含有铬和类似胰岛素的物质，有明显的降血糖作用。它能促进糖分分解，具有使过剩的糖分转化为热量的作用，能改善体内的脂肪平衡，是糖尿病患者理想的食疗佳蔬。

冰凉南瓜爽

养生谈 南瓜在各类蔬菜中含钴量居首位，钴能促进人体的新陈代谢，促进造血功能并参与人体内维生B_{12}的合成，是人体胰岛细胞所必须的微量元素，对防治糖尿病，降低血糖有特殊的疗效。

【材料】南瓜半个，鱼胶粉10克

【调料】糖桂花、沙拉酱各适量

【做法】1.把南瓜切块，放入锅中蒸熟后取出，去皮压成泥，取适量糖桂花拌入南瓜泥中。

2.把鱼胶粉放入微波炉，以中火40秒融化。

3.把融化的鱼胶粉倒入南瓜泥中搅匀，把南瓜泥倒入铺上保鲜膜的碗中，放入冰箱冷藏2个小时。

4.取出翻扣在盘中，揭去保鲜膜，抹上沙拉酱即可。

芹菜苹果汁

【材料】苹果1个，胡萝卜1根，芹菜40克，柠檬1/4个

【做法】1.将胡萝卜洗净，去皮切小块。

2.洗净苹果，去皮与核，切成小块；将柠檬榨汁备用。

3.将芹菜洗净，切小段，与所有材料一起放入果汁机中打成果汁，加入柠檬汁拌匀即可。

养生谈 苹果中含有丰富的可调整血糖的重要营养成分杨梅素、绿原素等，此外，苹果中的果胶能够延缓饭后血糖上升的速度，因此，若血糖高的人或是第二型糖尿病患者，可以试着吃一些苹果，以延缓饭后血糖波动的现象。另外，胡萝卜中也含有绿原酸，能控制血糖且能减缓肠胃吸收糖分的作用。

小炒竹笋

【材料】竹笋300克，肉丝200克

【调料】高汤240克，干辣椒丝、姜丝、葱丝、葱油、盐、味精各适量

【做法】1.竹笋切丝，洗净，入锅中，加高汤、部分盐、部分味精煨入味，捞出沥干水分；再烧热油锅将笋丝干煸出水分。

2.油锅烧热，爆香干辣椒丝、姜丝、葱丝，加肉丝炒香，下笋丝炒匀，加剩余盐、剩余味精调味，出锅淋葱油即可。

养生谈

竹笋是高蛋白、低糖、低脂肪、低淀粉、多纤维的食物，含有人体必需的8种氨基酸。竹笋富含食物纤维，可以吸附油脂，降低胃肠黏膜对脂肪的吸收和积蓄，从而达到减肥的目的，所以，患有糖尿病者可多吃此菜。

苦瓜炒胡萝卜

【材料】苦瓜300克，胡萝卜100克

【调料】葱花、盐、味精各适量

【做法】1.苦瓜去子、切片后，加部分盐抓拌一下，再放入冰水中浸泡片刻。

2.胡萝卜去皮洗净，切薄片备用。

3.锅内放油烧热，放入苦瓜片、胡萝卜片，用大火快炒至熟。

4.放入味精、葱花及剩余盐炒匀即可。

养生谈

胡萝卜中含有一种能够降低血糖的成分。从胡萝卜中能提取到一种不定型的黄色物质，对动物和人都有明显的降低血糖作用。再配合苦瓜的降糖作用，本品是糖尿病的最佳选择。

第四节 动脉硬化

DONGMAIYINGHUA

动脉硬化症是胆固醇等脂质附着在动脉内壁里，使血管变得狭窄，或者血管壁像石灰一般变硬，血液变成像粥一样的黏稠状态，这是脂肪长期沉积和钙化的结果，这就叫粥样硬化。

动脉粥样硬化是在动脉壁形成瘢痕的一种炎症性疾病。它可导致肾功能衰竭、高血压、中风及其他可威胁生命的疾病。

临床症状

动脉硬化早期没有明显的症状，直至血管损伤成阶段性阻塞时才出现一项或多项症状。不同的硬变部位，其临床表现也不同，若运动时出现臀部、股肌、腓肠肌钝痛、痉挛性痛，这是盆腔或腿部血管出现粥样硬化的征象；突发局部瘫痪、一侧肢体刺痛或麻木、偏盲、失语，这些症状提示脑动脉粥样硬化。后者可导致中风。若出现心绞痛、胸部紧缩感、压迫感，提示冠状动脉粥样硬化。

病因解析

动脉硬化发生的原因，主要是血管老化和产生动脉粥样硬化块引起的，会使血管弹性变差和血管阻塞，造成血液灌流不足，致使心肌发生缺氧等症状，另外，一旦动脉硬化块破裂，造成急性血栓完全阻塞冠状动脉亦会出现缺氧现象，严重则造成休克或死亡（猝死）。造成动脉硬化的另一原因是血中胆固醇或甘油三酯过多，囤积在血管壁，从而造成血管脆弱，引起动脉硬化。

蔬果养生经

要想改善动脉硬化，就要降低胆固醇，预防血管阻塞。这就必须要多摄取富含维生素C、维生素E的食物，如苹果、香蕉、菜心、苦瓜等，它们可以帮助预防与治疗胆固醇过高的症状。同时要节制饮食，蔬果中含有大量碳水化合物可以向人体提供热量，如胡萝卜、绿叶蔬菜、梨等，含有人体所需要的全部营养成分，不会因为节制饮食而缺乏营养。另外西红柿可预防血栓形成；茄子可防止毛细血管破裂、出血；苹果（最好带皮吃）可防止动脉粥样硬化；大蒜、洋葱具有降血脂等药用功能，要多吃这些有益蔬果，才能标本兼治。

养生食谱推荐 >>

养生谈 山药的最大特点是含有大量的黏蛋白。黏蛋白是一种多糖蛋白质的混合物，对人体具有特殊的保健作用，能防止脂肪沉积在血管壁上，保持血管弹性，阻止动脉粥样硬化过早发生，还可减少皮下脂肪的堆积。

百合花山药粥

【材料】百合花10克，山药30克，大米30克

【调料】冰糖适量

【做法】1.将山药清洗干净，削去表皮，切成薄片。

2.大米淘洗干净。

3.把大米和山药一同入锅，加水煮粥。

4.粥快熟时加入洗净的百合花，当粥煮沸后，放入冰糖，冷却后即可食用。

白菜苹果柠檬汁

【材料】白菜400克，苹果200克，柠檬2～3片

【调料】盐适量

【做法】1.将白菜洗净，用沸水氽烫一下，捞出沥干，切碎；将苹果洗净，切成小碎块；柠檬洗净备用。

2.分别将白菜、苹果放入两层纱布中，用硬的器物压榨，挤出汁，注入准备好的玻璃杯内。将柠檬连皮放入两层纱布中，挤出汁，倒入装有白菜、苹果混合汁的玻璃杯中，搅拌均匀饮用，也可直接将柠檬片放入混合汁中饮用。如果没有柠檬，可以用2～3滴柠檬香精和0.3克柠檬酸代替。

3.在家中有榨汁机的条件下，可直接将白菜、苹果、柠檬一同放入榨汁机中，榨出汁液，倒入玻璃杯中，搅拌均匀即可。

4.为了使口味更佳，可适当加入调味料，如蜂蜜、盐等，此混合汁更适合以咸味调味。

养生谈 白菜中的有效成分能降低人体胆固醇，增加血管弹性；苹果中的维生素C能加速胆固醇的转化，降低血液中的胆固醇和甘油三酯的含量。因此常饮此汁，可预防动脉硬化和其他心血管疾病。

花生仁拌圆白菜

养生谈 圆白菜含大量的膳食纤维，能有效改善便秘；花生油中含大量的亚油酸，这种物质可使人体内胆固醇分解为胆汁酸排出体外，避免胆固醇在体内沉积，预防动脉硬化。

【材料】圆白菜1个，蒜味花生仁30克

【调料】葱2根，盐5克，香油15克

【做法】1.将圆白菜、葱均洗净，切丝，沥干，放在大碗中，加入调味料，搅拌均匀，并放进冰箱腌2小时。

2.待食用时，取出加入蒜味花生仁略拌一下，即可盛出。

肉酱茄子

【材料】茄子600克，肉馅80克

【调料】葱花、蒜末、姜末、料酒、辣豆瓣酱、香辣牛肉酱、香油、白糖、鸡精、水淀粉、白醋各适量

【做法】1.茄子去蒂头，洗净，切成长条备用。

2.锅内倒半锅油烧热，放入茄子炸熟，捞出。

3.锅中留少许底油烧热，放入肉馅煸炒至干酥，顺次加入辣豆瓣酱、香辣牛肉酱、蒜末、姜末，炒至香气逸出。

4.加入茄子条及料酒、香油、白糖、鸡精、水淀粉、清汤，淋上白醋烧至茄子入味，撒上葱花即可。

养生谈 茄子中所含的果胶及皂素能减少胆固醇在肠道中被人体吸收的机会，有助于降低胆固醇。另外，茄子中还含有维生素P，它能增强人体细胞间的黏着力，降低血清胆固醇，提高微血管对疾病的抵抗力。因此，这款菜对高血压、动脉硬化等症有辅助治疗作用。

豆芽炖菇汤

【材料】黄花菜20克，黄豆芽、鲜香菇、金针菇、黑木耳、牛蒡各80克

【调料】卷心菜600克，胡萝卜300克，盐少许

【做法】1.将卷心菜、胡萝卜洗净切块，放入水中煮约20～30分钟，即成蔬菜高汤，待用。

2.黄豆芽、黄花菜洗净，香菇、金针菇、黑木耳、牛蒡洗净切丝。

3.将所有材料放入蔬菜高汤内煮熟，加盐调味即可。

黄豆芽所含的维生素E能保护皮肤和毛细血管；菇类（如香菇、金针菇、杏鲍菇、小平菇、珊瑚菇、美白菇等）含有核酸类物质，可抑制血清和肝脏中胆固醇的增加，促进血液循环；另外，黄花菜也能显著降低血清胆固醇的含量；黑木耳含有维生素K，能减少血液凝块。此汤有利于动脉硬化患者的康复，可作为动脉硬化患者的保健菜谱。

鲜鱼海藻粥

【材料】洋葱100克，西红柿1个，石斑鱼肉120克，海藻15克，白米饭500克

【调料】姜丝适量，高汤500克，盐、料酒各适量

【做法】1.洋葱切细末，西红柿汆烫去皮切小丁，鱼去骨切块，备用。

2.高汤倒入锅中，加入适量水煮滚，加入白米饭搅散后小火煮10分钟成粥。

3.将洋葱末、西红柿丁及鱼肉等加入做法2的粥中，再加入盐、料酒调味，再煮6分钟熄火。

4.用热开水冲泡海藻2分钟后，与姜丝一起加入煮好的鱼粥中即可。

养生谈

洋葱中所含的类黄酮素如槲皮素及山柰酚等都是很好的抗氧化剂，能清除血管的自由基，保持血管的弹性。西红柿中的番茄红素可防止坏的胆固醇氧化后黏在血管壁上。而其维生素B_6及叶酸也能帮助代谢掉伤害血管的同胱氨酸。此外，它还是高钾低钠的食物，对维持血压也相当有帮助。

第五节 老年痴呆症

LAONIANCHIDAIZHENG

老年痴呆症多发生在65岁以后，且女性多于男性，随着年龄的增长，其发病率也在逐渐增长。

临床症状

老年痴呆症的早期症状是性格改变，病人变得自私、暴躁、易于激怒、敏感多疑，并可出现一些零乱的幻觉，记忆丧失，特别是对最近发生的事记不清楚。推理及理解能力会愈来愈差，对简单的活动失去兴趣。往往会发展到卧床不起，大小便不能自理。

病因解析

老年痴呆症大致分为两种，一种为血管性痴呆症，多为血管病变所致，药物治疗可改善大部分症状。另一种为脑神经细胞退化性的痴呆症，在医学上称之为“阿兹海默氏病”。男性多在65岁以后，女性多在55岁以后，男性发病率较女性高。此类病患目前无特效药，但可在脑神经细胞退化前加以预防。

蔬果养生经

由于老年痴呆症多为年老体虚、五脏疲惫、肾阴亏乏、经血不足、心肾不足、髓海空虚、脑脉失养所致，故步入花甲之年后，应注意养阴益肾、添精补髓，以改善记忆、增强智能、消除疲劳，防止老年痴呆症的发生。可服鱼油、鱼肝油，多喝醋，适量饮葡萄酒。生米酒里面含有能增强记忆力的酶，也可防止大脑老化。黑木耳能降低血黏度，银耳能降压、降血脂，是老年人防治心、脑疾病的食疗佳品。蘑菇、茼蒿、茯苓、西红柿、核桃、苹果、白果、菠萝等蔬果均能增强大脑记忆力。

TIPS

老年痴呆症与老年抑郁症的区别

◆ 老年抑郁症起病急，发展快；而老年痴呆症的发病则缓慢进行。

◆ 老年抑郁症的症状持续较久；老年性痴呆症患者的情绪变化多，不稳定，变幻莫测，犹如幼童。

◆ 老年抑郁症患者的智能障碍为暂时性的、部分性的，每次检查的结果均不同；而老年痴呆患者的智能损害是全面性的，且呈进行性的恶化。

◆ 抑郁症患者脑CT检查无阳性发现；痴呆病人则可发现有不同程度的脑萎缩或（和）脑梗死的表现。

养生食谱推荐 >>

芝麻玉米糊

【材料】黑芝麻粉500克，玉米粉250克

【调料】白砂糖少许

【做法】1.将黑芝麻粉倒入小锅中，加入少许水搅拌后，小火煮开成糊状。

2.玉米粉与适量清水搅拌后，缓缓倒入有黑芝麻糊的锅中，勾芡成浓稠状后关火，加白砂糖拌匀即可食用。

养生谈 芝麻含有芝麻木脂素，具有很强的抗氧化作用，可预防大脑老化。另外，还含有能提升大脑功能的B族维生素，预防老化的维生素E。因此，此品具有醒脑、补脑、抗氧化的功用，可有效预防老年痴呆症的发生。

白果芋头鱼肚汤

【材料】白果30克，芋头300克，鱼肚200克，四季豆50克

【调料】盐、鸡精、高汤、鲍鱼汁各适量

【做法】1.芋头洗净、去皮，切成块，备用。

2.鱼肚泡发后，洗净，备用。

3.四季豆洗净，切成段，备用。

4.锅内倒入高汤，依次下入四季豆段、芋头块、鱼肚、白果，放入盐、鸡精、鲍鱼汁，煮至成熟入味即可。

养生谈 白果具有舒张脑血管、提高记忆、延缓衰老的功效；芋头含有大量的葡萄糖，葡萄糖是大脑的能量来源，对补脑非常有效。因此，这款菜对补脑、提高记忆力很有帮助。

荔枝粥

【材料】干荔枝6个，糯米50克

【做法】将干荔枝去壳、核，取肉与糯米一同入锅，加水适量，煮成稀粥即可。

养生谈 荔枝果肉中含葡萄糖66%、蔗糖5%，含糖总量在70%以上，具有补充能量、增加营养的作用。研究证实，荔枝对大脑组织有补养作用，能明显改善失眠、健忘、神疲等症，对老年痴呆症患者非常有帮助。

香菇核桃仁

【材料】干香菇、核桃仁各100克

【调料】香油、盐、味精、酱油、料酒、姜末、素汤各适量

【做法】1.香菇放入温水浸泡，去蒂，用清水洗净，切成片。

2.炒锅置火上，放油烧至四成热，下核桃仁炸酥，出锅倒入漏勺沥油。

3.锅留少许底油，下姜末爆香，放入香菇片煸炒，加入素汤、料酒、酱油、盐、味精烧沸，下核桃仁，改用小火煨片刻，再用旺火收稠汤汁，淋入香油，出锅装盘即成。

养生谈 核桃仁含有较多的蛋白质及人体必需的不饱和脂肪酸，这些成分皆为大脑组织细胞代谢的重要物质，能滋养脑细胞，增强脑功能；香菇性味甘、平、凉，有益智安神的功效。

腐竹银芽黑木耳

【材料】腐竹150克，绿豆芽、黑木耳各100克

【调料】香油、盐、味精、水淀粉、姜末各适量

【做法】1.将腐竹、木耳分别浸水泡软，腐竹切成段，木耳撕小块；绿豆芽洗净。

2.锅内倒油烧热，放入姜末煸香，放入绿豆芽和黑木耳煸炒几下，倒入清水，加盐、味精，再放入腐竹段，用小火煮熟，再转大火收汁，用水淀粉勾芡，淋上香油即可。

养生谈

腐竹、绿豆芽中含有丰富的卵磷脂、胆碱，可以制造乙酰胆碱，它是大脑的神经传达物质之一，能让大脑末稍神经冲动，由一个神经纤维传到另一个神经纤维，可活化脑神经细胞。

豆腐蒸鲑鱼

【材料】豆腐500克，鲑鱼300克，葱1根，红辣椒1个

【调料】A.酱油30克，料酒15克，白糖、鸡精各5克

B.色拉油30克，香油5克

【做法】1.葱、红辣椒洗净切丝，放入碗中泡水约2分钟，取出，沥干备用。

2.鲑鱼洗净，去骨，切大片；豆腐切片，均匀排入盘中。

3.加入调味料A，在蒸锅中加入3大碗水，把豆腐片和鲑鱼片移入锅中以大火蒸约5分钟至熟，撒上葱丝及红辣椒丝。

4.锅中放入调味料B烧热，淋入盘中即可盛出。

养生谈

豆腐中含丰富的大豆卵磷脂，有益于神经、血管、大脑的生长发育。比起吃动物性食品来补养、健脑，豆腐有更多的优势，因为豆腐在健脑的同时，所含的豆固醇还抑制了胆固醇的摄入。另外，鲑鱼含有极丰富的多元不饱和脂肪酸，含量居所有鱼类之冠，可帮助脑部发育，特别是提升注意力及记忆力。

白果丝瓜

【材料】丝瓜350克，白果30粒，小西红柿1个

【调料】盐、味精各适量

【做法】1.白果用清水浸泡2小时，取出沥水备用；丝瓜去皮洗净，切滚刀块，备用。

2.锅内放油加热，加入丝瓜块翻炒至熟。

3.再加入白果、盐、少许清水，加盖煮3分钟。

4.最后放入味精，翻炒均匀后放上小西红柿点缀即可。

养生谈 丝瓜中维生素B_{12}等含量很高，有利于小儿大脑发育及中老年人保持大脑健康；另外，西红柿中所含的维生素B_1也很有利于大脑发育，舒解脑细胞疲劳。

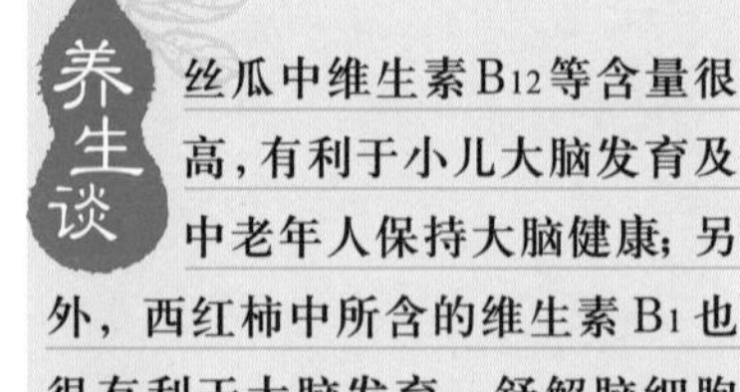

翡翠烩白玉

【材料】茼蒿200克，净鱼肉150克，鸡蛋清2个

【调料】姜片、蒜片、盐、味精、水淀粉、清汤各适量

【做法】1.茼蒿择洗净，放入开水锅中稍余烫即捞起，切成4厘米长的段。

2.鱼肉冲洗干净，切成薄片，加蛋清、部分盐、部分水淀粉上浆，放入五成热的油锅中，滑锅。

3.炒锅置火上，放入适量油烧热，下姜片、蒜片稍煸，注入清汤，放入味精、剩余盐调好后，倒入茼蒿段、鱼片，用剩余水淀粉勾芡，翻炒至熟后起锅装盘即成。

养生谈 茼蒿内含有丰富的维生素、胡萝卜素及多种氨基酸，性味甘平，可以养心安神，稳定情绪，防止记忆力减退。另外，茼蒿中还含有一种挥发性的精油以及胆碱等物质，具有补脑的作用；鸡蛋中含有丰富的DHA和卵磷脂等，对神经系统和身体的发育有很大的促进作用，能健脑益智，避免老年人智力衰退，并可改善各个年龄组的记忆力。鱼肉则有很好的健脑益智作用。三者相配成菜，可健脑，提高记忆力和智力。

中风因起病急骤，来势凶猛，病情变化迅速，像自然界的风一样“善行数变”、“变化莫测”，故中医将其类比而得“中风”之名。它的医学名称为“脑血管疾病”或“脑卒中”。

临床症状

中风，为突发性的急性脑血管病，是高血压最常见的并发症之一。部分病人在发病前数天或数小时有头痛、肢体麻木、精神改变、嗜睡等前驱症状。一般发病急骤，以突然间昏倒在地、不省人事，或突然间发生口眼歪斜、语言不利、半身不遂等为特征。据统计，全国每年中风发病病例甚多，约四分之三的患者在发病 24 小时内死亡，约半数于 3 周内死亡，而存活者 75% 会不同程度丧失工作能力，后遗症多表现为偏瘫、失语、半身不遂等症状。

病因解析

中医认为，中风是由于阳化风动，气血逆乱，产生风火痰淤，流窜经络，蒙蔽清窍，导致脑脉痹阻或血溢脉外、肢体偏侧麻木、言语不清等。不过西医却认为，中风多与动脉硬化有关，如动脉变性、血管畸形、动脉瘤破裂、血管腔狭窄、闭塞或进入血液循环的栓子将脑动脉堵塞而造成脑局部血供应障碍等。四季都可发病，但以冬、春两季最为多见。

蔬果养生经

饮食调理对预防中风很重要，要养成良好的生活和饮食习惯，要遵循低热量、低淀粉、低脂肪、低盐、高纤维、高矿物质的饮食原则。一日三餐饮食以早上食好、中午食饱、晚上食少为原则。因晚上暴饮暴食每易诱发中风，应予以注意。

一些食物如山楂、田七、黄花菜、木耳、海蜇、荸荠、葛根、薏仁、各种豆类及豆制品等，对防治中风有疗效，日常可以多食用。另外，还要多吃一些含钾较多的食物，如海带、蘑菇等。此外要坚持体育锻炼，适当减轻体重，避免紧张、焦虑、恐惧、抑郁等不良情绪。一定要戒烟限酒。

养生食谱推荐 >>

菜花炒蛋

【材料】鸡蛋3个，菜花1个

【调料】盐、白糖、鸡汤各少许，大蒜2瓣

【做法】1.鸡蛋打散加一点点盐炒熟盛出，备用；大蒜切片。

2.油锅置火上，下蒜片，爆出香味以后，倒入掰成小朵清洗干净的菜花，翻炒，加盐、白糖少许，一直炒到自己喜欢的程度。若是中间觉得锅里没有水分，太干了，可以稍微加一点鸡汤，差不多快熟的时候，加入鸡蛋合炒一会儿，盛出即可。

养生谈 菜花是含有类黄酮最多的食物之一，类黄酮除了可以防止感染，还是最好的血管清理剂，能够阻止胆固醇氧化，防止血小板凝结成块，从而可减少心脏病与中风的危险。

香柚西芹汁

【材料】葡萄柚1个，西芹60克，甘草6克

【调料】蜂蜜适量

【做法】1.用200克开水泡甘草，放凉。

2.葡萄柚去皮，切块；西芹洗净，切块。

3.全部放入榨汁机中，加适量冷开水，打匀饮用。

养生谈 葡萄柚中的柠檬黄素、柚素及柠檬苦素都能减少体内胆固醇的合成，此外，葡萄柚中所含的果胶及β－麦胚固醇，都有降低胆固醇的作用。同时，芹菜中含有丰富的纤维素，可以减少胆固醇的吸收量，有效降低血液中的胆固醇。而且，芹菜素及香豆素都有抑制血小板凝集和阻止血栓生成的功效，能保持血管畅通，预防血管阻塞。因此，常饮此汁具有降血压、维持血管畅通及保护血管弹性的作用。

烩豆腐

【材料】盒装豆腐约100克，笋片60克，新鲜香菇4朵，西红柿1个

【调料】盐、淀粉、酱油各适量

【做法】1.将全部材料洗净，香菇、西红柿切片，锅中加水，放入笋片与香菇片烫熟（加少许盐），汤汁留下备用。

2.豆腐切正方块（厚度约1.2厘米），上面镶入笋片、香菇片与西红柿片。

3.将煮过的笋片与香菇的汤汁加热并加入盐与酱油调味，加入淀粉勾芡，淋在做法2上即成。

养生谈 豆制品含异黄酮、植物雌激素等，具抗氧化特性，可延缓衰老；西红柿含有番茄红素，具抗癌效果，它含有一种名为谷胱甘肽的抗氧化剂，是维持细胞正常代谢不可或缺的物质；香菇含核酸类物质，可抑制血清及肝脏中胆固醇增加，促进血液循环，防止动脉硬化。

萝卜甜椒拼盘

【材料】白萝卜、红甜椒、黄甜椒各200克

【调料】A.橄榄油30克，醋20克

B.原味低脂酸奶1盒，酸奶10克

【做法】1.白萝卜去皮切厚片，在盐水中浸泡。

2.各色甜椒洗净去子，切成滚刀块，在冰水中浸泡以增加脆度。

3.将所有材料依不同颜色交叉拼盘。

4.把调料A拌匀成为油醋酱汁，调料B拌匀成为酸奶酱汁，分别盛入两个器皿中蘸食。

养生谈 甜椒富含维生素C、β－胡萝卜素，为强效的抗氧化食物，能防止低密度胆固醇被氧化，对于预防动脉粥样硬化及癌症都有效；橄榄油含丰富的脂肪酸ω－3，可防止低密度胆固醇被氧化成泡沫形态（此形态的低密度胆固醇会危害动脉），有助于降低胆固醇。因此，此菜具有抑制血栓形成，防止中风的功效。

第七节 慢性咽炎

MANXINGYANYAN

据世界卫生组织调查统计，成年人“慢性咽炎”患病率已达到80%以上，严重危害了人们的身体健康。但目前人们对“慢性咽炎”还知之甚少，使病情逐年加重，从而引发其他呼吸道疾病。

临床症状

主要表现为咽部有各种不适感，如异物感、发痒、灼热、干燥、微痛等症状，还可能出现咽部分泌物增多、黏稠，引起刺激性咳嗽，讲话易疲劳，或于刷牙漱口、讲话多时感到恶心作呕。

病因解析

慢性咽炎系咽黏膜的慢性炎症，常为呼吸道慢性炎症的一部分。多为急性咽炎反复发作或延误治疗转为慢性，或者各种鼻病后因鼻阻塞而长期张口呼吸及鼻腔分泌物下流，以致长期刺激咽部，或慢性扁桃体炎、龋齿等影响所致。也可以因为各种物理、化学因素刺激：如粉尘、颈部放疗、长期接触化学气体、烟酒过度等。另外，全身因素如各种慢性病等均可继发本病。主要分为慢性单纯性咽炎、慢性肥厚性咽炎、萎缩性或干燥性咽炎。

蔬果养生经

食疗中应以疏风散热，利咽止痛，养阴润肺，生津利咽为治。患者应多饮用清凉饮料及食用具有润肺利咽的橄榄、利咽消炎的罗汉果、利咽消肿的无花果、消炎止疼的白萝卜、止咳化痰的芹菜等。还要多摄入清淡易消化、清爽去火、柔嫩多汁的蔬果，如西红柿、樱桃、香蕉、菠萝、甘蔗、橄榄、水梨、苹果等。另外，还应多吃具有消炎、润肺、化痰、止咳等功效的核桃。同时，要忌食烟、酒、姜、辣椒、芥末、蒜等一切辛辣之物。

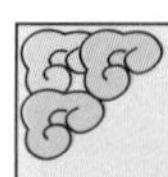

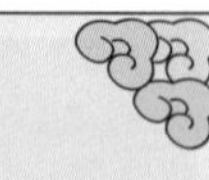

TIPS

常吃夜宵易诱发咽炎

常吃夜宵的人，90%会有咽炎。因为夜宵大多为热气腾腾的小炒食物，多烫热刺激咽部。患有咽炎的人，熬夜加上吃夜宵会加剧病情。因此，经常上夜班的人，即使要吃夜宵，最好以牛奶和面包为主，既容易消化，又有助于睡眠。

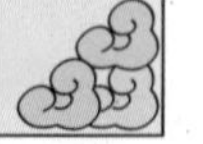

养生食谱推荐 >>

杏仁菜粥

【材料】小米100克，杏仁30克，豆角50克

【调料】葱花、花椒盐各适量

【做法】1.将杏仁用刀剁碎，豆角切丁，备用。

2.将锅放火上加水，放入碎杏仁熬制。

3.熬好的汤汁中下入小米、豆角丁，直到熬熟为止。

4.然后加入花椒盐、葱花拌匀调好味即可。

养生谈 杏仁味苦，性温辛，有小毒，归肺、脾经。具有养阴润喉，利咽祛痰的功效。古代中医文献《药性论》指出，杏仁对咽喉、声带具有保健作用。

无花果雪梨银耳

养生谈 无花果中含有柠檬酸、苹果酸、草酸、奎宁酸等物质，具有抗炎消肿的功效，可利咽消肿；梨能祛痰止咳，尤其对肺结核咳嗽，具有较好的辅助食疗作用，同时，梨对咽喉还具有养护作用；银耳味甘淡性平，归肺、胃经，具有滋阴润肺、养胃生津的功效，适用于干咳、少痰或痰中带血丝、口燥咽干者食疗；冰糖可养阴生津、润肺止咳，对肺燥咳嗽、干咳无痰、咯痰带血都有很好的食疗作用。本品可抗炎利咽、消肿、止咳，适于慢性咽炎的辅助食疗。

【材料】无花果50克，梨1个，银耳15克，北沙参10克

【调料】冰糖60克

【做法】1.梨洗净外皮去子切块；银耳泡水至软撕小朵汆烫一下，备用。

2.将无花果、梨块、北沙参、银耳放入锅内加水炖30分钟，加冰糖调味即可。

第八节 慢性支气管炎

MANXINGZHIQIGUANYAN

慢性支气管炎，简称慢支，是指气管、支气管黏膜及其周围组织的慢性非特异性病症。在中国，慢性支气管炎是一种严重危害健康的常见多发病。据调查，我国的发病率约为3%～5%，患病率随年龄增长而增加，并且农村高于城市，约有1%～2%的慢支病人发展为肺气肿和肺心病。

临床症状

临床上以反复发作的咳嗽、咯痰、喘息为特征，经常反复急性发作。病程一般比较长，早期症状多不明显，不引起人们注意，多于早、晚出现咳嗽、咯白色泡沫黏痰，当合并感染时咯黏液性痰或脓性痰。凡咳嗽、咯痰或伴有喘息反复发作，每年患病至少3个月，连续2年者，排除其他心肺疾患时即可诊断为慢性支气管炎。病情严重时多并发阻塞性肺气肿，丧失劳动能力。

病因解析

慢性支气管炎的发病与环境污染、病毒和细菌感染及过敏因素有关。一些刺激性烟雾可引起黏膜腺体增生、肥大和支气管痉挛，气道净化能力削弱，故易感染和发病。病毒与细菌感染使呼吸道受损，让更多的细菌更容易侵入。另外，呼吸道局部防御能力及免疫功能减低，以及植物神经功能失调，致使呼吸道对吸入的空气过滤、加温和湿润作用减少，使其患病率较高。当呼吸道副交感神经反应增高时，对正常人不起作用的微弱刺激，就可致慢支病人支气管收缩痉挛，分泌物增多而产生咳嗽、咯痰、气喘等症状。

蔬果养生经

支气管炎患者多是依赖药物控制疾病，其实平日的维护与保养也很重要。例如，可通过饮食进行改善，由于本病多为外邪侵袭、肺腑失调所为，当以疏散外邪、调理肺腑为治。蔬果中就有许多种类具有此等功效，如白萝卜平喘化痰、芹菜止咳化痰、石榴镇咳消炎、杏润肺止咳等。多食用这些蔬果调制的饮食，能够帮助您在日常生活中保养好气管。但要注意，不要吃海腥油腻食品，因“鱼生火，肉生痰”；不要吃刺激性食物，如辛辣食物、过咸过甜食物以及过冷过热食物，同时要戒烟限酒。

养生食谱推荐 >>

干白菜豆腐汤

【材料】干白菜200克，豆腐1块

【调料】醋、白糖各少许，味精2克，料酒15克，高汤适量

【做法】1.干白菜洗净，温水泡软，氽烫，捞出冲凉，挤干水分，切段。

2.豆腐切小块，氽烫。

3.油锅烧热，放入干白菜段、料酒、醋、白糖翻炒2分钟，加高汤、豆腐块及味精，煮熟入味，关火即可。

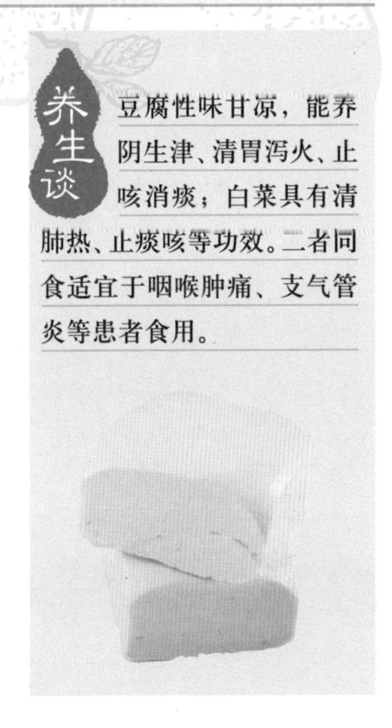

养生谈 豆腐性味甘凉，能养阴生津、清胃泻火、止咳消痰；白菜具有清肺热、止痰咳等功效。二者同食适宜于咽喉肿痛、支气管炎等患者食用。

蜜汁山药

【材料】山药500克，山楂糕、黑芝麻各少许

【调料】冰糖少许，蜂蜜30克

【做法】1.山药去皮洗净，削成橄榄形的块。山楂糕切小方丁。

2.山药块放入锅中，煮15分钟，然后放入冰糖，煮沸，煮熟时捞出。

3.将山药块放入盘中，撒上山楂糕丁、黑芝麻，淋上蜂蜜即可。

养生谈 山药具有益肺止咳作用；山楂可杀菌抗炎，特别是对绿脓杆菌、金黄色葡萄球菌、变形杆菌等有明显的抑制作用。此菜对支气管炎可起到止咳消炎的作用。

第九节 支气管哮喘

ZHIQIGUANXIAOCHUAN

支气管哮喘，简称哮喘，是一种支气管过敏的疾病，以支气管发生可逆性阻塞为特点。临床典型表现为发作性呼吸困难伴广泛的哮鸣音。本病是常见的呼吸道疾病，在人群中的发生率为1%～2%，可发生于任何年龄段，但约有半数的病人在12岁以前起病，男童发病多于女童，成年期男女发病率差别不大。

临床症状

哮喘是一种气道过敏性慢性疾病，症状多见周期性发作的喘鸣及呼吸困难现象、胸部无痛性憋闷感，尤其是在呼气时，喘鸣及呼吸困难症状特别显著。

患者呼吸极度困难，造成出汗、脉搏加快、面色苍白、眼球突出、冷汗直下及严重焦虑等症状。当极度严重发作时，患者唇部及脸会变成紫色，哮喘严重且连续发作，会造成呼吸困难、说话不便，甚至失去生活自理能力。

病因解析

支气管哮喘病因复杂，大多是在遗传的基础上受到体内外某些因素（如吸入花粉、动物皮屑、食物过敏、精神因素等）而激发引起。支气管壁的肌肉收缩引起气道狭窄，肺部弹性不够和时间性痉挛，支气管及细支气管部分受限都会导致哮喘。另外，气温或天气突然变化或是感冒、疲劳等也可诱发哮喘的发作。

蔬果养生经

本病宜在药物治疗的基础上配以食疗，会有更显著的效果。由于本病多为痰饮内伏、外感触动，致使痰升气阻所为，当以豁痰利窍、宣降肺气为治。因此应戒烟酒和辛辣食物，忌食过咸食物以及鱼、虾、蟹等发物。另外，蔬果虽然是有益身体健康的食物，但由于蔬果本身各有其属性，并不适宜所有人食用，尤其是气喘患者应尽量少吃西红柿、胡萝卜、白菜等，因为这类蔬果性寒，容易诱使气喘病等呼吸道疾病的发作。所以应选择属性适宜的蔬果如莲子、栗子、山药、胡桃、梨、银耳、南瓜、冬瓜等食用，就会达到滋补肺脾肾的效果。

养生食谱推荐 >>

莲杞百合粥

【材料】莲子、粳米各100克，新鲜百合50克，枸杞子30克

【调料】冰糖适量

【做法】1.把粳米淘净，莲子、百合、枸杞子分别洗净，同放锅中。

2.放水与粳米煮熟至烂，温服。

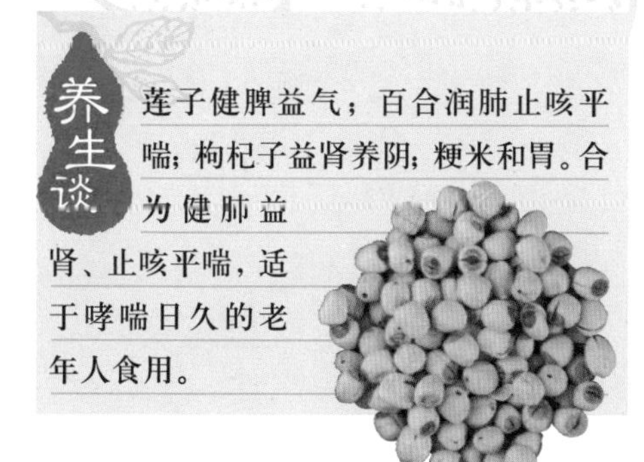

养生谈 莲子健脾益气；百合润肺止咳平喘；枸杞子益肾养阴；粳米和胃。合为健肺益肾、止咳平喘，适于哮喘日久的老年人食用。

罗汉果柿饼汤

【材料】罗汉果250克，柿饼3个

【调料】冰糖少许

【做法】1.将罗汉果洗净，与柿饼共入锅内，加清水600克煎至300克，加冰糖少许调味，去渣后，分3次饮用。

养生谈 罗汉果味甘、酸，性凉，入肺、脾经，并含有多种不饱和脂肪酸，有清热凉血、生津止咳、利咽润喉、消炎祛火、润肺化痰等功效，可用于痰热咳嗽、咽喉肿痛、大便秘结、消渴烦躁诸症。柿饼味甘，性凉，无毒。有润心肺、止咳化痰、清热解渴的功效，适用于咽喉热痛、咳嗽痰多、哮喘等症。另外，柿霜可治咽炎、口疮。二者合用有清肺热，去痰火，止咳喘之作用。适用于哮喘发作期热哮。

燕麦薏仁白果粥

【材料】燕麦、薏仁各120克，白果15克，豆浆750克

【做法】1.燕麦、薏仁分别洗净，泡水约1小时，备用。

2.锅内放入豆浆、燕麦和薏仁用大火煮开。

3.再改用小火，加入白果慢慢炖煮至粥稠即可。

养生谈 白果味甘苦涩，具有敛肺气、定喘咳的功效，对于肺病咳嗽、老人虚弱体质的哮喘及各种哮喘痰多者，均有辅助食疗作用。另外，白果中含有的白果酸、白果酚，有抑菌和杀菌的作用，可用于治疗呼吸道感染性疾病。

第十节 肺结核

FEIJIEHE

结核病是由结核杆菌侵入人体后引起的一种具有强烈传染性的慢性消耗性疾病。它不受年龄、性别、种族、职业、地区的影响，人体许多器官、系统均可患结核病，其中以肺结核最为常见。

临床症状

初期无任何症状，或者只是出现类似流行性感冒的不适感。感染进入第二阶段会有轻度发热、咳嗽、咯血、夜汗、精神不振、性情烦躁、食欲减退、倦怠乏力、身体消瘦、妇女月经不调以及随患病部位不同而出现相应的其他症状。胸部X射线透视检查可发现肺部结核病变。

病因解析

肺结核90%以上是通过呼吸道传染的，肺结核病人通过咳嗽、打喷嚏、说话，使带有结核菌的飞沫（医学上称微滴核）喷出体外，被健康人吸入后而感染。

现代医学认为，结核杆菌侵入人体后是否发病，不仅取决于细菌的量和毒力，更主要取决于人体对结核杆菌的抵抗力（免疫力），在机体抵抗力（免疫力）低下的情况下，入侵的结核杆菌不被机体防御系统消灭而不断繁殖，引起结核病。

蔬果养生经

本病可配合药膳食疗，如芙蓉藕丝羹、拔丝山慈姑等，具有滋肺润肠、祛痰止咳的功效，另外，由于蛋白质是结核病灶修复的主要原料，所以结核病人必须摄入高蛋白质饮食。病人体内往往缺乏维生素C和B族维生素，故应大量补充。由于新鲜蔬果中富含维生素C；豆类、各种坚果及干果含有丰富的维生素B_1；豆类和绿叶蔬菜含有丰富的维生素B_2。因此，结核患者可多食用上述食品。

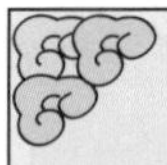

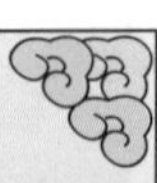

TIPS

如果你的体重突然下降许多，全身感到不适，或是发热及持续咳嗽，就应该去看医生。

如果家里有人患了结核病，就应注意消毒工作和隔离治疗，病人不要随地吐痰，以免传染给别人。

结核杆菌常在牛群中蔓延，因此食用牛奶时要注意煮熟。

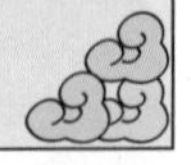

养生食谱推荐 >>

拔丝山慈姑

【材料】山慈姑400克，熟芝麻10克

【调料】白糖150克，干淀粉适量，鸡蛋清2个

【做法】1.山慈姑洗净，去皮，切块。

2.鸡蛋清内放入部分干淀粉和水调成糊，将山慈姑放入挂糊，逐块蘸上剩余干淀粉后待用。

3.将山慈姑块放入热油锅中炸至金黄色，用漏勺捞出，油锅仍用小火保温。

4.另一净铁锅内加少量油、白糖及清水，用小火熬至糖水将要拔出丝时，迅速把山慈姑块投入原保温油锅内煎炸，随即用漏勺捞起，倒入熬糖水的锅内，迅速翻拌并均匀地撒上熟芝麻，起锅后装入涂过油的盘子内即可。

养生谈 山慈姑具有清肺散热，润肺止咳的作用；鸡蛋性味甘、平，可补肺养血、滋阴润燥，用于气血不足、热病烦渴等，是扶助正气的常用食品。此菜对肺结核引起的咳嗽、咯血、潮热、盗汗等均有帮助。

芙蓉藕丝羹

【材料】鲜藕300克，鸡蛋3个，牛奶25克，青梅干、糖水莲了、糖水菠萝各适量

【调料】白糖、水淀粉各适量，鲜汤50克

【做法】1.将鲜藕刮去皮，洗净，切成细丝后入沸水中烫一下捞出，放冷水中过凉，捞出沥水。

2.将青梅干、糖水莲子、糖水菠萝分别切成小丁。

3.鸡蛋取蛋清放入碗中，加入部分白糖、部分鲜汤搅散，倒入汤碗，放笼上蒸约3分钟，制成芙蓉蛋。

4.炒锅上大火，加入牛奶、藕丝、剩余鲜汤、剩余白糖，至汤沸后撇去浮沫，用水淀粉勾稀芡，然后撒入青梅丁、莲子丁、菠萝丁，起锅倒入放有蛋清的汤碗中即成。

养生谈 莲藕含有大量的单宁酸，有收缩血管的作用，可用来止血，对治疗咯血有益。另外，莲藕还富含铁、钙等微量元素，植物蛋白质、维生素及淀粉含量也很丰富，有明显的补益气血、增强人体免疫力、益气力的作用。同时，青梅对结核杆菌有抑制作用。菠萝果皮富含蛋白酶，这种物质能帮助蛋白质消化吸收，具有消食的作用，并可抗炎，加速组织愈合和修复。再加上莲子所含生物碱的强心安神作用，使得本品非常适宜患有咳嗽气急或痰中带血、胸闷胀痛、烦躁不安等症的病人食用。

第十一节 慢性肾炎

MANXINGSHENYAN

慢性肾小球肾炎（简称慢性肾炎）是一组病因不同，病理变化多样的慢性肾小球疾病。大多数患者临床表现为肾病综合征，其特点为病程长，病情反复难愈，逐渐发展有蛋白尿、血尿及不同程度的高血压和肾功能损害。

临床症状

此病起病方式不一，有些患者开始无明显症状，仅于查体时发现蛋白尿或血压高。多数患者于起病后即有乏力、头痛、浮肿、血压高、贫血等临床症候，少数患者起病急、浮肿明显，尿中出现大量蛋白，也有始终无症状直至出现呕吐、出血等尿毒症表现方就诊。有不同程度高血压，多为轻、中度，持续存在。尿量多数较少，每日1000毫升以下，少数可出现少尿，常伴有浮肿；肾小管功能损害较明显者，尿量增多，并伴有夜尿多，浮肿不明显，甚至出现脱水征象。

病因解析

患者并无急性肾炎或链球菌感染史，难于确定病因。至今也尚未搞清导致慢性过程的机理，可能是免疫功能缺陷使机体抵抗感染的能力下降，招致微生物反复侵袭；机体又不能产生足够量的抗体，以清除致病物质（抗原），致使抗原持续存留机体内，并形成免疫复合物，沉积于肾组织，产生慢性炎症过程。

蔬果养生经

本病属中医“水肿”范畴，多为脾肾亏虚、水湿泛溢所为，当以健脾利湿、补肾化气为治。宜多吃清淡食物，特别要多吃芹菜、韭菜、南瓜子、西瓜等蔬果，它们具有保护肾脏与利水的功能，能够有效地解毒与消肿。还应适当补充含优质蛋白的鸡蛋、猪瘦肉、鱼类等，脂肪类以植物油为佳。肾脏功能不正常时，以低蛋白、低磷饮食为宜，以免损伤肾功能。忌食牛肉、羊肉、狗肉、虾等腥发食物及辛辣肥腻食物。平时应限制食盐的摄入，一般每日控制在2克以下，而且进水量也应适当限制。

养生食谱推荐 >>

利水消肿粥

【材料】银耳60克，薏仁、红豆、莲子各适量

【调料】代糖少许

【做法】1．全部材料均泡水，洗净，备用。

2.锅中放入薏仁、红豆、莲子煮至熟烂，再加入银耳一起烹煮至熟，加入代糖略拌即可。

养生谈 此粥具有很强的利水效果，不仅可以帮助减轻水肿症状，还具有补养气血的功效。除了适合当作晚餐外，平时亦可减量烹调，作为两餐中的点心，为自己滋养元气。

杜仲香菇煲猪腰

【材料】杜仲20克，香菇、黑木耳各30克，猪腰2个，西芹50克

【调料】盐、猪油各适量，肉汤500克

【做法】1.猪腰片开，除去白色臊腺，切成腰花。

2.杜仲用盐水炒焦，切丝；黑木耳用清水发透，去蒂根，洗净；西芹洗净，切段；香菇泡发洗净，一切两半。

3.将腰花、黑木耳、杜仲、香菇、西芹、盐、猪油放入煲内，加肉汤500克，用中火烧沸，改小火煲40分钟至熟即成。

养生谈 芹菜含有利尿成分，可消除体内水钠潴留，利尿消肿。本品每天食用3次，可辅助治疗慢性肾炎。适用于尿少或尿血、倦怠乏力、食后腹胀、四肢沉重、纳少便溏、腰酸痛、低热盗汗、舌质淡、苔薄白等症。

鸡肉西瓜盅

【材料】小西瓜500克(1个)，莲子、核桃仁各30克，火腿、熟鸡肉各50克，薏仁20克

【调料】冰糖50克

【做法】1.小西瓜洗净，从顶端1/3处切下，挖出瓜瓤；火腿切丁，熟鸡肉切丁。

2.小西瓜中装入火腿丁、莲子、薏仁、鸡肉丁、核桃仁、冰糖，加水少许。

3.盖上切下的西瓜盖，置蒸盘内上笼蒸1小时至熟即成。

养生谈 西瓜具有利尿降压的作用。薏仁具有健脾润肠作用，对于身体虚弱和便秘者，既可健脾补益，又能润便通腑，使体内污浊之物及时从大、小便中排出。薏仁还可利尿，有良好的解毒排脓功效，主治小便不利及浮肿现象。再加上核桃仁补肾固精的功效，因此本品适用治疗面浮肢肿、小便短赤或热、腰痛、口干欲饮、舌质红、苔薄黄等症。

蚝油豌豆

【材料】豌豆300克，香菇8～10朵，红椒片少许

【调料】姜1块，葱1根，蚝油15克，盐、料酒各5克，白糖、味精、香油各少许，淀粉适量

【做法】1.豌豆洗净，香菇浸水泡发，葱、姜均切末。

2.起锅热油，放入豌豆稍微炒一下，然后盛出沥干油。

3.蚝油烧热，放入豌豆、香菇煸炒，然后加入盐、料酒、白糖、味精、红椒片、葱末、姜末翻炒至熟，用淀粉勾薄芡，淋入香油即可。

养生谈 豌豆含多种营养元素，有和中益气、利小便、通乳消肿的功效。但是不能因为豌豆营养丰富就不加控制地多吃，否则很容易导致腹胀。

豆冬笋鸡

【材料】鸡肉 400 克，土豆、冬笋各 100 克

【调料】葱段、姜片、酱油、淀粉、盐、味精各适量

【做法】1.将鸡肉、土豆、冬笋分别洗净，切块。

2.将鸡肉用淀粉、部分酱油搅拌均匀，腌制 30 分钟。

3.将土豆和冬笋在沸水中汆烫一下，沥水备用。

4.锅内倒油烧热，放入葱段和姜片煸香，将鸡肉块、冬笋块一起放进锅里，翻炒一会儿，再加入土豆块拌炒均匀，加水、盐、味精、剩余酱油，盖上盖子，煮至汤汁浓稠、材料熟透即可。

养生谈 土豆含有丰富的维生素及钙、钾等微量元素，且易丁消化吸收，营养丰富，其所含的钾能取代体内的钠，而使钠排出体外，有利于高血压和肾炎水肿患者的康复；冬笋含有大量植物蛋白及氨基酸，有助于增强人体的免疫功能，提高防病抗病能力。另外，冬笋还是低糖、低脂食物，并富含膳食纤维，可降低体内多余脂肪，消痰化滞。本菜适于浮肿、腹水、肾炎等患者食用。但由于笋中含有较多草酸，会影响人体对钙的吸收，儿童不宜多食；有尿路结石者也不宜食用；对笋类过敏者，也要禁食。

菇栗子煲

【材料】金针菇、栗子各 50 克，香菇 5 朵，胡萝卜半根，紫菜、茭白各 20 克，豆腐丝、竹笋各 30 克，海苔条 200 克，鸡蛋清 2 个

【调料】老抽、白糖、味精、胡椒粉、水淀粉、盐、淀粉各适量

【做法】1.胡萝卜洗净，1 半切片，1 半切丝；茭白洗净切丝；香菇洗净，一半切丝，一半切片；竹笋洗净切片。

2.锅内倒油烧热，放入金针菇、胡萝卜丝、豆腐丝、紫菜、茭白丝、香菇丝翻炒均匀，加入盐，用部分水淀粉勾芡。用海苔将炒好的材料卷好，用蛋清液将封口糊住。将海苔卷切成长段，两头拍上淀粉，放入油锅中炸至变硬。

3.锅内留适量底油，放入香菇片、竹笋片、栗子、胡萝卜片，加入老抽、白糖、味精、胡椒粉翻炒均匀。

4.将海苔卷放入锅内一起翻炒，用剩余水淀粉勾芡即可。

养生谈 金针菇所含的有效成分对人体具有抗菌消炎的作用；香菇具有提高免疫力及杀菌作用；茭白有祛热、止渴、利尿的功效。此菜有抗菌、消炎、利尿、消肿之功效，特别适合慢性肾炎患者食用。

第十二节 慢性肝炎

MANXINGGANYAN

慢性肝炎患者，是指病程超过1年，症状、体征、肝功能异常及肝组织活检常比较明显者。中国是“肝病大国”，病毒性肝炎的发病率和死亡率均占传染病的首位，平均年发病率为每10万人中有60人左右。现在我国患慢性肝炎的人数接近1200万，每年死于肝病的人约有30万，有数十万人在等待肝移植，而且肝炎多发生于中年人。

临床症状

常见症状为倦怠乏力、食欲不振、厌油腻、体重减轻、上腹或肝区疼痛、持续或逐渐加重的黄疸、腹胀及鼻衄等。病变严重者，可出现肝功能不全、明显厌食、恶心呕吐，甚至出现腹水、肝昏迷等。

病因解析

本病发病机理目前还不十分清楚。一般认为乙肝病毒经血或其他途径进入人体后，主要损伤肝脏，但其他器官也会受到不同程度的损害。疾病的发生和发展，与病毒的质和量有关，更重要的是与人体免疫状态有关。认为乙肝病毒的持续存在及其引起的肝脏特异性自身免疫反应，是主要发病机理。乙肝病毒以免疫复合物的形式沉积于血管壁、关节滑膜和肾小球基底膜，使肝细胞和其他器官受到严重、持久的损害。

蔬果养生经

祖国医学对本病早有认识，如《医部全录》认为，此病多由湿热之邪缠绵，日久正气损伤，由实致虚，形成肝郁脾虚、肝肾不足、脉络淤阻等，其治疗亦可采用清热利湿、疏肝健脾、补益肝肾、活血化淤等多种方法。饮食要低脂肪、低糖、高蛋白，多食蔬菜、水果，以补充足够的维生素和膳食纤维，也助于促进消化功能恢复，同时多吃高蛋白的豆制品、牛肉等，做到动植物蛋白搭配，可弥补各自的不足，明显增加蛋白质的利用率。另外要注意清淡，少放油，少食生冷、刺激性食品，戒烟戒酒。同时，在日常保健中还要牢记十二字诀，即“勿过劳、防感染、讲营养、常复查”。

养生食谱推荐 >>

银耳枸杞汤

【材料】银耳10克，枸杞子30克

【调料】冰糖30克

【做法】1.银耳用清水泡发，去根蒂，撕碎，洗净。

2.枸杞子用清水浸泡3分钟，洗净。银耳、枸杞子与冰糖一同入锅，加适量清水。

3.将锅置于大火上煮沸，再改用小火煎熬约1小时，至银耳熟烂即成。

养生谈 枸杞子性味甘、平，入肝经，有滋补肝脏的作用。枸杞子富含甜菜碱、胡萝卜素、多种维生素及微量元素，有保护肝细胞、促进肝细胞新生、改善肝功能的作用，对慢性肝炎有良好的防治作用。

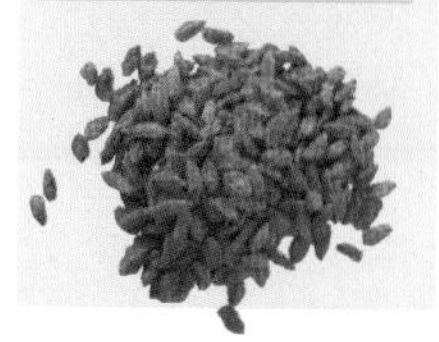

西红柿豆腐羹

【材料】西红柿、豆腐各250克，毛豆50克

【调料】盐、味精、白糖、水淀粉、鸡汤各适量

【做法】1.豆腐切成片，下沸水锅中氽烫一下，捞出沥水。

2.西红柿洗净，用开水烫后去皮。

3.西红柿肉剁碎，下油锅煸炒，加部分盐、部分白糖、部分味精炒成西红柿酱出锅。

4.油锅中下鸡汤、毛豆、豆腐片，调入剩余盐、剩余白糖、剩余味精，烧熟入味，用水淀粉勾芡，下西红柿酱推匀即成。

养生谈 豆腐具有益气、补虚等功能。豆腐又是植物食品中含蛋白质比较高的，含有8种人体必需的氨基酸，还含有动物性食物缺乏的不饱和脂肪酸、卵磷脂等。因此，常吃豆腐可以保护肝脏，促进机体代谢，增加免疫力并且有解毒作用。此菜对慢性肝炎有辅助食疗功效。

河粉蔬卷

【材料】河粉（或紫菜）2张，菠菜、绿豆芽、胡萝卜各100克，白芝麻15克，香菜5克

【调料】盐2克

【做法】1.白芝麻以小火炒香。

2.胡萝卜去皮、洗净切丝，菠菜洗净切长段，与绿豆芽分别入滚水中汆烫，再取出在冰水中放凉，沥干水分，加盐拌匀。

3.河粉平铺，分别将胡萝卜丝、菠菜段及绿豆芽平铺在河粉上，撒上炒好的白芝麻和香菜，卷起即可食用。

养生谈 菠菜中含有丰富的胡萝卜素，在人体内转变成维生素A，能维护正常的视力和上皮细胞的健康，增加预防传染病的能力；芝麻属于油脂类，可提供肝病患者所需的热量，不含有抗氧化成分，有保肝作用。

蔬菜结

【材料】芦笋2根，小方豆干1块，干香菇10克，红甜椒、黄甜椒各30克，韭菜50克

【调料】百香果原汁100克

【做法】1.香菇先用水泡软。豆干、香菇切片，芦笋、韭菜切段，分别放入沸水中烫熟，取出，之后用冰水浸泡并沥干。

2.红甜椒及黄甜椒去子并切丝。

3.将做法1与做法2中处理好的材料并排放成小束状，以韭菜捆绑固定，装盘，最后淋上百香果汁即可。

养生谈 芦笋中所含的麸胱甘肽是肝脏在进行解毒工作时不可缺乏的原料，一旦麸胱甘肽缺乏，肝脏的解毒工作就会停顿，对肝脏以及身体都有伤害；香菇中的香菇多糖可提高人体免疫力；韭菜中含有挥发性精油及硫化物等特殊成分，散发出一种独特的辛香气味，有助于疏调肝气、增进食欲、增强消化功能。因此，此菜非常适合慢性肝炎患者食用。

口蘑鹌鹑蛋

养生谈 口蘑中含有多种抗病毒成分，这些成分对治疗由病毒引起的疾病有很好的效果，是一种较好的辅助治疗慢性肝炎的食品。另外，鹌鹑蛋可辅助治疗浮肿、贫血、肝大、腹水等多种疾病。因此，本品非常适合慢性肝炎患者食用。

【材料】口蘑150克，鹌鹑蛋15个，青菜心50克

【调料】料酒、盐、味精、水淀粉、清汤各适量

【做法】1.口蘑洗净，对半切开；青菜心洗净，对半切开。

2.锅中放冷水、鹌鹑蛋，用小火煮熟，将鹌鹑蛋放入冷水中浸凉，去壳备用。

3.另起锅放油烧热，放入鹌鹑蛋炸至金黄捞出。

4.烧热清汤，放入口蘑、料酒、盐烧5分钟，放入青菜心、味精，用水淀粉勾薄芡，翻匀即可。

肉丝黄瓜

【材料】瘦猪肉150克，黄瓜100克

【调料】酱油、香油、醋、芥末酱、盐水、芝麻酱、味精各适量

【做法】1.将猪肉洗净，片成片再切成细丝；黄瓜洗净切成丝备用。

2.油锅置大火上烧热，随即将肉丝入锅煸炒，加少许酱油，待肉变色盛在黄瓜丝上。浇上醋、香油、芥末酱、盐水、味精对成的汁，最后淋上芝麻酱即成。

养生谈 黄瓜中含有的葫芦素C具有提高人体免疫功能的作用，可辅助治疗活动性肝炎和迁延性肝炎，对原发性肝癌患者有延长生存期的作用。黄瓜中的黄瓜酶，有很强的生物活性，能有效地促进机体的新陈代谢；黄瓜中所含的丙氨酸、精氨酸等对肝炎病人，特别是对酒精性肝硬化患者有一定辅助治疗作用；黄瓜所含的黄瓜酸，能促进人体的新陈代谢，排出毒素，有助于化解炎症。

第十三节 肝硬化

GANYINGHUA

肝硬化是一种以肝脏损害为主要表现的慢性全身性疾病，持久地或反复地损害肝脏组织，引起肝细胞变性、坏死、再生和纤维组织增生等一系列病理变化，结果扰乱了肝内正常结构，使肝脏变形，质地变硬，故名肝硬化。

临床症状

其主要临床表现为由肝功能减退和门静脉高压所致引起的一系列症状和体征。常为肝区不适、疼痛、全身虚弱、厌食、倦怠和体重减轻，也可以多年没有症状。若胆汁受阻会出现黄疸、瘙痒、黄斑瘤等。营养不良常继发于厌食、脂肪吸收不良和脂溶性维生素缺乏。更常见的症状是门静脉高压引起痔疮、食管胃底静脉曲张导致消化道出血，亦有表现为肝细胞衰竭，出现腹水或门体分流性脑病。

病因解析

肝硬化是多种肝脏损伤的终末期，并以肝纤维化为其最初特征。任何破坏肝脏内环境稳定的过程，都会形成肝硬化，尤其是炎症、毒性损害、肝血流改变、肝脏感染（病毒、细菌、螺旋体、寄生虫）、先天性代谢异常的物质累积疾病、化学物质和药物刺激、长期胆汁阻塞和营养不良，均为本病发病原因。其中慢性肝炎及长期酗酒是发病的最常见病因。

蔬果养生经

饮食以低盐、低脂肪、少糖、高蛋白质为好。不吃辛辣、油腻、油炸、黏硬食物，如辣椒、年糕、肥肉、羊肉以及花生、板栗等干果。

食疗当以调补肝、脾、肾治其本，行气、化淤、消水治其标，可多食低盐、易消化的流食、软食，如冬瓜、西瓜、南瓜、黑木耳、洋葱、红枣、山药、莲子、桂圆等。

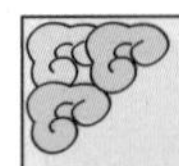

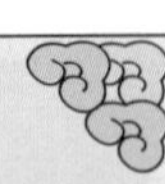

TIPS

生吃河鱼可致肝硬化

生吃淡水鱼可能引起肝吸虫病。由于肝吸虫囊蚴在肝胆管内寄生，到了一定时间后，它们就会产卵；肝吸虫卵越产越多后，不但会引起胆道阻塞，而且它们所分泌的有毒物质还会刺激胆道，从而造成肝脏和胆囊的损害，继而引发一系列并发症，可致肝硬化。

养生食谱推荐 >>

豆腐炖南瓜

【材料】南瓜300克，豆腐320克，青豆40克，红枣12颗

【调料】酱油15克，盐2克，香油5克，高汤适量

【做法】1.南瓜切大块（子及皮不去除），豆腐切大块。

2.锅中入高汤、酱油、红枣、豆腐块、青豆及南瓜块。

3.先以大火煮至水滚后，改以小火焖煮至南瓜熟透。

4.起锅前加盐、香油调味即成。

豆腐与肉类富含蛋白质，是肝组织修复必不可少的物质；南瓜能帮助肝功能恢复，增强肝细胞的再生能力；红枣能促进白细胞的生成，降低血清胆固醇，提高血清白蛋白，保护肝脏；青豆中富含人体所需的各种营养物质，尤其是含有优质蛋白质，可以提高人体抗病能力和康复能力。因此本品对保肝护肝均有很好的辅助疗效。

梨花豆腐汤

【材料】嫩豆腐1块，梨、鸡蛋各1个

【调料】盐、味精、牛奶、高汤各适量

【做法】1.将鸡蛋磕开，蛋黄、蛋清分离。豆腐搅碎，加入鸡蛋清、牛奶、部分盐、部分味精、搅拌成豆腐泥。

2.将蛋黄放平底盘内打散，蒸熟铺于碗底。再将梨洗净、去皮核，切成末，与豆腐泥一起放进内壁涂了油的盅内，用蒸笼蒸8分钟。

3.将锅烧热，倒入高汤，加剩余味精、剩余盐，待汤汁烧沸，盛入汤碗内。

4.将蒸好的豆腐放进汤内即可。

梨含有较多的糖类物质和多种维生素。糖类物质中果糖含量占大部分（即使糖尿病患者也能服用），易被人体吸收，促进食欲，对肝脏具有保护作用。因此肝炎、肝硬化的病人，应经常吃梨。不过梨不可一次吃得太多，否则会伤及脾胃；凡脾虚便泻、肺寒、胃寒、血虚者或产妇不宜吃梨；梨忌与鹅肉、蟹同食；忌与油腻、冷热之物杂食。

第十四节 脂肪肝

ZHIFANGGAN

脂肪肝是指由于各种原因引起的肝细胞内脂肪堆积过多的病变。正常肝内脂肪占肝重3%～4%，如果脂肪含量超过肝重的5%即为脂肪肝，严重者脂肪量可达40%～50%，脂肪肝的脂类主要是甘油三酯。

临床症状

脂肪肝的临床表现比较多样，轻度脂肪肝多无临床症状，易被忽视。约25%以上的脂肪肝患者临床上可以无症状，有的仅有疲乏感，而多数脂肪肝患者较胖，故更难发现轻微的自觉症状。因此，脂肪肝病人多是在体检时偶然发现的。

发展到中重度脂肪肝时会有慢性肝炎的表现，可有食欲不振、疲倦乏力、恶心、呕吐、体重减轻、肝区或右上腹隐痛等。肝脏轻度肿大可有触痛，质地稍韧、边缘钝、表面光滑，少数病人可有脾肿大和肝掌。

病因解析

脂肪肝是因脂肪代谢紊乱，致使肝细胞内脂肪积聚过多的病变。多为长期酗酒、营养过剩、营养不良、糖尿病等慢性疾病所致，药物性肝损害、高脂血症，这些都是脂肪肝常见的病因。对于中青年来说，生活不规律、饮食不节制、长期饮酒又缺乏锻炼是最常见的病因。

蔬果养生经

在日常生活中，要常吃扁豆、淡菜、茯苓、泽泻、山楂、仙人掌、桑葚、苹果、红枣等食物及药食兼用之品，能促进囤积于肝脏的脂肪减少。忌食肥肉、动物内脏、脑髓等高胆固醇食品；戒酒，慎食辣椒、芥末、咖喱等刺激性食品；限制食盐的摄入量，每天不宜超过6克。

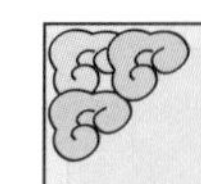

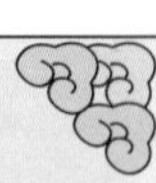

TIPS

饭后喝茶易致脂肪肝

平时，大多数人在酒足饭饱后常喝杯茶，由于茶叶中含有大量鞣酸，能与蛋白质合成具有收敛性的鞣酸蛋白质，这种蛋白质能使肠道蠕动减缓，造成便秘，会增加有毒物质对肝脏的毒害而引起脂肪肝。所以，吃荤食之后不要立刻喝茶。

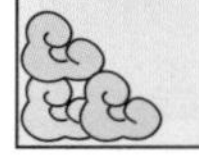

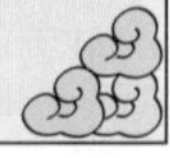

养生食谱推荐 >>

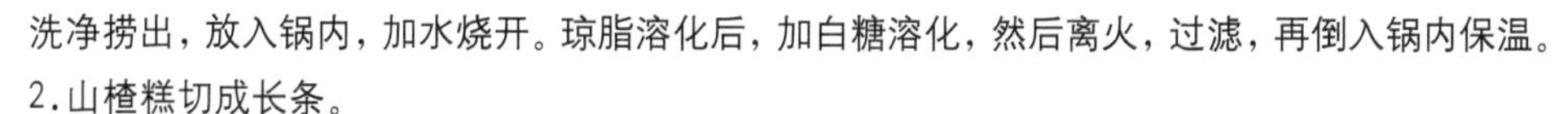

山楂鸡蛋糕

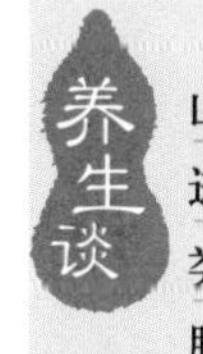

养生谈 山楂食用后能增加胃中酶类物质，促进消化；其所含脂肪酶亦能促进脂肪类食物的消化。因此本品适用于治疗脂肪肝见脘闷纳呆、舌暗红或有淤斑。

【材料】山楂糕600克，鸡蛋液150克，琼脂20克

【调料】白糖100克

【做法】1.琼脂放在盆内，加水浸泡2个小时，洗净捞出，放入锅内，加水烧开。琼脂溶化后，加白糖溶化，然后离火，过滤，再倒入锅内保温。

2.山楂糕切成长条。

3.鸡蛋液放入蛋糕桶内，打成泡沫，倒入琼脂，边倒边搅，搅匀后分成两份，一份稍凉后倒入长方盘内摊平，上面排好山楂糕条，再将另一份倒在山楂糕上摊平。凉后先切成条，再切成斜块即成。

红枣菊花粥

【材料】红枣50克，粳米100克，菊花15克

【调料】红糖少许

【做法】1.将红枣、粳米洗净放入锅内，加清水适量，煮开。

2.煮开后，改用小火煲15分钟，放入适量红糖调味。

3.关火前撒入菊花，即可食用。

养生谈 红枣能促进白细胞的生成，降低血清胆固醇、提高血清白蛋白，保护肝脏。菊花亦有清肝去火的功效。

豆豉油条粥

【材料】A.大米100克
B.油条1根，小西红柿、胡萝卜、花生、豆豉各适量
【调料】高汤500克，盐、味精各2克，姜末少许
【做法】1.油条切丝；小西红柿洗净，一切两半；胡萝卜切条汆烫，备用。
2.大米淘洗干净，加水熬成稠粥。
3.另起锅，放入高汤，下入姜末，上大火煮沸，再下入稠粥、材料B及盐、味精，搅拌均匀，见粥煮滚，出锅装碗即可。

养生谈 胡萝卜含有大量胡萝卜素，进入人体后其中50%会变成维生素A，具有补肝的作用；豆豉含丰富的蛋白质、胡萝卜素、维生素E、钙、镁、铁、钾等，能提高肝脏解毒功能。

仙人掌炒牛肉

【材料】牛肉200克，鲜仙人掌30克
【调料】葱花、姜末、盐、味精各适量
【做法】1.仙人掌去皮，切丝。
2.牛肉洗净，切片。
3.炒锅置大火上，加油烧热，用葱花、姜末爆锅，加牛肉片煸炒至将熟时，加仙人掌丝炒熟，加盐、味精调味，装盘即成。

养生谈 仙人掌含有人体必需的8种氨基酸和多种微量元素，并含有可增强人体免疫力的黄酮类物质等成分，对人体有清热解毒、养肝护肝的作用。

第十五节 结石病

JIESHIBING

近年来，随着人们生活水平的提高，结石的发病率逐年升高，严重威胁着人们的健康和生命。我国北方地区肝胆结石发病率较高，而南方则以肾、胆管结石为多。

临床症状

泌尿系结石，常反复出现侧腰或小腹隐痛，尿中时挟砂石，小便涩痛，或排尿突然中断，或尿道、小腹疼痛拘急，或出现肾绞痛，伴血尿等。《诸病源候论·石淋候》记载："其病之状，小便则茎里痛，尿不能卒出，痛引小腹，膀胱里急，沙石从小便道出。甚者塞痛令闷绝。"上述症状时有时无，出现症状时，主要是砂石活动或阻塞尿液的排出，不通则痛。或出现下焦湿热较甚时，兼见恶寒发热、尿频、尿急、尿痛等。

病因解析

结石病是人体异常矿化所致的一种以钙盐或脂类积聚成形而引起的一种疾病，是一种"富贵病"。以尿结石和肾结石居多，患者年龄多在40岁左右。近年来之所以患者增多，主要是人们生活水平提高了，大量的蛋白质、脂肪被吸收入体内，胆固醇超饱和而导致沉淀。而目前夜生活频繁、长期吃了夜宵睡觉、不吃早餐诱发结石病的人越来越多。尤其是吃过夜宵后马上就回家睡觉，餐后产生的尿液就会全部潴留在尿路中，不能及时排出体外。这样，尿路中尿液的钙含量也就不断增加，久而久之就会形成尿结石。不吃早餐则会导致胆汁长期淤积在胆囊与肠道中而形成结石。这两种不良生活习惯是结石病高发的原因之一。

蔬果养生经

自然界存在着许多"克石"食物，适当多进食这些食物，会对预防结石病和辅助治疗结石病起很大的帮助。如黑木耳、核桃、生姜等含有多种矿物质，能与结石产生化学反应，促使结石剥脱、分化。另外，柠檬酸也是一种自然的尿石抑制剂。含柠檬酸较丰富的水果有柑橘、葡萄柚、菠萝。柑橘较普遍，多用作低柠檬酸含钙肾结石的辅助治疗。但大量摄入含柠檬酸的水果和蔬菜可导致高草酸尿而抵消其益处。

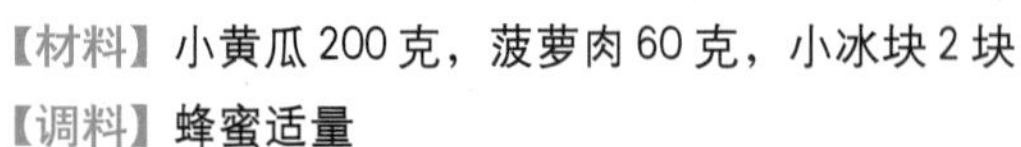

复合黄瓜汁

【材料】小黄瓜200克，菠萝肉60克，小冰块2块

【调料】蜂蜜适量

【做法】1.将小黄瓜洗净后，切除有苦味的头和尾，再切成小块；将菠萝肉切成小块。

2.将小黄瓜、菠萝一齐放入搅拌机中，搅烂后，用纱布过滤。

3.将滤液置杯中，加入少量蜂蜜和小冰块，拌匀后即可饮用。

菠萝富含菠萝蛋白酶，这种物质能帮助蛋白质的消化，具有消食和利尿的作用，并可局部抗炎消水肿，加速组织愈合和修复，对因肾结石引起的炎症、损伤以及利尿均有很好的帮助，因此建议肾结石患者常饮此蔬果汁。

木耳什锦菜

【材料】黑木耳、白菜各100克，平菇30克，胡萝卜、青椒各10克

【调料】葱丝、姜丝、蒜片、盐、鸡精各适量

【做法】1.将白菜、胡萝卜、青椒分别洗净切片；黑木耳用水泡开后洗净，与平菇分别用手撕成小块。

2.锅内倒油烧热，煸香葱丝、姜丝、蒜片，依次加入白菜片、平菇、黑木耳、胡萝卜片、青椒片炒熟。

3.加入盐、鸡精调味即可。

黑木耳中含有的酶和生物碱具有分解体内结石的功效；平菇对防治尿道结石也有一定效果。但大便溏薄者应少食用此菜。

平日不爱喝水的人，除了容易发生泌尿系统结石与便秘之外，还容易使血液变得黏稠、造成血液循环不良，容易出现手脚末梢部位麻木的现象。若是可以，在进餐时选用黑木耳，并适度补充水分。

素什锦

【材料】黄花菜、黑木耳各50克，香菇、腐竹各适量

【调料】醪糟、白糖、酱油、盐、香油各适量，葱花、姜末各少许

【做法】1.黄花菜泡开洗净，泡的时候，要多换几次水，以便去除酸味。黑木耳、香菇、腐竹分别泡开洗净，黑木耳撕成小朵，香菇切小块，腐竹切段。

2.葱花、姜末入油锅，把做法1备用的材料倒入锅里翻炒一会儿，加醪糟、白糖、酱油、盐、少量水，煮开后转中小火，水收尽了以后，倒香油调味，熟后出锅。

丝瓜苹果汁

【材料】嫩丝瓜1根，苹果200克，柠檬1片，冰块2～3块

【做法】1.苹果洗净，切成黄豆大小的丁，蘸上盐水捞出；丝瓜洗净后切成小丁。

2.在玻璃杯中放入冰块。分别将苹果丁、丝瓜丁放入两层纱布中，用硬的器物压榨，挤出汁，注入放有冰块的杯中。

3.柠檬连皮放入纱布中，挤出汁，加入丝瓜苹果汁内搅匀饮用。也可将整片柠檬放入搅匀的丝瓜苹果汁中饮用。

有研究发现，如果每天喝500毫升的苹果汁，可以改变泌尿道的酸碱度，降低草酸钙形成的机会，有助于预防肾结石。柠檬汁中含有大量的柠檬酸盐，其中柠檬酸钾盐能够抑制钙盐结晶，从而抑制肾结石形成，甚至已形成的结石也可被溶解掉。所以食用柠檬能防治肾结石，使部分慢性肾结石患者的结石减少、变小。因此，常喝此汁对肾结石患者非常有益。

鲜蔬凉拌鸡

【材料】鸡肉120克，小西红柿、小黄瓜各60克，洋葱40克，蒜片15克，葱数段，辣椒、香菜各少许

【调料】盐2克，鱼露、白糖各5克，醋30克，水淀粉少许，柠檬汁15克

【做法】1.小西红柿、洋葱、小黄瓜切片备用。

2.鸡肉切片氽烫后捞起。

3.将所有材料放入锅内，淋入调味料拌匀，盛盘即可。

养生谈 西红柿中的柠檬酸、苹果酸和糖类，有促进消化的作用。洋葱中含有特殊的寡糖，能让肠道中的好菌大量繁殖，使坏菌减少。当肠道中好菌较多时便能刺激肠胃蠕动，改善便秘症状，消除结石隐患。另外，黄瓜中的黄瓜酶，有很强的生物活性，能有效地促进人体的新陈代谢。所以，此菜可预防结石发生。不过，如果维生素C摄取过多时可能形成过量草酸，医生建议有草酸钙结石者每天维生素C的摄取量应限制在2克（2000毫克）以下，高单位的维生素C则应注意不能作为日常的营养补充剂。

仿豆腐脑

【材料】黄花菜、黑木耳各50克，五花肉少许，嫩豆腐1盒，鸡蛋1个

【调料】水淀粉适量，白糖、胡椒粉、盐、香油、蒜末、葱花各少许

【做法】1.黄花菜和黑木耳泡发洗净，黄花菜切段，黑木耳撕开；五花肉切碎。将嫩豆腐切块备用。

2.油锅置火上，炒碎肉，然后放入蒜末、黄花菜段和黑木耳翻炒，加盐、水、白胡椒粉，再加一点点白糖。

3.等待水开的时候，把豆腐用微波炉中火转2分钟。锅里的水烧开后，把水淀粉倒入，搅匀，打蛋花进去。然后，浇在热好的豆腐上，撒葱花，加几滴香油即可。

养生谈 许多人因为豆腐含有钙质，怕发生结石，因而不敢吃豆腐等豆制品，其实产生结石的主要原因是草酸并非钙，所以要是能够在饮食中适度地将钙质摄取提高到每天1000～1200毫克，反而可以促使食物中的草酸与钙质在肠道中结合而排出体外。

第十六节 骨质疏松症

GUZHISHUSONGZHENG

所谓的骨质疏松症，就是指以骨组织显微结构受损，骨矿成分和骨基质等比例地不断减少、骨质变薄、骨小梁数量减少、骨脆性增大和骨折危险程度升高的一种全身骨代谢障碍的疾病。骨质疏松症是一种中老年人常见的疾病，是代谢性骨病中最常见的一种。骨质疏松症通常分为两种：原发性骨质疏松症和继发性骨质疏松症。

临床症状

早期表征为：身高明显缩短，牙齿松动脱落。进一步可发展到全身骨痛，由于骨质减少，骨脆性增加，即使轻度外伤或无外伤情况下也可造成骨折。其中脊柱骨被压塌或压缩性骨折最为常见，生活中上下阶梯或转身稍不注意即可造成骨折，严重的可造成畸形，表现为驼背、变矮、下腹突出、骨盆前倾、膝关节和髋关节屈曲变小、步态不稳等。随着年龄增大而出现骨质疏松的为“生理性骨质疏松”，出现骨折、身体畸形的为“病理性骨质疏松症”。

病因解析

中医认为，肝主筋，肾主骨，生髓、肝肾不足、筋骨失养，故见此症，而现代医学研究认为，发生骨质疏松症的原因是多方面的，其中原因之一为体内钙的缺乏和维生素D的摄入不足。妇女绝经后，雌激素水平下降，致使骨吸收增加，骨量丢失，骨脆性增加。中老年人要合理地锻炼、多接触日光，也可用药物补充钙剂、磷剂、维生素 A、维生素 D 和使用性激素等措施。

蔬果养生经

最积极、最有效且最容易实施的措施之一就是从步入中年即开始增加摄入含钙、维生素D丰富的蔬果，这样对防治骨质疏松极有裨益。含钙丰富的蔬果有：豆类及其制品、黑木耳、芝麻、西红柿、苹果等。再配以含维生素D丰富的食材如：动物乳类及其产品、动物肝、蛋黄、肉类等。从中医养生来看，当以补益肝肾为治。可选用调节肝肾的黑木耳、洋葱、韭菜等蔬果，养筋生髓的菠菜、桑葚、葡萄等。要想摆脱骨质疏松的困扰，还需要蔬果与其他食材的结合才能最终达到效果。

养生食谱推荐 >>

蔬菜奶酪烧

【材料】红甜椒、黄甜椒各60克，小黄瓜、西红柿各40克，奶酪100克，香鱼片200克

【调料】高汤50克，蒜少许

【做法】1.将红甜椒、黄甜椒、小黄瓜、西红柿切滚刀块，烫熟；蒜切末。

2.油锅置大火上，将香鱼片，蒜末略炒，即转中火，再倒入高汤。

3.将做法1放入做法2中，煮至锅内汤汁滚开后放入奶酪，待材料成熟即可。

养生谈 西红柿富含的维生素K是刺激成骨细胞活性的重要因子，能促进骨钙质堆积，有助于保健骨骼；甜椒富有维生素A、维生素C及天然植物色素，具有很好的抗氧化效果。

魔芋炖黄豆

【材料】黄豆、魔芋各20克，白萝卜、笋各10克

【调料】酱油、酒醋、米酒各5克，白糖3克

【做法】1.事先将黄豆浸泡3小时。

2.其余食材切小丁。

3.将所有处理好的食材混合，加调料拌匀。

4.置锅中小火炖煮2个小时即可。

养生谈 黄豆中含有多种矿物质，可补充钙质，防止因缺钙引起的骨质疏松，促进骨骼发育，对小儿、老人的骨骼生长极为有利；萝卜中的淀粉酶能分解食物中的淀粉、脂肪，使之得到充分的吸收。另外，魔芋、萝卜和笋均是含钙量高且热量非常低的食物。此菜有预防骨质疏松的效果。

香菇鸡煲

【材料】鸡半只，香菇3朵，洋菇5朵，小油菜150克，葱段、蒜末、姜片各适量

【调料】A.酱油、水淀粉各15克，料酒3克，胡椒粉、鸡精各少许

B.蚝油、料酒、白糖、水淀粉各5克，酱油15克，香油少许

【做法】1.鸡洗净切块，加调味料A腌拌后入滚油中略炸一下，捞出沥干；小油菜洗净汆烫后沥干；香菇、洋菇均洗净切片。

2.热油锅爆香葱段、蒜末、姜片，放入鸡块，淋下调味料B，放入香菇片、洋菇片煮约5分钟，盛入小砂锅内，改中火烧煮片刻，放入小油菜煮至汤汁稍收干即可。

养生谈 香菇中的麦角固醇可以在日光或紫外线照射下转变为维生素D，所以晒干的香菇比较有营养。另外，小油菜含有大量的胡萝卜素和维生素C，有助于增强人体免疫力，油菜所含钙量在绿叶蔬菜中为最高，一个成年人一天吃1000克油菜，其所含钙、铁、维生素A和维生素C即可满足生理需求。这道香菇鸡煲可补充胶原蛋白，有防止骨质疏松的作用。

鲑鱼豆腐煲

【材料】鲑鱼300克，豆腐1块，大白菜100克，胡萝卜块适量

【调料】味噌30克，盐2克，白糖、香油各5克，葱末适量

【做法】1.鲑鱼洗净切块；豆腐冲净切块；白菜洗净撕小片。

2.味噌与适量水煮滚，放入鲑鱼块、白菜片、胡萝卜块及调味料B（葱末除外）大火煮熟，改小火，加入豆腐块煮熟至入味，撒下葱末即可。

养生谈 大白菜富含蛋白质、脂肪、多种维生素及钙、磷、铁等矿物质；豆腐中所含的植物雌激素能有效地预防骨质疏松的发生；另外，鲑鱼的类胡萝卜素可以增强肾功能及预防骨质疏松。

咖喱蔬菜汤

【材料】菠菜80克，胡萝卜30克，西红柿1个

【调料】高汤、葱花、咖喱粉、盐 、胡椒粉各适量

【做法】1.菠菜、胡萝卜、西红柿洗净切成条状，备用。

2.锅中加油烧热，放入葱花炝锅，再倒入高汤和所有蔬菜丝。

3.开锅后，放入适量咖喱粉，转用小火再煮15分钟左右。

4.快出锅时放入盐和胡椒粉调味即可。

养生谈

菠菜和西红柿中所含的维生素K对维持骨骼健康非常重要。维生素K_1能够激活骨钙素，这是骨骼中一种重要的非胶原蛋白，负责稳定骨骼中的钙分子，是刺激成骨细胞活性的重要因子，还能促进骨钙堆积，有助于保健骨骼。因此，本品是骨质疏松患者的上等佳肴。不过，在饮食过程中要特别注意胡萝卜不宜与过多的酸醋同食，否则容易破坏其中的胡萝卜素。

牛奶山药燕麦粥

【材料】鲜牛奶500克，燕麦片100克，山药50克

【调料】砂糖30克

【做法】1.将鲜牛奶倒入锅中。

2.山药洗净去皮切块。

3.将山药块与燕麦片一同入锅，小火煮，边煮边搅拌。

4.煮至麦片、山药熟烂，加砂糖拌匀即可。

养生谈

山药中含有的薯芋皂苷能改善骨质的强度与密度，更年期妇女也会面临骨质流失的问题，可以多吃一些山药来改善或预防骨质疏松症。另外，牛奶可补充蛋白质和钙，有强壮骨髓的作用，绝经期前后的中老年妇女常喝牛奶可减缓骨质流失。

第十七节 癌症

AIZHENG

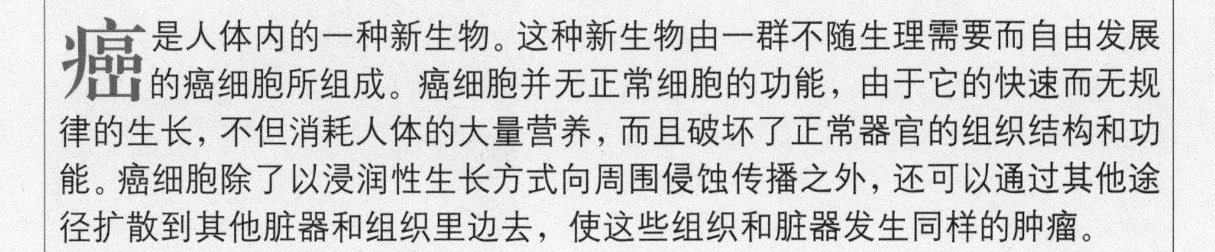

癌是人体内的一种新生物。这种新生物由一群不随生理需要而自由发展的癌细胞所组成。癌细胞并无正常细胞的功能，由于它的快速而无规律的生长，不但消耗人体的大量营养，而且破坏了正常器官的组织结构和功能。癌细胞除了以浸润性生长方式向周围侵蚀传播之外，还可以通过其他途径扩散到其他脏器和组织里边去，使这些组织和脏器发生同样的肿瘤。

临床症状

癌症导致人体消瘦、无力、失眠、贫血、食欲不振、恶心呕吐、便秘、腹泻、发热及脏器功能受损等。恶性肿瘤还可以破坏组织、器官的结构和功能，引起出血坏死合并感染，患者最终可能由于器官功能衰竭而死亡。

病因解析

造成癌症的刺激来源，可分为体内及外来两类。所谓体内，就是指内在因素，包括遗传、种族、年龄、性别、激素及免疫等因素。外来的刺激，即所谓外在环境因素，可分为物理性、化学性、病毒性刺激。举例来说，长期暴露于紫外线下易患皮肤癌，即是物理性刺激；而化学性刺激即所谓的致癌物质，例如石棉易造成肺癌、联苯胺易造成膀胱癌等；而鼻咽癌则被发现与病毒感染有密切关系。

蔬果养生经

癌症病人的一般食疗原则是补益正气、扶正祛邪、抗癌解毒、加强营养、促进吸收等。

宜多吃蔬菜、水果和粗粮。蔬菜如萝卜、西兰花、茄子、芦笋等，含有干扰素诱导物，能刺激细胞产生干扰素；真菌食品如香菇、金针菇、猴头菇、银耳等含有多糖物质和干扰素诱导剂，能抑制肿瘤；果品如草莓、无花果、苹果、木瓜、猕猴桃可提高机体的免疫功能，抑制细胞癌变。另外一些富含纤维素的蔬果，能缩短肠道内废物的停留时间，减少对肠壁的不良刺激，利于预防结肠癌、直肠癌。同时，还要注意食品要多样化，喝含酒精的饮料一定要适量，避免摄入过多的胆固醇，特别要注意，不要过多吃糖。

养生食谱推荐>>

养生谈

土豆富含膳食纤维，能促进肠道蠕动，避免便秘，而且其中所含的钾、镁、多种B族维生素，有抗癌防癌的效果；胡萝卜中的类胡萝卜素能够降低癌症的发生率，特别是能降低停经后妇女乳癌的发生率，也能降低膀胱癌、前列腺癌、大肠癌、食道癌等的发生率，但类胡萝卜素必须与其他营养素一起协同，才能发挥最安全、最有效的防癌效果。因此与土豆相得益彰，使此菜达到较佳的防癌食疗功效。

萝卜蛋黄土豆泥

【材料】鸡蛋、土豆各2个，胡萝卜半根

【调料】盐适量

【做法】1.土豆及胡萝卜去皮切块、煮熟放凉备用。

2.鸡蛋放入滚水中煮熟，敲碎蛋壳取出蛋黄备用。

3.将蛋黄、土豆块及胡萝卜块放入榨汁机内，打成泥状，视个人喜好酌量加盐调味即可。

凉拌芦笋

【材料】芦笋400克，青椒末、洋葱末各30克

【调料】A.沙拉油、白糖各15克，醋30克，盐适量，胡椒粉少许

B.盐水适量

【做法】1.芦笋切段，放入适量盐水中大火煮熟（约2分钟）取出。

2.将调味料A调匀，放入芦笋段及青椒末、洋葱末拌匀置盘即可。

养生谈

芦笋营养丰富，它含有的天门冬酰胺能改善机体代谢、消除疲劳、增强体力，还具有防治癌症的功效。

猕猴桃蜜羹

【材料】猕猴桃 2 个

【调料】蜂蜜适量

【做法】1.将猕猴桃洗净，去皮，切碎并捣烂。

2.锅中放入适量清水和猕猴桃一起煮，煮至黏稠时加入蜂蜜。

3.煮好后再调入少许冷开水，调匀即可食用。

养生谈 猕猴桃中含有丰富的膳食纤维，可以减少毒素残留于肠道内。而且，猕猴桃中所含的β-隐黄素能阻止自由基对DNA的攻击。此外，它还能抑制大肠癌的发生率。每天早晚各食用一次，可有效帮助抗癌。

蔬果酸奶沙拉

【材料】苹果 1 个，猕猴桃 1 个，西芹 200 克，紫甘蓝 40 克

【调料】原味酸奶 500 克，桑葚果酱 5 克

【做法】1.苹果与猕猴桃去皮切块，西芹、紫甘蓝分别切丝，盛入碗中。

2.将桑葚果酱拌入原味酸奶成沙拉酱，淋在做法1的材料上即可。

养生谈 苹果中的槲皮素，是一种植物化学成分，能对抗因自由基攻击所引起的癌症；紫甘蓝属十字花科类蔬菜，拥有丰富的膳食纤维，可以当肠道的清道夫，另外，甘蓝菜中包含多种营养素，其中的萝卜硫素可以抑制大肠癌基因，使患大肠癌机会降低，而且紫甘蓝所含的异硫氢酸苯乙酯能抑制大肠肿瘤细胞的分裂与生长。另外，芹菜中的芹菜素及香豆素也具有防癌功效。

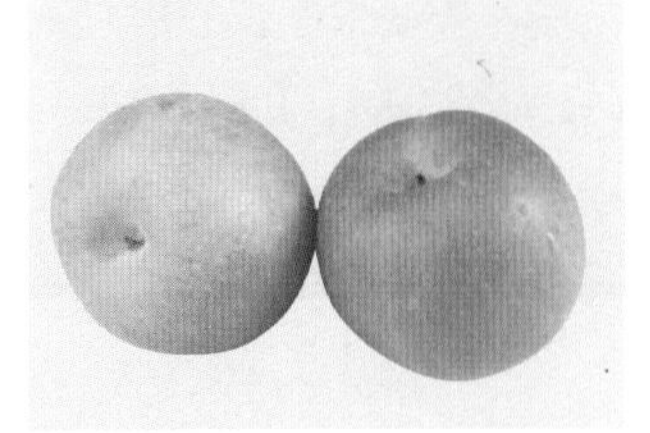

黑木耳莴笋里脊丝

【材料】里脊肉200克，黑木耳、莴笋各50克，青椒、红椒各少许

【调料】盐、味精、香油各适量

【做法】1.里脊肉切丝，用沸水汆烫至熟。

2.莴笋、黑木耳、青椒、红椒分别洗净切丝，用沸水稍汆烫一下。

3.将全部原料用盐、味精拌匀，淋少许香油即可。

养生谈 黑木耳中所含的多糖体有抗肿瘤活性、抑制肿瘤作用，可防治食道癌、肠癌、骨癌。

榛仁莴笋

【材料】榛仁100克，莴笋200克，扇贝50克，鸡蛋清1个

【调料】盐、鸡精、料酒、香油、水淀粉、淀粉各适量

【做法】1.榛仁用水浸泡，去掉外皮后，下入油锅炸脆。

2.莴笋去皮切丁，扇贝肉切丁，分别用沸水汆烫一下。

3.用蛋清与淀粉调成糊，放入扇贝肉丁裹匀。

4.锅内放少许油，下入扇贝丁、莴笋丁煸炒，调入盐、鸡精、料酒，下榛仁，勾芡后淋少许香油即成。

养生谈 榛子含有蛋白质、脂肪、胡萝卜素、多种维生素，以及人体所需的8种氨基酸，钙、铁、磷等微量元素也高于其他坚果。还含有抗癌物质紫杉酚，对卵巢癌和乳腺癌等癌症有辅助治疗作用，是癌症病人的食疗保健佳品。但由于榛子含有丰富的油脂，胆功能严重不良者应慎食。

麻酱茄条

【材料】茄子 200 克，蒜蓉适量

【调料】芝麻酱、香油、盐、味精各适量

【做法】1.将茄子洗净，切成条状，蒸约 15 分钟，放盘中晾凉。

2.加入芝麻酱、香油、盐、味精，搅拌均匀制成调味汁。

3.将调味汁均匀地倒在茄子上，撒上蒜蓉即可食用。

养生谈 茄子含有龙葵碱，能抑制消化系统肿瘤的增殖，对于预防胃癌有极佳的效果。此外，茄子还有清退癌热的辅助作用。大蒜所含的大蒜素能有效地抑制癌细胞活性，使之不能正常生长代谢，最终导致癌细胞死亡；大蒜液能阻断霉菌使致癌物质硝酸盐还原为亚硝酸盐而防治癌肿。因此，此菜能增强人体免疫功能，预防癌症的发生。

葡汁四蔬

【材料】西兰花、菜花、珍珠笋(玉米笋)、茄子各80克

【调料】盐、白糖、椰汁、淡奶、咖喱粉、面粉、素高汤各适量

【做法】1.将水烧开，放入适量油、部分盐再次煮滚；西兰花、菜花均掰成小朵，与珍珠笋一起放入滚水中汆烫至熟，捞出过冷水，沥干。

2.茄子洗净切片蒸熟。

3.煮葡汁：热油炒咖喱粉、面粉，加入素高汤慢火搅匀，再加入盐、白糖、椰汁、淡奶，煮滚即离火，淋在鲜蔬上，放入烤箱以170℃烤至表面呈金黄色即成。

养生谈 西兰花和菜花中均含有萝卜硫素和异硫氢酸盐，可以有效地将一些致癌物或有害物质排除于体外，多吃西兰花和菜花的人，患大肠癌、肺癌、胃癌的几率都较低。另外，它们还含有一种被称为吲哚的物质，能降低女性特有的癌症，像乳腺癌或子宫内膜癌，而且它们所含的槲皮素、山柰酚、杨梅素等物质都是超级抗氧化剂，是防癌高手。

西兰花煮板栗奶汤

【材料】清水板栗250克，花生、西兰花各50克，火腿80克，胡萝卜2根

【调料】盐适量，牛奶30克

【做法】1.将火腿切片；板栗洗净沥干水；花生洗净，用清水煮熟后去皮。

2.西兰花放入盐水中洗净备用。

3.胡萝卜洗净，去皮切成段，放入打汁机内，加入适量清水搅打成汁。

4.汤锅中加入适量清水，倒入胡萝卜汁、牛奶搅匀煮沸，下入其他材料，加盐煮熟后，续煮10分钟即可。

养生谈 花生纤维组织中的可溶性纤维经过肠道时，与许多有害物质接触，吸收某些毒素，从而降低有害物质在体内的积存和所产生的毒性作用，减少肠癌发生的机会。

北方大锅菜

【材料】五花肉750克，大白菜600克，冻豆腐2块，宽粉条适量

【调料】料酒、酱油各45克，冰糖5克，盐、葱段、姜片、八角各适量

【做法】1.五花洗净沥干切块，白菜洗净切段氽烫，冻豆腐切片，宽粉条泡软。

2.热油锅爆香葱段、姜片、八角，加入肉块炒至变色，淋料酒和酱油稍炒，加入冰糖和适量水煮滚，倒入砂锅中改小火煮至肉约八成熟。

3.放入白菜段（塞在锅底）及冻豆腐片、粉条再煮5分钟，加盐调味即可。

养生谈 研究发现，白菜中有一种化合物，能够帮助分解同乳腺癌相关联的雌激素，其含量约占白菜重量的1%。可有助于降低乳腺癌发病率。

第三章

蔬果食疗常见病

严格地说，疾病没有大小之分。一些常见的小病常是大病的根源，如果小病不及时治疗，最终会酿成大病，由一种病发展到几种病。因此要『衣烂从小补，病从浅中医』，这就需要我们做好日常养护，毕竟健康的身体是一切幸福的基石。

第一节 口腔疾病

KOUQIANGJIBING

口腔疾病包括龋齿、牙龈炎、牙周炎、口腔黏膜炎、口臭等。口腔疾病是人类最常见的疾病之一，每个人在任何时期都有可能罹患口腔疾病。虽然我国居民口腔疾病的患病率很高，但却约有70%的人不知道自已患有这种疾病。

病因解析

口腔疾病与全身系统性疾病是一个局部与整体的关系，不少代谢性与内分泌性疾病都可能引起口腔疾病。此外，营养缺乏也是导致口腔疾病的一个重要原因。

由于口腔内容易滋生细菌，尤其是厌氧菌，其分解产生出的硫化物，会发出腐败的味道而产生口臭。饮食不当，不注重营养调配，造成身体机能下降而引发的疾病，像肠胃疾病、肝脏疾病等也会引起口臭。另外，吃某些辛辣食物，如大蒜、葱、韭菜、臭豆腐，亦能产生口臭。当我们生活中遭遇巨大压力时，就会影响作息与睡眠，这是身体因压力而消耗大量的维生素C，使得身体一时缺乏足够的维生素所产生的上火现象，不仅会造成口腔溃疡，还会声音嘶哑，甚至引发牙龈出血与肿痛症状。

蔬果养生经

维护口腔卫生，除了多补充睡眠与水分外，少吃易塞牙、坏牙的食物，诸如：肉类、黏性糖。喝新鲜的柠檬水对清肠禁食有益处，可防治口臭。也可以通过适当的水果食疗，摄取充分的维生素C与膳食纤维，有效消除牙龈出血现象。呵护嗓子，要充分吸收维生素A、维生素C、B族维生素，特别是用嗓多的人，要多食用保护嗓子的清淡蔬果，它们可以起到润喉、开音、清嗓的作用。尽量避免吃刺激性的食物，过冷、过热、过辣的食物都要禁食。

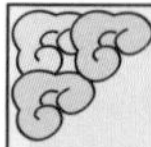
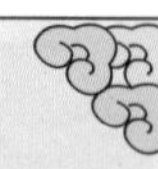

TIPS

祛口臭简易法

◆薄荷、柠檬精油治疗消化性口臭；茶树、百里香精油治疗牙龈性口臭；薰衣草精油治疗一般性口臭。使用时可以取4滴精油，放在温水里，用来漱口。

◆每日早餐和晚饭后3分钟，用锌剂牙膏刷牙，可除口臭。

养生食谱推荐 >>

果菜洁齿汁

【材料】菠菜、花生、胡萝卜、紫菜、莲藕各50克，葡萄适量

【做法】1.将菠菜洗净切短段，用开水浸一下，与洗净的葡萄、莲藕（切小块）一起打汁；胡萝卜洗净切块，单独榨汁。

2.花生煮熟磨粉，加水制成花生糊；紫菜水发取汁。

3.将所有蔬果汁混合，放入花生糊中搅匀即成。

养生谈

花生有止血作用。花生红衣的止血作用比花生更是高出50倍，对牙龈出血有良好的止血功效，再加上莲藕的生津止渴作用。因此，常服本品，具有保护牙龈和咽喉的效果。

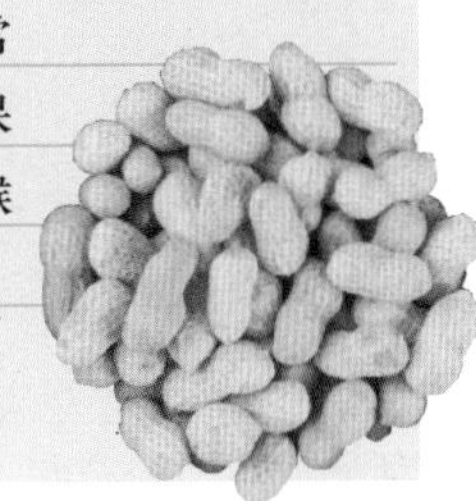

苹果柠檬汁

【材料】苹果1个，胡萝卜1根，菠萝1/4个，芹菜、柠檬汁各50克

【调料】冰糖适量

【做法】1.将胡萝卜、苹果、菠萝洗净，去皮，切成块状；芹菜洗净，切成小块。

2.将上述材料一起放入榨汁机中，打成果汁。

3.加入柠檬汁、冰糖调匀，即可饮用。

养生谈

芹菜中的芹菜素能抑制体内的一些发炎现象，对口干舌燥症状疗效甚佳；柠檬中含有烟酸和丰富的有机酸，其味极酸，有很强的杀菌作用，对口腔有很好的杀菌效果；另外，柠檬中所含的橙皮苷和柚皮苷具有抗炎作用，且柠檬皮中亦含有消炎成分，对防治口腔、牙龈炎等症非常有效。

糯米川贝梨

【材料】水梨2个，川贝5克，糯米100克

【调料】白糖、植物油各适量

【做法】1.将水梨洗干净，去皮与核，切成小块状。

2.将川贝与水梨块一起放入大碗中备用。

3.将糯米洗干净，另取一个碗加入糯米与清水，放入蒸锅中蒸熟。

4.蒸好后加入部分白糖与植物油拌匀。

5.倒入盛放水梨和川贝的大碗中，加入些许清水与剩余白糖拌匀。

养生谈

梨，味甘、微酸，性寒，含有丰富的果糖、钾、维生素C，有生津止渴、润燥化痰、润肺凉心、消炎降火、润肠通便等功效。川贝可清热润肺，止咳化痰。作为镇咳祛痰的药物，主要用于无痰或少痰的咳嗽，但川贝既能祛痰，又有抑制痰涎分泌之效，故痰多者也适用。因此本品对滋肺润喉、清咽祛痰、止咳祛口臭有很好的功效。

白萝卜茶饮

【材料】萝卜半根

【做法】1.将白萝卜洗净去皮，切成小块。

2.将白萝卜块放入榨汁机中打成汁，饮用时加入适量冷开水拌匀即可。

养生谈

白萝卜可帮助秽气从肠道排出，促进肠道蠕动，改善胀气、便秘等问题。另外，白萝卜还具有消炎的作用，可有效消除因便秘引起的口臭。

胡萝卜红枣汤

【材料】胡萝卜120克，红枣40克

【做法】1.将红枣洗净，浸泡2小时。

2.再将胡萝卜洗净，与红枣一并放入砂锅内，加入清水。

3.煮约1小时左右，以红枣熟烂为度。

养生谈

每日服1剂，分早晚2次服用。可养阴益气，利气止咳。适用于气阴不足、肺气上逆所致的呛咳阵作、口干自汗、精神疲乏等症。

白糖苦瓜泥

【材料】苦瓜1根

【调料】白糖适量

【做法】1.将苦瓜洗干净，捣烂成泥。

2.加入白糖混合搅拌，放两小时。

3.两小时过后将水过滤掉，直接食用苦瓜泥即可。

养生谈

苦瓜对清毒去火很有效，可治疗上火引发的牙痛症状。另外，适当食用白糖有助于机体对钙的吸收。

西红柿排骨汤

【材料】排骨600克，洋葱半个，西红柿5个

【调料】盐、鸡精各适量，葱2根，姜5片

【做法】1.排骨洗净，放入热水中汆烫，去除血水，捞出，放入冷水中冲洗，再捞出，沥干。

2.洋葱去皮，切块；西红柿洗净，切成半月形的小方块；葱洗净，切段。

3.锅中倒1500克水，加入烫过的排骨和洋葱块、西红柿块、葱段、姜片，盖上盖子，煮约40分钟，取出，加入盐、鸡精调匀，即可食用。

养生谈

西红柿含有丰富的维生素A和维生素C，对于治疗口角炎有很大的帮助；洋葱里的硫化物是强有力的抗菌物，能杀灭造成龋齿的变形链球菌，尤其以新鲜的洋葱更佳。

第二节 咳嗽

KESOU

咳嗽是呼吸系统疾病中最常见的症状之一，也是人体的一种保护性反应。日常生活中，每个人都出现过咳嗽，因为借着咳嗽可以排除外界侵入呼吸道的异物及呼吸道中的分泌物。因此，在防止呼吸道感染方面，咳嗽具有重要意义。

病因解析

中医认为，咳嗽是由饮食不当、脾虚生痰或外感风寒、风热及燥热之邪等原因造成肺气不宣、肺气上逆所致。由于脾是主管食物消化、吸收、水液代谢的。脾虚则消化功能下降，水液代谢异常。水液在体内停留时间过长，就会生痰，这就是咳嗽有痰的原因，也就是中医所说的“脾为生痰之源，肺为贮痰之器”。

另外，咳嗽还与空气污染、吸入粉尘太多以及工作压力大、休息不够等有着密切关系。特别是当摄入太多寒凉之物或外感风寒时，致病因素就可经口、鼻、支气管影响到肺，使肺的功能受损，出现咳嗽。不过有些咳嗽经治疗可迅速消失，而有的则迁延难治，久咳不愈。临床上，咳嗽吐痰连续2年以上，每年连续3个月以上者，多见于气管炎、慢性支气管炎；反复咳嗽伴有咯血，咳嗽与体位有关者，多见于支气管扩张；干咳伴午后发热、两颧潮红者，多见于肺结核；咳嗽伴胸痛难忍、进行性加重，咳嗽声调高如金属声者，多见于肺癌；咳嗽或伴憋喘，每遇刺激性气体而发者，多见于过敏性哮喘。

蔬果养生经

咳嗽患者饮食要清淡，多食新鲜蔬果、黄豆及豆制品，如萝卜、芹菜、白菜、百合、菠菜、山药、梨、苹果、柿子、樱桃等。民间有“生梨炖冰糖”治疗咳嗽的习惯。另外，还要注意少食或禁食橘子、芦柑、鱼虾、辛辣油腻食物，禁止吸烟。

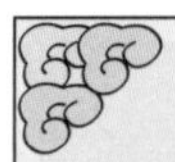
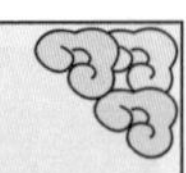

TIPS

咳嗽吐痰小常识

在小儿咳嗽的间隙，让小儿侧卧或抱起侧卧，家长轻拍小儿背部。这样不仅能促使小儿肺部和支气管内的痰液松动，向大气管引流并排出，而且可促进心脏和肺部的血液循环，有利于炎症的吸收，使疾病能及早痊愈。

养生食谱推荐 >>

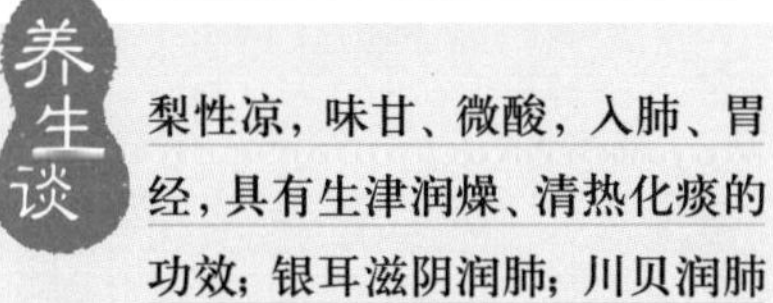

养生谈 梨性凉，味甘、微酸，入肺、胃经，具有生津润燥、清热化痰的功效；银耳滋阴润肺；川贝润肺止咳。此汤润肺止咳化痰，适用于肺燥型咳嗽。

雪梨银耳川贝汤

【材料】雪梨1个，银耳10克，川贝6颗

【调料】冰糖少量

【做法】1.将梨洗净切块，银耳用温水泡发去蒂洗净。

2.雪梨、银耳、川贝同入砂锅中，加水煮开后小火炖40分钟，然后加入冰糖，煮化后放温服用。

甘蔗山药汁

【材料】山药适量，甘蔗汁1杯

【做法】1.将山药去皮洗净，切块捣烂。

2.将山药块与甘蔗汁放入榨汁机中打成汁。

3.饮用时稍微加热。

养生谈 山药有润滑、滋润的作用，故可益肺气、养肺阴，治疗肺虚痰嗽久咳等病症；甘蔗入肺经，具有清热、生津、下气、润燥、补肺的特殊效果，可治疗因热病引起的伤津、心烦口渴、肺燥引发的咳嗽气喘、干咳无痰、咯痰带血。因此此汁可有效治疗咳嗽、痰多等症状。

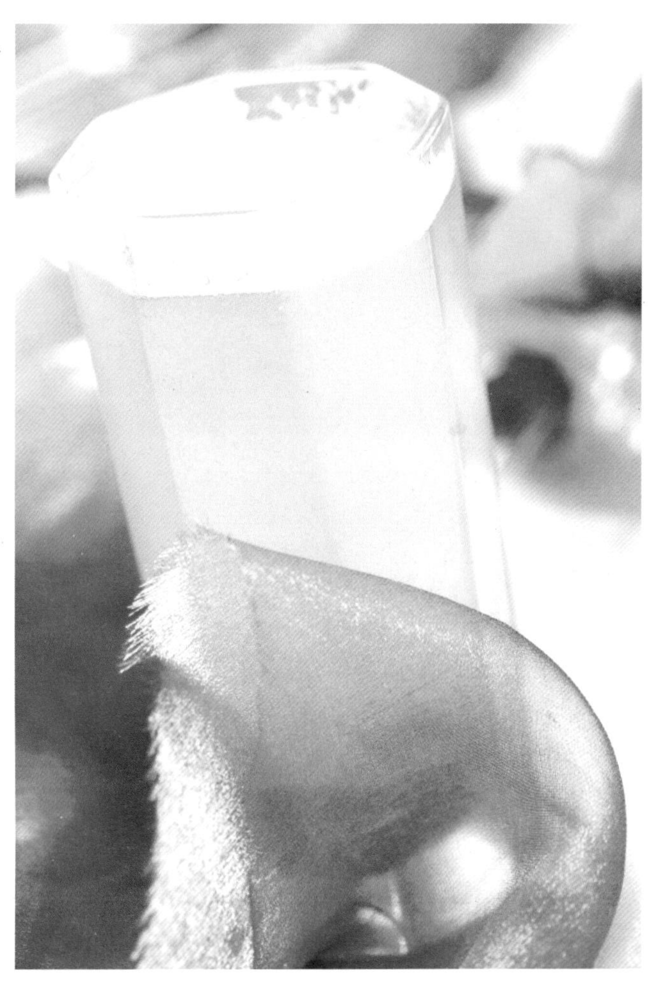

百合炒芥兰

【材料】芥兰500克，百合100克

【调料】高汤、盐、白糖、料酒、姜汁、味精、水淀粉、蚝油各适量

【做法】1.芥兰择洗干净，切成6厘米长的段，备用；百合掰开，洗净，备用。

2.锅内放油，烧至六成热，放入芥兰段翻炒，烹入料酒，加入高汤、盐、姜汁煨透。

2.加入白糖、味精、百合翻炒均匀。

3.最后用水淀粉勾芡，放入蚝油炒匀即可。

养生谈

百合主要含秋水碱等多种生物碱和营养物质，有良好的营养滋补功效，支气管不好的人食用百合，有助病情改善，皆因百合可以解饥润燥，常食可起到清肺润燥、化痰止咳的作用。芥蓝味甘、辛，性凉，有清热解毒、凉血通淋的功效。本品适用于有阴虚久咳、痰中带血等症状的人群。风寒咳嗽、脾胃虚弱、寒湿久滞、肾阳衰退者忌食。

薏仁西红柿粥

【材料】西红柿1个，薏仁25克，白米40克

【调料】蜂蜜少许

【做法】1.将西红柿洗净去皮，切块状。

2.将薏仁与白米洗干净，加入清水煮成粥。

3.煮好后加入西红柿块一起煮至熟。加入蜂蜜调味，即可食用。

养生谈

咳嗽要多吃富含维生素及矿物质的食物，有利于机体代谢功能的恢复，对感冒咳嗽的恢复很有益处。特别是西红柿、胡萝卜等，一些富含维生素A的食物，对恢复呼吸道黏膜是非常有帮助的。薏仁性味甘、淡、微寒，入肺经，清热排脓，并可显著扩张肺血管，改善肺脏的血液循环，故肺痿肺痈用之。

第三节 感冒

GANMAO

普通感冒又叫头伤风或鼻伤风，是鼻和咽部的病毒感染造成的，病毒经由上呼吸道的鼻腔或口腔进入，它可能会侵袭整个呼吸道，包括肺脏在内，并导致严重的咽、喉、肺或耳部细菌感染。流行性感冒又叫流感，这是一种经由人们咳嗽、打喷嚏散播的病毒所引起的疾病。

临床症状

风寒感冒会有流清鼻涕、打喷嚏、咽喉痛、声音嘶哑、咳嗽、畏寒怕风、疲倦、没有食欲等症状。风热感冒的症状为鼻涕浓稠呈黄绿色，还会头痛发热，体温升高时会发抖、发冷，有浓痰。

流行性感冒会发高烧及全身疼痛。早期症状有寒颤、发热约40℃、打喷嚏、头痛、肌肉痛及咽喉痛。然后通常会出现干咳以及胸痛，稍后咳嗽带痰，开始流鼻涕，发热症状持续3～5天，全身无力，严重时可能引发肺炎。

病因解析

感冒的诱因很多，一般认为是受凉引起的，当人受凉后，体内的白细胞及巨嗜细胞对病毒、细菌的抵抗力有所下降，使全身免疫力降低。上呼吸道局部受凉，引起血管收缩，血液循环障碍，使局部的抵抗力也进一步降低。这时存留在呼吸道中的病毒便乘虚而入，引起感冒。当然，可引起感冒的诱因还有很多，如营养不良、过度疲劳、年老体衰等一切引起身体免疫力降低的因素，都可以诱使感冒发生。

蔬果养生经

感冒患者的饮食宜清淡，宜食新鲜蔬果，并多饮开水和富含维生素的饮料。少食荤腥之物，忌食油腻厚味、煎炒熏炙之类的食品。风热型流感症见咽喉肿痛者，宜食清淡、清热的饮食，不宜食生姜、葱等辛辣食物，多吃油菜、苋菜和菠菜；风寒型流感患者可多食生姜、葱等。感冒患者在后期进行养生时，应酌情选用蔬果，如果是风寒兼湿则以茭白、冬瓜、丝瓜、黄瓜、梨、西瓜等清热利湿之品为佳。热退后，则宜多食西红柿、藕等，以益气生津。少吃油炸、肥腻等不易消化的食物及热性蔬果，如荔枝、桂圆、芒果、榴莲等。

养生食谱推荐 >>

萝卜丸子汤

【材料】白萝卜1000克，羊肉馅300克，鸡蛋1个

【调料】水淀粉、胡椒粉、味精、香菜叶、葱花、盐各适量

【做法】1.将白萝卜洗净去皮，切成小块；羊肉馅内磕入鸡蛋搅匀，加葱花、水淀粉和少许盐、味精，搅打均匀备用。

2.锅内加水烧开后转成中火，将肉馅制成小丸子投入锅中，开锅后放入萝卜块。

3.开锅后，将汤盛入汤碗中，撒入香菜叶即成。吃的时候可按个人口味加些胡椒粉，更是别有风味。

养生谈 白萝卜的营养成分主要是蛋白质、脂肪、糖类、B族维生素和大量的维生素C以及钙、磷、铁和多种酶与纤维。可以增强抵抗力，预防感冒。

柳橙菊花汁

【材料】菊花适量，柳橙2个

【做法】1.将菊花洗净，放入滚水中冲泡成茶汁，放凉后备用。

2.柳橙榨成柳橙汁，加入菊花汁一起混合后即可饮用。

养生谈 菊花有清热解毒的功效，而感冒大多伴随着咽喉痛和呼吸道感染，喝菊花茶可以疏风、清热、解毒、润喉。另外，柳橙果实所含的那可丁，具有与可待因相似的镇咳作用，且无中枢抑制现象，无成瘾性。本饮品适用于风热感冒有发热、咽干、咽痛者。

鲜拌鱼腥草

【材料】鱼腥草叶200克，嫩胡豆50克

【调料】橄榄油、白糖、盐各适量

【做法】1.嫩胡豆去皮洗净，放入沸水中氽烫至熟，捞出冲凉，沥水。

2.将鱼腥草洗净，加入处理好的嫩胡豆，用橄榄油拌匀，加盐、白糖调味。

3.放冰箱冷藏约1小时后即可食用。

养生谈

鱼腥草含有鱼腥草素（癸酰乙醛），它是鱼腥草的主要抗菌成分，对流感杆菌、肺炎球菌、金黄色葡萄球菌等有明显抑制作用。鱼腥草还含有槲皮苷等有效成分，可抗病毒。另外，鱼腥草还能增强机体免疫功能，增加白细胞吞噬能力，具有镇痛、止咳的作用。对流感所引起的咳嗽、发热、全身疼痛等症状有缓解作用。

西红柿鱼丸汤

【材料】鱼丸250克，西红柿2个，瘦肉、里脊肉各100克

【调料】盐适量，鸡精、香菜各少许，老姜1块

【做法】1.西红柿切瓣；里脊肉切块；瘦肉切块；姜去皮；香菜少许切末。

2.砂锅烧水，待水沸时，将里脊肉、瘦肉氽一下，捞出，再用清水洗净后取出。将西红柿、鱼丸、里脊肉、瘦肉、姜放入砂锅中，加入清水，大火水开后，以慢火煲2小时，调入盐、鸡精，撒上香菜末即可食用。

养生谈

香菜具有显著的发汗清热的功能，其特殊香味能刺激汗腺分泌，促使人体发汗。再加上西红柿有生津止渴，健胃消食的作用，故本品可清热、发汗、解毒，对感冒引起的发热非常有效。

红绿粥

【材料】大米100克，薏仁、红豆、绿豆各50克

【调料】冰糖15克

【做法】1.大米、薏仁、红豆、绿豆洗净，泡水1小时。

2.将所有材料同放入锅中，加水适量，大火烧开，转小火继续熬煮45分钟。

3.煮成粥后，加入冰糖调味即可。

养生谈 此粥具有清热解毒、散血消肿的功效，还可以治疗伤风感冒、夏季头痛、鼻塞不通等症。

山楂荸荠糕

【材料】荸荠粉300克，面粉200克，山楂酱、冰糖各150克，鸡蛋2个，发酵剂15克

【调料】猪油适量

【做法】1.鸡蛋打入碗中，搅散；冰糖加温水溶化，晾凉。

2.将荸荠粉与面粉混合，加发酵剂、鸡蛋液、冰糖水和匀成发酵粉糊。

3.盛器四周涂上猪油，倒入部分发酵粉糊，约为容器的1/3量。

4.盛器上笼蒸15分钟后，再铺上一层山楂酱，倒入约为容器1/3量的剩余发酵粉糊，上笼蒸15分钟即成。

养生谈 荸荠甘寒，能清肺热，因富含黏液质，具有生津、润肺、化痰的作用，故能清化痰热，治疗肺热咳嗽、咯吐黄黏脓痰等病症。另外，荸荠还含有一种抗病毒物质，可抑制感冒病毒，能用于预防脑炎和感冒传染。山楂的有机酸和维生素C含量较高，药用价值也很高，能健脾胃、助消化。此菜适宜于治疗感冒和感冒引起的不思饮食等症。

第四节 发热

FARE

发热是指病理性的体温升高，是人体对于致病因子的一种全身性反应。发热只是疾病的一种症状，其发生的原因很复杂，可分为感染性与非感染性两大类。日常以感染性发热较为多见，如上呼吸道感染、支气管炎、肺炎等。

病因解析

人们在日常生活中，衣着适时，饮食适量，通过体内产热和散热调节，在外界冷热环境中保持着恒定的体温。当某种原因使散热出现障碍或产热过多时，可使体温升高而出现发热。

中医认为发热属于“温病”范畴，并将其分为外感性发热和内伤性发热。外感性发热多因饮食、生活不规律致使内热产生，继而感受风寒、风热、暑湿等外邪而致；内伤性发热多因脏腑气血功能紊乱而致。一般外感性发热的热度较高；内伤性发热以低热最为常见，多见于体质虚弱及慢性病患者，如现代医学中的结核病、肿瘤、血液病、功能性低热等。

从表面上看发热是一种病理性表现，其实它是人体内正邪交恶的结果，是机体有抗病能力的体现。有的人一生都很少发热，这可能与机体反应能力差有关。所以，发热不能单纯说是一件坏事，要辩证地看待它。

蔬果养生经

发热患者要补充足够的水分，同时还要注意补充大量维生素和一定量的矿物质，如钠、钾、钙等。因此，当发热时，尤其发高烧时，要多喝水，或喝些蔬果汁，如西瓜汁、橙汁、梨汁等，也可喝些加糖和盐的米汤或绿豆汤等，若能喝进牛奶则更好，既补充水分，又补充了蛋白质、脂肪及矿物质。发热患者还要注意忌吃黏糯滋腻、难以消化的食品。

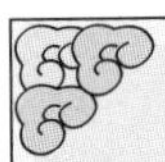

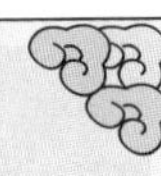

TIPS

对发热持续一周以上或反复发作的患儿，家长必须注意孩子的体征变化，比如有无关节痛、皮疹、出血等，以便及时供医生诊治参考。

如果孩子高热后，一段时间内仍有38℃左右低热，但体检与化验均正常，此为高热后体温调节中枢未恢复所致，过一段时间会自行恢复，家长不必担心。

养生食谱推荐 >>

养生谈 辣椒辛温，人食后能够通过发汗而降低体温，并缓解肌肉疼痛，因此具有较强的解热镇痛的作用。

凉拌双色花生

【材料】花生200克，胡萝卜150克，小黄瓜1根，红辣椒1个

【调料】A.八角4粒，酱油、味精、香油各适量
B.盐、香油各少许

【做法】1.花生洗净；胡萝卜洗净削皮，与洗净的小黄瓜切成跟花生一样大小的丁；红辣椒切末。
2.调料A与花生放锅中，加水适量，小火焖30分钟，再加胡萝卜丁煮10分钟，捞起沥干。
3.花生、胡萝卜丁、小黄瓜丁、红辣椒末与调料B混合拌匀即可。

西红柿鱼

【材料】净鱼肉100克，西红柿70克

【调料】高汤、盐各适量

【做法】1.将净鱼肉放入沸水中煮熟，除去骨刺和皮，切成碎末。
2.西红柿用开水氽烫一下，剥去皮，切成碎末。
3.锅内放入高汤，下鱼肉碎稍煮后，加入切碎的西红柿，加盐调味，再用小火煮成糊状即可。

养生谈 西红柿含有矿物质、有机碱、西红柿碱和维生素等，其维生素含量居蔬菜之冠，是维生素C的最佳来源。西红柿可以帮助消化和吸收肉类食物，有清热生津的功效。此菜适宜发热口干、暑热烦渴、食欲不振之人食用。忌空腹吃西红柿，以免引起腹痛；肠胃虚寒者、胃溃疡、月经期间有痛经史者忌食。

姜葱枣汤

【材料】生姜10克，葱白5克，红枣10颗

【做法】1.将生姜去皮，洗净，切片，备用。

2.红枣洗净，去核，备用。

3.葱白去掉外层的皮，洗净，切成条，拍烂。

4.将生姜片、葱白、红枣一起放入锅中，加适量水烧开即可饮用。

养生谈 此汤具有祛风清热，调和营卫，解肌发表的功效。适用于外感风寒所致的发热。

五宝活力果汁

【材料】莲藕、梨子、荸荠各50克，西瓜200克，甘蔗汁500克

【做法】1.将莲藕洗净，切块。

2.梨、荸荠、西瓜分别洗净去皮，切块。

3.将上述材料放入榨汁机中，再加入甘蔗汁打匀饮用。

养生谈 西瓜含有大量的水分、多种氨基酸和糖分，可有效补充人体的水分，消暑祛热。另外，西瓜汁中含有蛋白苷，可将不溶性蛋白质转化为水溶性蛋白质，以帮助人体对蛋白质的吸收，提高机体免疫力。甘蔗性平味甘，入肺、胃二经，为解热、生津、润燥、补肺、下气、滋养之佳品，能助脾和中、消痰镇咳、治噎止呕，有“天生复脉汤”之美称。中医常把其作清凉生津剂，用于辅助治疗发热后引起的口干舌燥、津液不足、大便燥结、高烧烦渴等症。因此，本品可改善容易发炎、燥热的体质。

第五节 消化不良

XIAOHUABULIANG

消化不良是一种由胃动力障碍所引起的疾病，也包括胃蠕动不好的胃轻瘫和食道反流病。也是由于各种疾病引起小肠对摄入的营养物质消化和吸收不足而造成的临床症候群。

临床症状

消化不良不仅会使人感觉不舒服，造成肠胀气、胃灼热、打嗝、恶心、呕吐、进食后有烧灼感等，甚至还会导致腹痛，但它不会造成生命危险。不过当症状长期持续没有改善时，要注意这种消化不良可能是因为患有胃酸过低症，特别需要注意的是消化不良也可能是胃癌的初期症状。

病因解析

消化不良是指与饮食有关的一系列不适症状，几乎人人都会得。有些人吃了诸如圆白菜、豆类、洋葱或黄瓜等，或饮酒和含碳酸成分的饮料后，就会发生一种或多种消化不良症状。有些人饮食速度太快、吃得太油腻或吃得太多，以及因焦虑、紧张或抑郁等也可能发生消化不良。怀孕妇女、大量吸烟者、便秘者及肥胖者特别容易患上消化不良。

蔬果养生经

饮食上要多吃富含膳食纤维的食物，特别是新鲜的水果蔬菜。如白萝卜，可改善胃不舒服、消化不良的毛病；土豆可以巩固胃肠，有抑制发炎的功效；山楂煎汁可促进消化等；其他助消化的中药如神曲、木香、麦芽、谷芽、陈皮等可酌情使用（水剂煎服）。要避免吃橙类水果、西红柿、青椒、洋芋片等；节制花生、扁豆及大豆的食用量，它们含有一种酶抑制剂，无益消化。

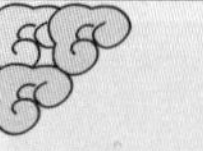

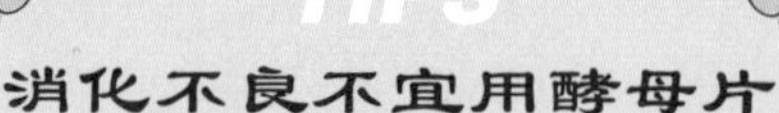

酵母片含维生素B_1和维生素B_2、烟酸以及一些氨基酸，主要用于补充B族维生素缺乏症。人们之所以认定它能帮助消化，大概是来自“酵母发面”一说，其实发面用的是活酵母菌，而酵母片中的酵母菌都是死的，无发酵作用。即使有微弱的发酵作用，也只能使人胃中的淀粉产生气体和酸类，引起嗳气，并不能帮助消化。

养生食谱推荐 >>

香菜豆干丝

【材料】五香豆干6块，香芹少许，红辣椒2个

【调料】盐少许，酱油15克，香油5克

【做法】1.五香豆干洗净，横剖，切细丝；香芹洗净，去叶留根，切段；红辣椒切丝。

2.热油15克，将豆干炒香，放入调味料后再拌炒几下。

3.放入红辣椒丝、香芹拌炒均匀即可。

香芹中的香精油能促进唾液分泌，加快肠胃蠕动，增进食欲。其次，香芹有活血健胃功效，民间用香芹煮粥来帮助治疗消化不良，促进消食下气。

鸡肉炒萝卜

【材料】萝卜1根，鸡肉250克，萝卜缨100克，辣椒1个

【调料】A.酱油、米酒各8克，淀粉5克
B.蚝油8克，酱油5克，盐少许

【做法】1.萝卜洗净削皮，切半月形的块，用盐搓揉；萝卜缨洗净切碎，撒盐使水分渗出；辣椒去子，切粗末。

2.鸡肉洗净切成一口大小的块，放入调料A搅拌后静置一旁。

3.油锅烧热，将辣椒末小火炒香，转大火，加鸡肉块拌炒，炒至八分熟时，再加萝卜块混炒。

4.炒至萝卜呈透明状时，加萝卜叶合炒，再加调料B，迅速翻炒几下后即可。

萝卜中的芥子油能促进胃肠蠕动，能增加食欲，帮助消化。另外，萝卜中的淀粉酶还能分解食物中的淀粉、脂肪，使之尽快地得到充分吸收。萝卜叶含有丰富的胡萝卜素、维生素C、钙质、铁以及食物纤维，可补充因消化不良造成的营养缺乏。

苹果粥

【材料】白米100克，苹果1个，葡萄干少许
【调料】蜂蜜适量
【做法】1.将米淘洗净；苹果洗净，去子，切片。
2.锅内倒水煮沸，放入白米和苹果片，煮至再次沸腾，转小火滚40分钟。
3.将蜂蜜和葡萄干倒入粥里，搅拌均匀即可。

养生谈 苹果能健脾胃，补中焦之气，促进消化和吸收。苹果还能中和过剩胃酸，促进胆汁分泌，增加胆汁酸功能，对于脾胃虚弱、消化不良等病症有良好的治疗效果。葡萄中含有维生素P，可降低胃酸毒性，对帮助治疗胃炎、肠炎及呕吐等有效。

生姜莲藕汁

【材料】莲藕220克，生姜40克
【做法】1.将莲藕与生姜洗干净，切块。
2.将上述材料放入榨汁机中打成汁，即可饮用。

养生谈 莲藕散发出一种独特的香味，还含有鞣质，有极佳的健脾止泻作用，能增进食欲，促进消化，开胃健中；姜中的挥发油能增强胃液的分泌和肠壁的蠕动，从而帮助消化，生姜中分离出来的姜烯、姜酮的混合物均有明显的止呕作用。

菠萝炒鸡片

【材料】鸡胸肉100克，菠萝肉、豆苗各50克，黄瓜、红椒各10克

【调料】白糖、西红柿酱、料酒、醋、盐、淀粉、水淀粉、香油各适量。

【做法】1.鸡胸肉、菠萝肉、黄瓜、红椒分别洗净切片，鸡肉加少许淀粉、料酒腌约10分钟。

2.锅内倒油烧热，放入腌好的鸡片，翻炒片刻，再加入黄瓜片、红椒片、菠萝片炒香，调入白糖、西红柿酱、醋、盐，炒至呈金红色。

3.加入豆苗翻炒均匀，用水淀粉勾芡，再翻炒数次，淋香油，熟后出锅即可。

菠萝中所含的菠萝朊酶可以帮助食物中的蛋白质分解，有利于被人体吸收，所以吃完大鱼大肉之后，可以吃几片菠萝帮助消化。本菜可帮助消化不良的病人恢复正常消化机能。但要注意，菠萝不要与牛奶、鸡蛋、萝卜一起同食。另外，患有溃疡病、肾脏病、凝血功能障碍、皮肤湿疹和疮疤者要忌食。

青红香爆肉片

【材料】猪肉200克，青椒、红椒各100克，洋葱1个，蛋清2个，豆豉适量

【调料】A.盐、味精、酱油、水淀粉各适量，料酒15克

B.盐、鸡精各适量，白糖5克，香醋少许

【做法】1.青椒、红椒去蒂、子，洗净沥干，切片；豆豉切末；洋葱洗净切片；猪肉洗净，切片，加蛋清、调料A拌匀腌渍15分钟，入热油中滑炒至熟，捞出沥油。

2.油锅烧热，炒香豆豉末，加猪肉片、青椒片、红椒片、洋葱片，加调料B炒匀，熟后出锅装盘即可。

辣椒强烈的香辣味可刺激唾液和胃液的分泌，增加食欲，促进肠道蠕动，帮助消化。另外，洋葱的辛辣气味也能刺激胃、肠及消化腺分泌，增进食欲，促进消化，且洋葱不含脂肪，其精油中含有可降低胆固醇的含硫化合物，可用于辅助治疗消化不良。

第六节 便秘

BIANMI

便秘，是指大便经常秘结不通，排便时间延长，或虽有便意而排便困难者。便秘的发生，主要是由于大肠的蠕动功能失调，粪便在肠内滞留过久，水分被过度吸收，而使粪便过于干燥、坚硬所致。

临床症状

大便秘结，排出困难，经常三五天或七八天排便一次，有时甚至更久。便秘日久，常可引起腰部胀满，甚则酸痛、食欲不振、头晕头痛、睡眠不佳。长期便秘，还可引起痔疮、便血、肛裂等。

病因解析

造成便秘的原因有很多，最有可能的原因便是水分不足。粪便若过于干燥，则无法顺利排出，此类型的人通常怕热，且常常感到口渴、想喝水，这是因为囤积于体内的热消耗了水分，连带让粪便变得干干的。若能多喝水，则便秘现象就会得以改善。

另一种便秘的原因是大肠蠕动速度降低，要让大肠能够活跃运作，充足的气循环是不可或缺的，若因压力使得气停滞，或发生气不足，则排便的动力也会不足，导致排便的功能减退。另外，若大肠受寒，则蠕动也会变慢，成为便秘的原因。

最近研究表明：人体肠道中所寄存的细菌，每时每刻都在产生大量毒素，如吲哚、吲哚乙酸等，这些毒素被人体吸收后，会导致机体慢性中毒，加快衰老。所以，保持大便通畅，减少对粪便毒素的吸收，可延缓衰老、健康长寿。

蔬果养生经

中医认为，本病多为肠道积热、肠道津亏、气血不足所为，当以清热润肠、养阴生津、补益气血为治，可摄取兼有镇热及通便作用的蔬果，如香蕉、柿子、梨、橘子、白萝卜、菠菜、竹笋等。

另外，最好还能够摄取有补气及通便作用的无花果、胡桃、黑芝麻、韭菜、甘薯等。同时，应该养成规律的排便习惯。便秘者应忌饮酒、喝浓茶、咖啡，忌食辛辣等刺激性食物。

养生食谱推荐 >>

乡村土豆泥

【材料】土豆300克，猪肉馅50克

【调料】葱花、姜末、盐、味精、高汤各适量

【做法】1.土豆洗净，去皮，入蒸锅中蒸熟，取出趁热碾成泥。

2.锅内倒油烧热，煸香葱花、姜末，加入肉馅同炒。

3.将肉馅加入盐、味精、高汤调成汁，浇在土豆泥上即可。

养生谈 土豆含有大量淀粉以及蛋白质、B族维生素、维生素C等，能促进脾胃的运作功能。土豆还含有大量纤维，能宽肠通便，帮助人体及时排便，代谢毒素，防止便秘，预防肠道疾病的发生。

糖醋双丝

【材料】白菜心200克，鸭梨300克，青椒丝、红椒丝各少许

【调料】白糖适量，米醋、盐各少许

【做法】1.将白菜心洗净，切成细丝，用盐拌匀腌一下；鸭梨去皮、核，切成和白菜丝相仿的细丝。

2.用手轻轻挤去白菜的水分，放入盘内，将梨丝码在白菜丝上。

3.白糖和米醋加清水少许上火熬化，倒出晾凉，浇在双丝上，撒上青椒丝、红椒丝即成。

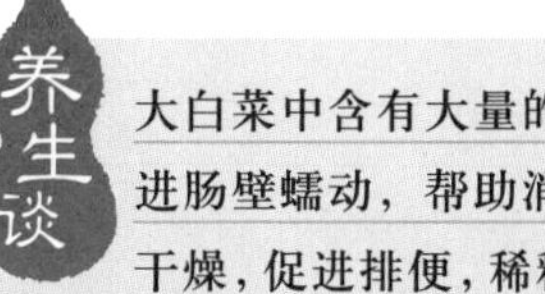

养生谈 大白菜中含有大量的粗纤维，可促进肠壁蠕动，帮助消化，防止大便干燥，促进排便，稀释肠道毒素，既能治疗便秘，又有助于营养吸收；梨中的果胶含量很高，比苹果更有助于消化，促进排便，便秘者每餐饭后吃1个梨，对缓解便秘现象大有裨益。

蜂蜜萝卜汁

【材料】白萝卜200克

【调料】蜂蜜适量

【做法】1.将白萝卜洗净，去皮，切块。
2.将白萝卜放入榨汁机中，打成汁，加入适量蜂蜜即可饮用。

中医认为，白萝卜有疗胀消食的功能，熟的白萝卜可帮助秽气从肠道排出，促进肠道蠕动，能改善胀气、便秘的问题。因此，每天早晨空腹饮用白萝卜汁，可解除腹胀和便秘症状。

猕猴桃蜂蜜饮

【材料】猕猴桃2个

【调料】蜂蜜少许

【做法】1.将猕猴桃洗净，去皮，切块。
2.将猕猴桃放入榨汁机中榨成果汁。
3.加入蜂蜜即可饮用。

养生谈

猕猴桃含有蛋白水解酶，能帮助食物尤其是肉类食物的消化，其所含的膳食纤维和果酸，有促进肠道蠕动、帮助排便的作用；蜂蜜对胃肠功能有调节作用，可使胃酸分泌正常，蜂蜜还有增强肠蠕动的作用，可显著缩短排便时间，因此，蜂蜜对结肠炎、习惯性便秘有良好辅助疗效。

什锦蔬菜

【材料】菠菜300克，金针菇100克，白芝麻25克，熟花生碎25克

【调料】盐、蘑菇精、酱油、醋、香油各适量

【做法】1.锅内水烧热后，撒入部分盐，煮沸；菠菜洗净，切成约10厘米的长段，下锅汆至颜色变绿，捞起后过一次冷水，放入盆中。

2.将金针菇的根部切掉，切成两段，下入沸水中略汆一下，放入装有菠菜的盆内。

3.炒锅烧热，放入白芝麻，转小火焙香，芝麻变黄时盛出，充分晾凉。

4.将蘑菇精、醋，少许酱油、剩余盐与水调匀，淋在菠菜金针菇上，再撒上白芝麻、熟花生碎，拌匀后滴入香油即可。

养生谈 菠菜含有大量的膳食纤维，具有促进肠道蠕动的作用，利于排便，且能促进胰腺分泌，帮助消化，对便秘有一定的治疗作用。

甘薯百合粥

【材料】甘薯100克，百合、毛豆各30克，大米150克

【调料】冰糖少许

【做法】1.百合、毛豆洗净，甘薯削皮洗净后切成小块，备用。

2.大米洗净后加适量的水，煮开后加入甘薯块，再放入百合、毛豆和冰糖，煮至米烂粥稠，即可食用。

养生谈 甘薯含有维生素C、维生素E以及丰富的膳食纤维，有整肠作用，可以防止便秘。

第七节 腹泻

FUXIE

腹泻指以大便次数增多、粪质清稀或如水样、有黏液、脓血等为临床特征的一种病症，多因饮食不当、精神紧张、感受湿邪，造成脾胃虚弱而致。95%以上的人都曾发生过腹泻。

病因解析

中医将腹泻又称为泄泻，认为多因感受外邪、脏腑功能失调所致，其中又以湿邪和脾胃功能失调造成的腹泻多见。“泄”，指泄漏，大便溏薄；“泻”，指大便急迫，粪水直下。腹泻可见于许多疾病，如消化不良、慢性结肠炎、肠炎、痢疾、肝病等消化系统疾病，中医认为以湿泄、寒泄、虚泄等最为常见。与中医不同，西医则认为人所摄入的食物经食道、胃、肠的消化吸收后形成粪便，排出体外。如果肠道运动和分泌机能失调，肠蠕动增强，粪便通过结肠的速度加快，水分不能被充分吸收，就会引起排便次数增多，粪便稀薄。严重的一天排便数十次，造成脱水，尤以儿童多见。

现实生活中，一些人生活无规律、饮食不科学、暴饮暴食；或饮食不讲卫生、生冷食物不洗干净即食用；或贪凉怕热、吃寒冷食物太多。这些都是造成腹泻的原因，会引起消化不良性腹泻、急性肠炎性腹泻、急性痢疾性腹泻等。精神紧张和肝病也会引起腹泻，这是因为精神紧张可使消化功能紊乱，而肝与脾胃同为消化器官，关系密切，因此，肝患病就会影响到脾胃的消化功能而致腹泻。

蔬果养生经

腹泻要忌食生冷、油腻食物，以防复发，且应防止受寒，避免各种精神刺激。忌食高脂肪食品，控制蔬菜水果和高纤维多渣食物的摄入，豆类、萝卜、甘薯等产气食物也应减少食用。对乳糖酶缺乏症者，应控制牛奶食用量，因为在消化牛奶时，需要大量的乳糖酶。易腹泻的人平时可多吃一些健脾止泻的食物，如用山药、莲子、薏仁、红枣等做成的粥，有很好的食疗作用，还应多吃一些酸性有收涩作用的食物，如用马齿苋做成馅饼或凉拌、煮汤等食用。在腹泻的过程中还应注意补充维生素，可多喝鲜橙汁、西红柿汁、菜汤等。

养生食谱推荐 >>

马齿苋粥

【材料】新鲜马齿苋60克，粳米100克

【做法】1.马齿苋去老根，取叶。

2.将新鲜马齿苋同粳米一起煮至软烂即可。

养生谈 马齿苋有清热利湿的作用，尤其对肠中湿热的作用最好，而且还有收涩止泻的功效；粳米可养胃。此粥可清热止泻，适用于湿热型腹泻的食疗。另外，平时多食马齿苋有预防肠炎的作用。

山药内金山楂粥

【材料】淮山片30克，鸡内金10克，山楂15克，玉米150克，红枣5颗

【调料】白糖50克

【做法】1.将淮山片、鸡内金分别研为细末，混匀。山楂洗净切薄片。

2.山楂片、淮山片内金粉与玉米、红枣共入锅中，加水适量。

3.煮粥至黏稠时调入白糖即可。

养生谈 山药用于脾胃虚弱证，能平补气阴，且性兼涩，故凡脾虚食少、体倦便溏、儿童消化不良的泄泻等，皆可应用；鸡内金具有消食化积的功效，治疗消化不良、反胃呕吐等；山楂片所含的解脂酶能促进脂肪类食物的消化，促进胃液分泌和增加胃内酶素等功能。中医认为，山楂具有消积化滞、收敛止痢等功效，主治饮食积滞、胸膈痞满等症。因此本品可健脾理气、健胃消食，适用于治疗肝郁犯脾、脾虚所致的腹泻、消化不良。小儿食之尤佳。

第八节 肠胃炎

CHANGWEIYAN

肠胃炎分为急性、慢性，其中急性若是细菌、病毒所致，则极具传染性，一个人染病后，会在短时间内导致整个家庭成员或其他密切接触者被感染，进而造成一定范围的社区流行。目前在全世界范围尤其是贫困地区，每年因肠胃炎急性腹泻导致死亡的人数多达五百多万人。

临床症状

肠胃炎是由不同病因引发的急、慢性肠胃黏膜炎疾患。本病可见呕吐、腹泻，常连带有腹部痛性痉挛及绞痛，严重者可导致脱水及水电解质紊乱等现象。

不过呕吐、腹泻等症状一般会在2～4天后停止，但也可能持续更长的时间；有些人会发烧、出汗或有严重而急促的水状腹泻；有些人因大量丧失体液而致脱水，甚至休克；有些人的呕吐物和粪便中可能有少量血。

肠胃炎通常都是食物中毒引起，不过在大多数情况下，中毒程度都很轻微。但若是腊肠毒菌病以及某些植物或化学物质中毒，如果不及早救治，则可能致命。

病因解析

吃入不清洁的食物、对食物过敏，或食物的突然改变，是引起肠胃炎的主要病因。这与中医认识相同，中医认为肠胃炎多因饮食不节、情志所伤、劳倦而发病，患者应根据临床表现，合理地选择食物，辩证施治。

蔬果养生经

肠炎患者如伴有脱水现象时，可喝些淡盐开水、菜汤、米汤、果汁、米粥等，以补充水、盐和维生素；若排气、肠鸣音过强时，应少吃蔗糖及易产气发酵的食物，如土豆、甘薯、白萝卜、冬瓜、牛奶、黄豆等。苹果含有鞣酸及果酸成分，有收敛止泻作用，可经常食用。还要多吃含维生素丰富的食物如深色的新鲜蔬菜及水果，包括绿叶蔬菜、西红柿、茄子、红枣等。另外，每餐最好吃两三个新鲜山楂，以刺激胃液的分泌。要避免引起腹部胀气和含纤维较多的食物，如豆类、豆制品、蔗糖、芹菜、韭菜等。

养生食谱推荐 >>

菠萝柠檬茶

【材料】菠萝汁50克，柠檬片150克，红茶适量

【调料】白糖适量

【做法】1.将红茶放入杯中，加入柠檬片，以滚水冲泡。

2.再加入菠萝汁与白糖搅拌均匀，即可饮用。

养生谈 柠檬酸汁有很强的杀菌作用，还能促进胃中蛋白分解酶的分泌，增加胃肠蠕动。柠檬中所含的橙皮苷和柚皮苷具有抗炎作用。菠萝中的蛋白酶能帮助消化蛋白质，可消食止泻，并可局部抗炎，加速肠胃炎症的愈合和修复。早晚各饮一次，可消除肠胃炎的不适症状。

酸奶水果布丁

【材料】琼脂8克，水蜜桃汁20克，猕猴桃丁50克，哈密瓜丁160克，酸奶240克

【做法】1.锅内放入200克水和吉利丁粉，用小打蛋器搅拌化开。

2.将锅移置炉上，开小火，慢慢加热，同时轻轻搅拌，待煮沸变稠状即可熄火。

3.加入水蜜桃汁搅拌均匀，再盛入模型杯，放入水果丁，置于常温下（琼脂在常温下一样可以凝固，鱼胶必须冷藏才能凝固，因而，此布丁以选择琼脂为宜）。

4.凝固后，取出布丁，淋上酸奶即可食用。

养生谈 桃富含膳食纤维和果胶，有助于促进肠胃蠕动，清理肠道废物，并帮助胆汁分泌，有消积润肠、增进食欲的作用；猕猴桃含有蛋白水解酶，能帮助食物尤其是肉类食物的消化，阻止蛋白质凝固，其所含膳食纤维和果酸，有促进肠道蠕动，帮助排便的作用；而多吃酸奶可以降低幽门螺旋杆菌所引起的感染，经常服用抗生素者肠道中有益菌群易被破坏，酸奶可以重建肠胃道内有益菌群的生长，尽早恢复肠胃健康。综合起来，这道水果布丁是肠胃炎患者的最佳选择。

什菌大烩

【材料】鸡腿菇、平菇、滑菇、胡萝卜、西兰花各20克，白菜30克

【调料】姜片、高汤、盐、味精、白糖、炼乳各适量

【做法】1.将鸡腿菇洗净切片；平菇洗净切块；胡萝卜洗净切片；西兰花洗净掰成小朵；白菜洗净切片。

2.锅内倒油加热，放入姜片煸香，倒入高汤烧沸，放入鸡腿菇、平菇、滑菇、胡萝卜、白菜，用中火煮。

3.快成熟时，放入西兰花，加盐、味精、白糖、炼乳煮至成熟入味即可。

养生谈 鸡腿菇性味甘平，能益胃清神，增进食欲，消食化痔；平菇含有的多种维生素及矿物质，可以改善人体新陈代谢，对慢性胃炎、胃和十二指肠溃疡等都有疗效；滑菇含有丰富的氨基酸和蛋白质，对于病毒引起的肠胃不适有很好的疗效；西兰花和胡萝卜中富含的萝卜硫素可以有效驱逐幽门杆菌。

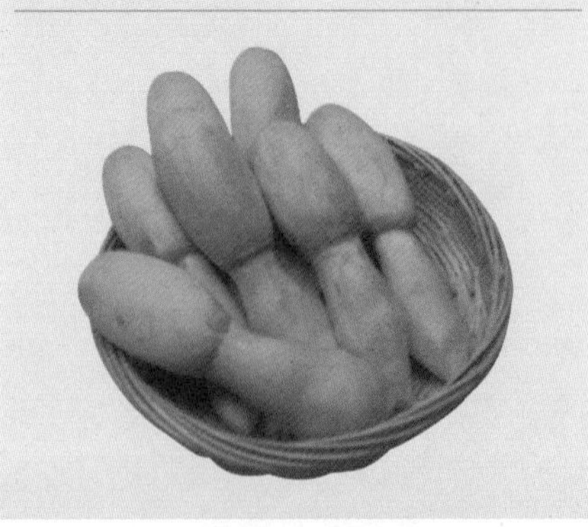

荷叶莲藕炒豆芽

【材料】鲜荷叶200克，水发莲子50克，鲜藕100克，绿豆芽150克

【调料】盐、水淀粉、味精各适量

【做法】1.将藕去皮洗净切成丝；水发莲子与荷叶加水煮汤备用；绿豆芽淘洗干净。

2.锅内放油烧热，放入藕丝煸炒至七成熟，再加入莲子、绿豆芽稍翻炒。

3.放入荷叶、莲子汤适量，煮开后加盐、味精调味。

4.水淀粉勾薄芡即可。

养生谈 莲藕散发出一种独特清香，还含有鞣质，有一定健脾止泻作用，能增进食欲、促进消化、开胃健中，有益于胃纳不佳、食欲不振者恢复健康；藕节是一味著名的止血良药，其味甘、涩，性平，含丰富的鞣质、天冬酰胺，可治各种出血症如吐血、咳血、尿血、便血、子宫出血等症。本品对腹泻、痢疾及便血非常有效。

第九节 月经异常

YUEJINGYICHANG

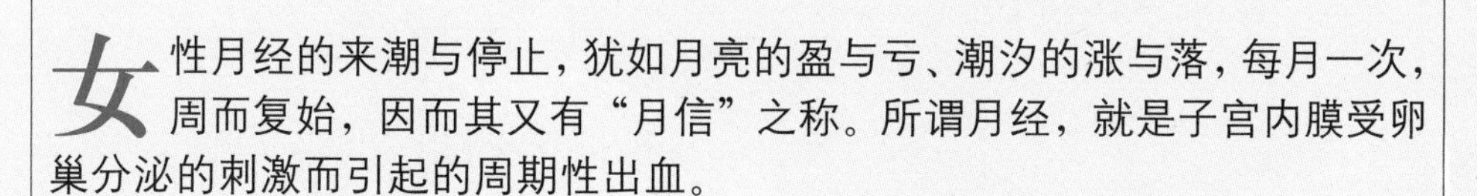

女性月经的来潮与停止，犹如月亮的盈与亏、潮汐的涨与落，每月一次，周而复始，因而其又有“月信”之称。所谓月经，就是子宫内膜受卵巢分泌的刺激而引起的周期性出血。

临床症状

成熟期的女性根据个人的情况，其月经异常的表现方式各有不同，比如月经持续时间、出血量和月经周期的任何一项发生改变，均为月经异常。

在周期异常病例中，有月经过稀及过频；在月经期的异常中有月经延迟、月经过短；出血量的异常有过多和过少等；青春期的异常主要表现在月经迟发、闭经、痛经和经前紧张等症状。通常而言，月经异常多发于青春期和更年期。

病因解析

正常月经是指规则而周期性的子宫出血，也就是月经周期21～40天，出血日数3～7天，出血量低于60毫升／周期。

月经异常的原因是控制月经的激素失去平衡，而促进激素分泌的间脑、脑下垂体、卵巢及子宫等部位产生阻碍，引起月经异常。间脑和自律神经有密切关系，所以精神上的刺激及过度紧张都会搅乱激素的分泌，使月经发生异常。

另外，女性的生理特点，加之某些人体质虚弱、精神刺激、房事不节、生育过多等因素，也是导致经期提前或退后，或前后无定期，或过多过少等的原因。

蔬果养生经

蔬果补益的目的，在于补益气血，调摄营养，增强体质，使月经按时而至。要多食木耳、黑豆、豆制品、菠菜、韭菜、苹果、柳橙、香蕉等，其中木耳有净化血液的作用，对于月经异常等妇科病非常有食疗效果，特别是银耳，对帮助调治月经过多特别见效。另外，黑豆可补充雌激素，被认为对月经不顺有极佳食疗效果。

养生食谱推荐 >>

养生谈

痛经的基本病理是气血运行不畅，胞宫脉络淤阻不通。山楂味酸、甘，性微温，归脾、胃、肝经，可活血化淤，镇静止痛，适用于血滞闭经者。

山楂鸡内金粥

【材料】罐头山楂、鸡内金各30克，粳米100克

【做法】1.将山楂、鸡内金加水500克煎煮。

2.去渣取汁。

3.将山楂鸡内金汁倒入锅中，加粳米煮粥即可。

荔枝莲藕羹

【材料】荔枝100克，莲藕粉适量

【调料】红糖20克

【做法】1.将新鲜荔枝去皮、核，将果肉切成小块。

2.锅中放入清水，加入荔枝果肉以大火煮。

3.煮滚后加入红糖，以莲藕粉勾芡，即可食用。

养生谈

荔枝有生津益血，理气止痛的功效；莲藕的营养价值很高，富含铁、钙等微量元素，植物蛋白质、维生素及淀粉含量也很丰富，有明显的补益气血、增强人体免疫力的作用；红糖具有益气缓中、助脾化食、补血破淤等功效，还兼具散寒止痛作用。所以，女性因受寒体虚所致的痛经等症喝些红糖水往往效果显著。此羹每天吃两次，有益养血，能帮助改善月经不调的症状。

莲藕山药汤

【材料】莲藕100克，山药50克，枸杞子少量

【调料】清汤、姜丝、盐、味精各适量

【做法】1.莲藕去皮，洗净，切厚片；山药去皮洗净，切厚片；枸杞子略泡备用。

2.锅内放油烧热，放入姜丝略爆，注入清汤煮沸。

3.放入莲藕片、山药、枸杞子用中火煮至熟透。

4.加入盐、味精调味，盛入碗中即可。

莲藕具有活血而不破血、止血而不滞血的双重功效，加上具有益气补肾、消火化痰的山药，配合补肾填精而生血的枸杞子，长期服用此汤能改善由于气血不足而造成的痛经。因山药有收敛作用，故大便燥结者不宜食用。

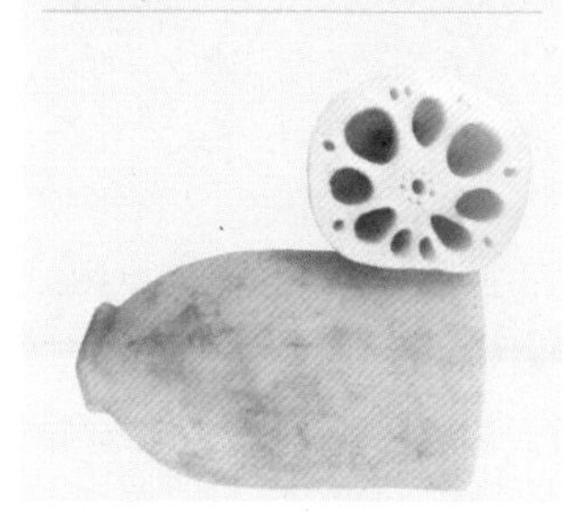

红豆荸荠煲乌鸡

【材料】乌鸡半只，红豆50克，红枣5颗，荸荠适量

【调料】高汤、盐各适量，生姜1块，料酒15克，味精、胡椒粉、葱各少许

【做法】1.红豆用温水泡透；乌鸡择洗净，切成块；荸荠洗净去皮；生姜去皮，切片；葱切段。

2.锅内烧水，待水开时，投入乌鸡块，用中火煮3分钟至血水尽时，捞起冲净。

3.砂锅一个，放入所有材料及葱段、姜片，注入高汤、料酒、胡椒粉，加盖，用中火煲开，再改小火煲2小时，调入盐、味精，继续煲15分钟即可。

红豆含丰富的铁质，能让人气色红润。多摄取红豆，有补血、促进血液循环、强化体力、增强抵抗力的效果。乌鸡体内的黑色物质含铁、铜元素较高，可补血，促康复。另外，乌鸡中还含有人体不可缺少的赖氨酸、蛋氨酸、组氨酸和黑色素，有滋阴、养血、补虚等作用。该汤补血养虚、调经止带。

苹果鸡肉沙拉

【材料】苹果、熟核桃仁各50克，鸡胸肉100克，熟土豆120克

【调料】沙拉酱、牛奶各80克

【做法】1.将鸡胸肉洗干净，煮熟切小块。

2.将苹果洗净，去皮与核，切成小块。

3.将熟土豆切成小块。

4.将鸡肉块与苹果块、土豆块混合，加入沙拉酱搅拌均匀，撒上核桃仁即可。

养生谈 苹果中含有苹果酸，由于铁质必须在酸性条件下或在维生素C存在的情况下才能被吸收，故苹果是缺铁性贫血的补血食品；土豆含有丰富的维生素及钙、钾等微量元素，且易于消化吸收，营养丰富；核桃仁的磷脂有增强细胞活力，促进造血的作用。本品可补气滋润，改善月经不调的症状。

樱桃蒸鸡腿

【材料】新鲜樱桃20克，鸡腿2只，鸡蛋液2个，猪肉片100克

【调料】料酒240克，葱丝、姜片各20克，盐、味精各适量，淀粉5克

【做法】1.将鸡腿洗净、去骨，撒上淀粉，用部分盐与部分味精拌匀。

2.洗净猪肉片，切成细末，放入碗中加部分盐、剩余味精拌匀。

3.将猪肉末抹在鸡腿上，码上葱丝与姜片，淋上料酒，放入蒸锅中蒸熟。

4.蒸好取出，将鸡蛋液打好后放入剩余盐拌匀，淋在鸡肉上。

5.将樱桃摆放在鸡肉上，放入蒸锅中蒸至鸡蛋熟即可。

养生谈 樱桃含铁量高，常食可补充体内对铁元素的需求，促进血红蛋白再生，对月经不调有很好的调节作用。另外，樱桃还可以收涩止痛，对痛经症状有所改善。再加上姜的提取物能刺激血管运动中枢及交感神经的反射性兴奋，促进血液循环，可达到止痛的效果。本菜具有调经止痛的作用。

第十节 轻度贫血

QINGDUPINXUE

据世界卫生组织统计：全球约有 30 亿人患有不同程度的贫血，每年因患贫血引致各类疾病而死亡的人数多达上千万。中国患贫血的人口概率高于西方国家，在患贫血的人群中，女性明显高于男性，老人和儿童高于中青年，这应引起我们的重视。

临床症状

贫血一般较易发现，面色常是判断有无贫血的一面镜子。贫血的人不但面色苍白，眼睑和指甲也常是苍白无光的。贫血有轻有重，也有一个发展过程。轻的多无明显症状，有的人会出现头晕、耳鸣、失眠、健忘、食欲减退。较重的则会出现浮肿、毛发干枯，甚至出现贫血性心脏病。

病因解析

贫血的发生是由于血液中红血球数量太少，血红素不足。血液中的氧必须由血红素携带才能前往身体各部位，而铁是血红素中相当重要的成分。通常患有轻度贫血的人多是由于饮食中铁质不足，身体吸收铁质的功能出现问题，或是血液的流失、红细胞过度破坏，如饮食不良、钩虫感染、肠胃吸收不良、胃和十二指肠溃疡出血、痔疮出血以及妇女月经过多、青春期功能性子宫出血等。

蔬果养生经

对于轻度贫血患者，一般不做药物治疗，不妨使用蔬果疗法，针对病因，制定不同的食谱。

如果体内缺少铁，就很容易患缺铁性贫血，要多吃大枣、樱桃、菠菜等含铁丰富的蔬果。同时，还要补充维生素 B_{12}、叶酸、维生素 C，虽然它们不是构成血细胞的成分，但缺少也会影响造血功能，甚至引起贫血，要多吃一些含有这些元素的蔬果，如杏、西红柿、苦瓜、青柿椒、生菜、竹笋等。

另外，铜也是人体必须的微量元素，它与血细胞中铜蛋白组合，与铁相互依赖，是铁元素吸收、利用、运转的催化剂。即使体内有充足的铁，缺铜也会引起贫血，因此要多吃含铜的蔬果，如核桃、花生、蘑菇、菠菜、杏仁、茄子等。

养生食谱推荐 >>

奶油淋草莓

【材料】新鲜草莓200克，奶油20克

【调料】白糖25克，盐适量

【做法】1.将草莓洗净，去蒂。

2.加入白糖拌匀。

3.将奶油与盐打匀，浇淋在草莓上即可。

养生谈

草莓的铁质在水果中是比较高的，再加上富含维生素C，可以帮助铁的吸收，因此想要改善贫血症状的人可多吃草莓。但在吃草莓的过程中要注意，由于草莓中含有的草酸钙较多，尿路结石病人不宜吃的过多。

紫菜鱼卷

【材料】方片紫菜5片，净鲜草鱼肉200克，猪肉适量

【调料】鸡蛋清、水淀粉、盐、料酒、味精各适量

【做法】1.净草鱼肉和猪肉洗净，剁成肉泥，盛入大碗中，加鸡蛋清、水、水淀粉、料酒、盐、味精搅拌成馅。

2.在方片紫菜上均匀抹上馅，卷成卷，放在盘子内。

3.将紫菜卷上笼蒸熟，取出。食时切片，整齐地摆在盘内即成。

养生谈

紫菜所含的铁质相当丰富，是贫血患者非常好的铁质来源。而且，紫菜也提供了预防贫血的另一种营养素——维生素B_{12}，由于大部分蔬菜都不提供这一元素，因此很容易缺乏此种营养而出现贫血症状。但由于紫菜的钠、钾含量也相当高，所以高血压患者和肾脏病患者应限制食用。

橙子葡萄青春汁

【材料】橙子1个，葡萄10颗

【调料】蜂蜜10克，姜1片

【做法】1.橙子剥皮，果肉剥成瓣状，去了。

2.葡萄仔细清洗以后，去子备用。

3.姜清洗后，切成细末。然后将橙子、葡萄、姜末、蜂蜜及300克的冷开水放入榨汁机中，一起充分打匀，即可饮用。

养生谈

葡萄中含具有抗恶性贫血作用的维生素B12，尤其是带皮的葡萄发酵制成的红葡萄酒，每升中含维生素B12 24～30毫克。因此，常饮红葡萄酒，有益于提升气色，改善贫血症状。

水果藕粉

【材料】藕粉、桃、梨各适量

【做法】1.将藕粉用清水调匀成稀糊状。

2.桃、梨洗净去皮、核，切成丁待用。

3.锅内放水煮沸，放入藕粉糊用微火慢慢熬煮，边熬边搅拌，直到熬至透明为止。

4.最后加入切碎的桃丁、梨丁，稍煮即成。

养生谈

莲藕药用价值很高，其中含有丰富的维生素K，是主要的造血成分；桃子果肉中含铁量比较高，在各种水果中仅次于樱桃，由于铁参与人体血液的合成，所以食桃具有促进血红蛋白再生的能力。此品可治疗缺铁性贫血。由于藕性偏凉，故产妇不宜过早食用，一般产后1～2周后可开始吃藕。

木耳红枣粥

【材料】木耳15克，粳米200克，红枣10颗

【调料】冰糖适量

【做法】1.木耳浸泡在温水中，变软后去掉根部的硬蒂，撕成小片，备用。

2.红枣洗净去核，备用。

3.粳米洗净，加适量水与红枣同煮，待煮至软烂时加入木耳和少许冰糖，再略煮5分钟左右即可食用。

木耳中铁的含量极为丰富，为猪肝的7倍多，故常吃木耳能养血驻颜，令人肌肤红润，容光焕发，并可防治缺铁性贫血；另外，大枣中也含有丰富的铁质，是补血佳品。

菠菜猪肝汤

【材料】猪肝100克，菠菜50克

【调料】盐、味精各适量

【做法】1.猪肝用水略汆烫后洗净，切成薄片。

2.菠菜择洗净，切段。

3.锅中放水烧滚，加入猪肝片、菠菜段共煮至熟。

4.加入盐、味精调味即可。

养生谈

菠菜营养价值较高，含有蛋白质、胡萝卜素和其他维生素，还含有制造血液、活化骨髓的叶酸、维生素C和铁以及促进造血功能的锰等增血成分；猪肝也富含铁和维生素B_{12}，可调节并改善贫血病人的造血功能。此汤可补肝益血、明目。适用于配合治疗各类贫血症。

第四章

蔬果食疗亚健康

现代社会，生活节奏和工作节奏很快，人们多处在较大的压力之下；现代工业污染已严重地损害了我们的生活环境。上述情况导致了很多人的身体长期处于亚健康状态。这种状态持续时间过久的话，就会产生很严重的后果。因此，我们要积极采取措施来缓解亚健康状态。美味而又富有营养的蔬果是愉悦心情、缓解疲劳、抗衰老、防止亚健康的不错选择。

第一节 失眠

SHIMIAN

据世界卫生组织调查，全球约15%的人患有不同程度的失眠，特别是最近几年，我国的失眠人数大幅增加。如果失眠没有得到有效治疗，有可能进一步导致精神抑郁的发生。

临床症状

失眠是神经官能症的一种，临床表现为：入睡困难、继睡困难、夜间多醒、凌晨早醒、夜寐多梦、睡眠节律颠倒，甚至彻夜不眠。次日精神不振、体力恢复不佳，甚至紧张不安、焦虑，并因此引起头晕、乏力、健忘、烦急易怒等症状，严重者可有心率加快、体温增高、血管收缩等植物神经症状。

病因解析

睡眠是一种节律性的生理活动，它主要是由大脑皮层、丘脑、脑干的网状结构管理，也就是由中枢神经控制。

绝大部分人白天活动，夜晚睡眠。到了该睡觉的时候，就会感到眼皮发沉，四肢沉重，提不起精神来，不愿意讲话，更不愿意活动，连续地打哈欠就是我们平时所说的睡意，这种睡眠节律每个人都有。一旦出现突然的精神创伤、长期的工作学习紧张、思虑过度、苦恼忧虑、心事重重、想入非非等状况，都容易让人无法入睡而失眠。

从医学角度讲，失眠是人大脑皮层兴奋或抑制过程中的平衡失调，高级神经活动的正常规律被破坏，属于大脑功能失调，并不是大脑器质性病变。

蔬果养生经

就中医的观点来说，阴虚火旺、肝气郁结等生理上的问题，也是导致失眠的原因。可选择具有祛除肝热作用的蔬果如芹菜、西红柿等；另外，如苹果、荔枝、葡萄、芹菜、山药等，这些具有补充阴液、安定心神效果的蔬果也不可缺少。

借由这些蔬果缓解失眠带来的痛苦，只要稍加烹调，就可以创造出可口又营养的蔬果食疗餐，可舒缓神经，让兴奋的情绪安定下来，更容易进入甜美梦乡。

养生食谱推荐 >>

药荔枝煲

【材料】荔枝 8 颗，山药 10 克

【调料】红糖少许

【做法】1.将山药去皮，切片；将荔枝剥皮，去核取肉。

2.将山药与荔枝肉放入锅中，加入适量清水煮。

3.煮熟后加入红糖调味，即可饮用。

荔枝果肉中含葡萄糖 66%、蔗糖 5%，含糖总量在 70% 以上，列居多种水果的首位，具有补充能量、增加营养的作用，而且荔枝对大脑组织有补养功效，能明显改善失眠、神疲等症。

素什锦

【材料】鲜蘑、香菇、黄瓜、胡萝卜、西兰花、玉米笋、荸荠、莴笋、紫菜头各 40 克

【调料】姜片、盐、酱油、味精、水淀粉、鸡汤各适量

【做法】1.鲜蘑、香菇均去蒂，洗净，切片；黄瓜、胡萝卜、玉米笋均洗净切成小段；西兰花洗净掰成小朵，荸荠、莴笋、紫菜头均洗净削成球状。

2.将水煮沸，放入全部材料及姜片氽烫，沥水装盘，挑出姜片不要。

3.锅内倒油加热，将氽烫好的材料全部放入锅内翻炒，倒入鸡汤，加盐、酱油、味精翻炒至熟入味，用水淀粉勾芡即可。

养生谈

黄瓜含有维生素 B_2，对改善大脑和神经系统功能有利，能安神定志，辅助治疗失眠症。但黄瓜性寒，体质虚寒、五脏气虚及消瘦者忌食。研究还发现慢性支气管炎患者在发作期间不宜食用黄瓜。

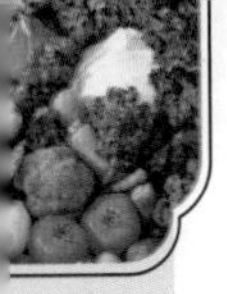

葡萄干蒸枸杞

【材料】葡萄干45克，枸杞子35克

【做法】1.将葡萄干与枸杞子洗净。

2.放入碗中，再放入蒸锅中蒸约半小时即可。

养生谈

葡萄中的葡萄糖、有机酸、氨基酸、维生素的含量都很丰富，可补益和兴奋大脑神经，对治疗神经衰弱和消除过度疲劳有一定的效果。可有效改善失眠症状。

红枣桂圆粥

【材料】桂圆10克，红枣25克，白米40克

【调料】蜂蜜少许

【做法】1.将红枣与桂圆洗净。

2.白米淘洗干净，与红枣一同放入锅中，加入适量清水煮成粥。

3.放入桂圆再略煮片刻。

4.待桂圆煮软时，加少许蜂蜜调味即可饮用。

养生谈

桂圆肉含有大量的铁、钾等元素，能促进血红蛋白的再生以治疗因贫血造成的心悸、心慌、失眠等症，另外桂圆能消除疲劳。蜂蜜可缓解神经紧张，促进睡眠，并有一定的止痛作用，蜂蜜中的葡萄糖、维生素、镁、磷、钙等能够调节神经系统，促进睡眠。此粥可安神，有效改善失眠症状。

首乌牛蒡粥

【材料】何首乌15克，牛蒡250克，胡萝卜1根，大米50克，枸杞子5克

【调料】盐适量

【做法】1.牛蒡、胡萝卜去皮，洗净后切成小块；大米淘洗干净。

2.将做法1放入锅中，再放入洗净的枸杞子和何首乌，加适量水，煮成粥加盐调味后，即可食用。

养生谈

有失眠状况的人，吃此粥能够改善睡眠品质；对神经衰弱也有辅助食疗作用。

香蕉百合银耳汤

【材料】银耳15克，鲜百合120克，香蕉2根

【调料】冰糖适量

【做法】1.将银耳浸水泡软，去蒂，撕成小朵；百合洗净，去蒂；香蕉去皮切成薄片。

2.将银耳放入碗中，倒入适量清水，放入蒸笼内蒸半个小时。

3.将百合、香蕉片和蒸好的银耳放入炖盅中，加入冰糖，放入蒸笼中蒸半个小时即可。

养生谈

从中医来说，百合入心经，性微寒，能清心除烦、宁心安神；从西医学来看，百合中含有百合苷，有镇静和催眠的作用。每晚睡前服用百合汤，有明显改善睡眠作用，可提高睡眠质量。此汤可用于治疗失眠多梦、心情抑郁、神思恍惚等病症。但风寒咳嗽、脾胃虚弱、寒湿久滞、肾阳衰退者忌食。

第二节 耳鸣

ERMING

有资料统计显示，中国1.3亿的耳鸣患者中，其中老年耳鸣患者仅占3900万人，其他将近1亿人的耳鸣患者为中青年人，而且目前耳鸣发病的趋势正向更加年轻化的态势发展。

临床症状

耳鸣常指耳内发出的鸣响声，有似蝉鸣，有似机器轰鸣，还有的似飞机声、风声、脉搏的跳动声等。耳鸣声可以持续不间断，也可以在安静环境中表现明显、遇嘈杂环境就近乎消失，耳鸣有时会伴有随后出现的听力下降、也会伴有头晕等症状。

病因解析

耳鸣是一种在正常人身上也可能发生的生理现象，这在医学上被称为生理性耳鸣。只要注意休息，消除紧张情绪，无需治疗便会减轻和消失。

不过，耳鸣也可能发生于多种疾病，几乎任何可引起耳疾的原因都可导致耳鸣症状出现。也许可能仅由于一小片耵聍（俗称耳屎）接触到鼓膜而引起耳鸣，但也可能是由于一个位于听神经的肿瘤而导致。其他如耳硬化症（一种发生于中耳听小骨的疾病）、耳毒性药物中毒、噪声等均可引起不同程度的耳鸣。当耳内出现博动声音是血压升高的反映；耳鸣伴有耳聋、眩晕，多是耳内发生病变的表现；当耳鸣伴有严重头痛、呕吐等症状时要警惕颅脑病变，须及时去医院检查处置。

另外，疲劳、焦虑、精神紧张、失眠，长期喝咖啡、饮酒、抽烟等，也会加重耳鸣症状。

蔬果养生经

预防耳鸣可多吃含铁的食品，如紫菜、黑芝麻、黄花菜、黑木耳、苋菜等。还要吃含锌丰富的食物，如苹果、橘子、核桃、黄瓜、西红柿、白菜、萝卜等。

另外，具有活血作用的食物也要常吃，如韭菜、葡萄等，它们可活血化淤、扩张血管、改善血液黏稠度，有利于保持耳部小血管血液的正常循环。

养生食谱推荐 >>

芹菜有镇静作用，有利于安定情绪，消除烦躁；百合入心经，性微寒，能清心除烦、宁心安神，用于热病后余热未消、神思恍惚、失眠多梦、心情抑郁、喜悲欲哭等症。每天饮用此汁可有效治疗神经衰弱及神经衰弱引起的耳鸣。

芹百合汁

【材料】芹菜50克，百合40克

【做法】1.将芹菜与百合洗干净，放入锅中煎煮。

2.煎煮好后取其汁饮用即可。

制桂圆红枣橘皮

【材料】橘皮、红枣、桂圆各100克，白酒1000克

【做法】1.将橘皮洗净切成细丝。

2.将红枣与桂圆洗净，与橘皮丝一起浸泡在白酒中。

3.将瓶盖封好，每天摇晃1次，2周后开封用碗盛出即可食枣饮酒。

红枣具有安神、镇静的功效；桂圆亦称龙眼，性温味甘，可益心脾、补气血，具有良好的滋养补益的作用，可用于心脾虚损、气血不足所致的失眠、健忘、惊悸、眩晕等症；白酒可促进血液循环，起到催眠作用。此品每天食用2次，可有效改善精神衰弱的症状，帮助安神聪耳，消除失眠症状。

第三节 头痛

头痛是一种常见症状，几乎每个人一生中均会有头痛发生。头痛主要是由于头部的血管、神经、脑膜等对疼痛敏感的组织受到刺激引起的。由紧张、疲劳、饮酒等原因造成的头痛经过休息之后可自然消退。

临床症状

头痛并不能称为疾病，而只是许多疾病中的一种症状，即可作为神经系统原发病的一个早期症状或中、晚期症状，如脑出血病人多较早出现剧烈头痛，脑肿瘤患者以头痛为主诉者更是普遍；头痛也可以是全颈部疾病、肩部疾病及背部疾病的症状，亦是全身疾病在头部的一个表现形式，如严重的细菌性感染时出现的头痛。正是由于引起头痛的原因多而复杂，因此其临床分类也十分复杂。一般表现为前额、头顶、颈部、眼眶及枕部的疼痛。

病因解析

大部分的头痛都是无害的，只要确定不是因为疾病所引起的慢性头痛，多半是紧张性头痛或偏头痛。

引起紧张性头痛或偏头痛的原因很多，常见的因素包括：肌肉紧张、用眼过度、压力过大、看书或工作的姿势不良、睡眠不足或过多、饮食不当、感冒等。此外，遗传体质、抽烟喝酒、季节变换等也是头痛的原因。

按中国传统医学说，常把头痛分为外感头痛和内伤头痛，引起的原因主要有风、寒、湿、热、火、气虚、血虚、肝阳上亢、肾虚、痰、淤血等。

蔬果养生经

头痛病人，若因肝火或阳亢头痛，平时可食用清热食品，如西瓜、绿豆等；若因痰浊上扰头痛，可食用萝卜，或用橘皮和茶叶水煎代茶饮；血虚头痛，可食用补气养血食品，如银耳、桑葚、红枣、桂圆肉等；偏头痛可多摄取含镁丰富的食物，如香蕉、豆类、干红辣椒、粗粮及蜂蜜等。有资料显示，进食某些富含酪氨酸的食物、酒类和高脂肪食物，易诱发偏头痛。患者要避免饮酒，勿过食富含脂肪的食物。

养生食谱推荐 >>

甘薯芹菜汁

【材料】甘薯1个，韭葱1根，胡萝卜2个，芹菜2根

【做法】将全部材料洗净切块，榨汁并立即饮用。

养生谈

这是一种具有强效抗氧化作用的混合汁，非常有益于身体的全面健康，特别有助于减轻头痛症状。另外，也是身体的清洁剂和能量的补充剂。

半夏山药粥

【材料】山药30克，粳米60克，半夏6克

【调料】白糖适量

【做法】1.将山药研末。

2.先煮半夏取汁200毫升，去渣，加入粳米煮至米开花，加入山药粉，再煮数沸，酌加白糖和匀即成。

3.调入山药末，空腹食用。

养生谈

此粥具有和胃健脾，燥湿化痰，降逆止呕的功效。主治痰浊上扰型偏头痛，症见头痛昏蒙、胸腔满闷、呕恶痰涎、肢重体倦、纳呆、舌体胖大有齿痕、苔白腻、脉沉弦或沉滑。

核桃红枣粳米粥

【材料】核桃、红枣各30克，粳米100克

【调料】砂糖50克

【做法】1.粳米、红枣洗净放入锅中，加适量水，大火煮沸改小火煮30分钟。

2.加入核桃再煮20分钟至熟，放砂糖溶化后即可食用。

养生谈

核桃仁能减少肠道对胆固醇的吸收，并可溶解胆固醇，排除血管壁内的污垢杂质，使血液净化，从而为人体提供更好的新鲜的血液；红枣可养血安神，舒肝解郁，在精神紧张、心中烦乱、睡眠不安时，不妨在主菜或汤中加入一些红枣同食。此粥可补气养血、健脾益肾，适用于血虚血淤型头痛。

第四节 精神抑郁

JINGSHENYIYU

精神抑郁是亚健康人群的一种典型症状，其对人的身心健康有严重危害。世界卫生组织预测，精神抑郁将成为21世纪人类的主要杀手，目前此类人群还在不断增长，有近15%的严重精神抑郁者最后选择了自杀的道路。

临床症状

精神抑郁者多表现为失眠或嗜睡、感觉疲劳、身体不适、头痛、语言缓慢、行动迟缓、食欲不振、持久的悲观、负罪感、无价值感、无助或无望感、同家人及朋友疏远等，严重时会出现头痛、肚痛、恶心或晕倒。其中情绪低落、思维迟缓和运动抑制三大主要症状是判断精神是否抑郁的标准。

病因解析

引起精神抑郁的原因很多，在精神抑郁者脑内有多种神经递质出现了紊乱，使其睡眠模式与正常人截然不同。出现脑内神经递质紊乱的原因有多种，如某些特定的药物能导致或加重精神抑郁，有些激素也可改变情绪。有时精神抑郁的发生也跟躯体疾病有关，一些严重的躯体疾病，如脑中风、心脏病发作、激素紊乱等常常引发精神抑郁，并使原来的病情加重。如果家庭中有精神抑郁者，家庭成员出现相同情况的危险性就较高，这可能是遗传导致了精神抑郁易感性升高。另外，精神抑郁也和性格有很大的关系，遇事悲观、自信心差、对生活事件把握性差、过分担心等这些性格特点会使心理应激事件的刺激加重，并干扰个人对事件的处理。

蔬果养生经

营养学专家称，改变饮食结构对各种抑郁，无论轻微抑郁、狂躁抑郁还是产后抑郁都有帮助，这就是所谓好心情与吃有关。如蔬菜、豆类以及小扁豆等属于缓慢释放的碳水化合物，能够持续稳定地向大脑供应葡萄糖，葡萄糖是保证大脑正常运作的“燃料”。其次，人的大脑需要维生素和矿物质将葡萄糖转化为能量，每天至少食用5份80克的水果和蔬菜，尤其是绿色、多叶、含镁丰富的蔬菜。同时，硒、锌和B族维生素都是抗抑郁必备的微量元素，平时可多吃含这类营养素的蔬果。但要慎用镇静类药物，以免产生依赖性。

养生食谱推荐 >>

蓝莓酸奶

【材料】蓝莓果酱30克，酸奶240克

【做法】将酸奶淋在蓝莓果酱上，即可食用。

养生谈 多糖类食物会使脑部的血清素浓度上升，可对脑部产生安定作用，如牛奶、果汁、香蕉等。部分乳糖不耐症患者无法摄取牛奶或乳制品，可改用酸奶，以增加摄取乳制品的机会。若使用多样化的水果搭配组合，则可大大提高食物的营养价值。

鲜菇鱼片

【材料】鲜草菇200克，草鱼肉120克

【调料】姜丝、葱花、盐、姜片、淀粉、水淀粉各适量

【做法】1.鲜草菇洗净放入开水中稍汆，捞出沥去水分。

2.草鱼洗净切片，用盐、姜片、花生油、淀粉拌匀腌制。

3.起油锅，下姜丝爆锅，放入草菇翻炒。

4.再入草鱼片炒到熟时，放葱花、水淀粉炒匀即可。放温食用。

养生谈 鲜草菇是清补之物，有补脾益气、清热除烦的作用，草菇中含有多种人体必需氨基酸，并有抗癌功效，可用于体虚有热之症；草鱼补脾益胃，为高蛋白低脂肪食品。此菜清热除烦、养阴健脾。

奶香蔬果沙拉

【材料】生菜叶2片，小黄瓜1根，草莓4个，西兰花60克，嫩玉米粒30克，牛奶10克

【调料】盐、胡椒粉各适量

【做法】1.将生菜洗净后铺在盘底，将小黄瓜洗净切成段，与洗净的草莓一起放在生菜叶上。

2.西兰花洗净，掰成小朵，用保鲜膜裹起来，放入微波炉中，用中火加热1分钟。

3.将西兰花和嫩玉米粒加入牛奶、盐、胡椒粉搅拌均匀，放入微波炉中加热1分钟，取出后搅拌一下，继续加热30秒，取出冷却，倒在放好生菜、小黄瓜和草莓的盘上即可。

养生谈 此菜富含多种维生素和氨基酸，能安神定志，改善情绪，并能补充能量，消除疲劳，非常适合心情低落、抑郁烦闷者食用。

鱼香茄子

养生谈 茄子中的花青素具有抗氧化以及抗炎的功能，可以保护脑部免于自由基及感染源攻击。如果想拥有年轻的头脑，并增强记忆力，可多吃一些紫色茄子，另外紫茄子还能调节神经和增加肾上腺素的分泌，吃起来味道浓郁，使人心情愉快。

【材料】茄子2个，猪肉50克，荸荠75克，葱、姜各适量，辣椒1个，木耳少许

【调料】A.料酒、酱油各15克，辣椒酱8克，味精、白糖、胡椒粉、醋各2克，高汤500克

B.水淀粉5克，香油少许

【做法】1.先将全部材料洗净，葱、姜、辣椒各切末，木耳切末，荸荠拍碎切末，将茄子切滚刀块泡入清水中，将猪肉剁碎。

2.锅中放油烧至六成热时，将茄子块稍炸捞起，用剩余热油将肉末炒熟，爆姜末、辣椒末，木耳末、荸荠末下锅快炒，再放调味料A及茄子块快速翻炒。

3.用少许水淀粉勾芡，熟后淋上少许香油，撒上葱末即成。

素拌西兰花

【材料】西兰花400克，人造蟹肉丝30克
【调料】盐适量
【做法】1.西兰花洗净掰成小朵。油锅烧热，放入人造蟹肉丝炒熟盛起。
2.另起油锅，放入西兰花炒熟盛出。再加入盐拌匀，撒上人造蟹肉丝即可。

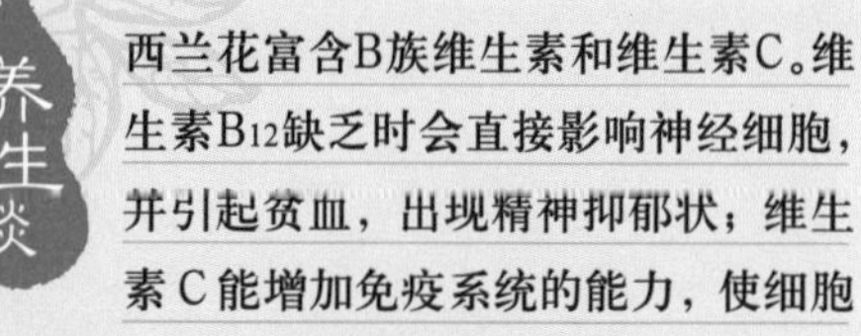

养生谈 西兰花富含B族维生素和维生素C。维生素B_{12}缺乏时会直接影响神经细胞，并引起贫血，出现精神抑郁状；维生素C能增加免疫系统的能力，使细胞保持良好状态，随时能够对紧张做出反应。因此多吃西兰花，可改善抑郁状况。

四色拼盘

【材料】番石榴180克，猕猴桃125克，香瓜185克，樱桃85克
【做法】1.将番石榴、猕猴桃、香瓜去皮洗净，切片。
2.将上述材料摆入盘中，以樱桃点缀即可。

养生谈 猕猴桃含有丰富的钙质，钙质可稳定且放松神经系统，一天吃两个猕猴桃，可以明显缩短入睡时间，改善情绪；香瓜含有大量的碳水化合物及柠檬酸、胡萝卜素、维生素B_1、维生素C等，且水分充沛，可消暑热、生津解渴、除烦躁；番石榴富含膳食纤维，能增加肠蠕动，有效排走积存在肠内的宿便。因此常吃本品可改善睡眠状况，放松心情，远离便秘，缓解抑郁情绪。

第五节 健忘

JIANWANG

健忘，简单讲就是大脑的思考能力（检索能力）暂时出现了障碍，也就是我们平常所说的好忘事，丢三落四。经过积极地调整，健忘的情况多可以得到有效的改善；如果没有对健忘这种情况采取应对措施，健忘很可能会越来越严重，导致不能够正常地工作和学习。

临床症状

健忘的特点是对事件的某些细节准确回忆存在困难，记不住人名、地点、电话号码、邮政编码。健忘的人往往力图弥补记忆缺陷，如记笔记、请人提醒，以适应正常的生活、工作和社交活动，对事件本身或总的记忆力则相对保存较好。

病因解析

健忘最主要的原因是年龄的增长，年龄越大记忆力越差。此外，健忘的发生还有其外部因素，即持续的压力和紧张会使脑细胞产生疲劳，从而影响记忆力。另外，过度吸烟、饮酒、缺乏维生素等也可以导致健忘。一些心理因素对健忘的形成也有不容忽视的影响，特别是一旦陷入抑郁情绪，就会固执地仅关注抑郁本身而对社会上的人和事漠不关心，于是大脑的活动力低下，而诱发健忘。

蔬果养生经

若想改善健忘状况，最好是作息要有一定的规律，尤其要保证充足的睡眠。从饮食方面来讲，造成记忆力低下的元凶是甜食和咸食，而多吃富含维生素、矿物质、膳食纤维的蔬菜水果可以提高记忆力，如海带、南瓜、胡萝卜、卷心菜、黄豆、黑木耳、葵花子、胡桃仁、核桃、芝麻、松子、莲子、桂圆、黄花菜等，其中，黄花菜还被誉为“记忆菜”“健脑菜”，是养脑强记的好食物。

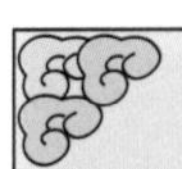

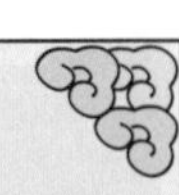

TIPS

健走法

每周抽出 3 天时间做健走运动，每次运动的时间要在45分钟以上，并配合深呼吸运动，能促进脑神经细胞功能活化，可以获得全身经脉活络与脑循环顺畅的双重效果，自然就能预防健忘了。

养生食谱推荐 >>

萄干粥

【材料】葡萄干50克，粳米100克

【调料】白糖适量

【做法】1.将葡萄干洗净，用清水略泡，冲洗干净；粳米淘洗干净。

2.锅内放入清水、葡萄干、粳米，先用大火煮沸后，再改用小火煮至粥成，以白糖调味进食。

葡萄果实中，葡萄糖、有机酸、氨基酸、维生素的含量都很丰富，可补益和兴奋大脑神经，对治疗神经衰弱和消除疲劳有一定的效果。

清益智茶

【材料】西洋参10克，麦冬10克，红枣3颗，白果50克

【做法】1.将红枣去核洗净。

2.将全部材料放入锅中，加水1000克，小火煮20分钟，取汁当茶饮用。

白果所含的白果总黄酮及萜内脂可促使血液循环通畅，改善脑血流变，软化扩张血管，提高机体耐缺氧能力，并能促进合成记忆分子 RNA 、DNA 及蛋白质，有效提高记忆力。西洋参性寒，味苦，有益肺阴、清虚火、生津止渴之功效，具有提高体力和脑力劳动的能力，降低疲劳度和调节中枢神经系统等药理作用；同时还应用在治疗神经衰弱和植物神经紊乱。麦冬味甘、微苦，性微寒，归脾、胃、心经，是清心润肺之药，主治心气不足、惊悸怔忡、健忘恍惚、精神失守、解烦止渴。此茶可增强脑力，维持体力，增加记忆功能与清晰思考力，消除疲劳。

桂圆肉粥

【材料】粳米100克，红枣5颗，桂圆15克

【做法】1.桂圆去壳取肉，红枣洗净。

2.将粳米淘净，与桂圆肉、红枣一并加入锅中，加水适量，煮粥，早晚服用。

养生谈

桂圆性平味甘，入心、脾经，具有益心脾，安神志的功效。主治失眠健忘、精神不振，特别是对脑细胞特别有益，能增强记忆，消除疲劳。桂圆中还含有大量的铁、钾等元素，能促进血红蛋白的再生以及治疗因贫血造成的健忘。本品健脾补血，适用于治疗心血不足引起的心悸、失眠、健忘等。

芝麻花生核桃汤

【材料】花生仁50克，核桃仁、黑芝麻、山楂各30克

【调料】红糖10克

【做法】1.将花生仁洗净晾干，入锅内小火翻炒至出香味，压碎。

2.黑芝麻入锅内小火炒香，碾末。

3.核桃仁洗净晾干，压碎；山楂洗净切片，去核后晒干，压碎。

4.山楂碎与花生仁、核桃仁、黑芝麻拌匀，以开水冲开，调入红糖即可。

养生谈

花生蛋白中含十多种人体所需的氨基酸，其中赖氨酸可提高智力，谷氨酸和天冬氨酸可促进细胞发育和增强大脑的记忆能力；核桃仁含有较多的蛋白质及不饱和脂肪酸，这些成分皆为大脑组织细胞代谢的重要物质，能滋养脑细胞，增强脑功能；山楂所含的黄酮类和维生素C、胡萝卜素等物质能阻断并减少自由基的生成，增强机体的免疫力，有防衰老的作用；黑芝麻富含维生素E，对改善血液循环，促进新陈代谢有很好的效果，被称为防止衰老的维生素。此品可促进脑细胞代谢，增加脑功能，提高记忆力，是改善健忘的佳品。

干蒸香莲饭

【材料】莲子去心180克，糯米饭100克，豆沙馅60克

【调料】猪油、白糖、桂花酱、冰糖、食用碱各适量

【做法】1.莲子用开水氽煮一下，捞出，放碗内，加开水和部分白糖，蒸到六成熟取出，晾凉待用。

2.碗内抹上部分猪油，将莲子(孔向下)码入碗内，由碗底向上码好。

3.把冰糖砸碎，撒在莲子上。

4.在糯米饭中加入桂花酱、豆沙馅和剩余猪油、剩余白糖拌匀，放在莲子上，摊平，放入蒸笼蒸(或隔水蒸)1小时，取出反扣在盘内即成。

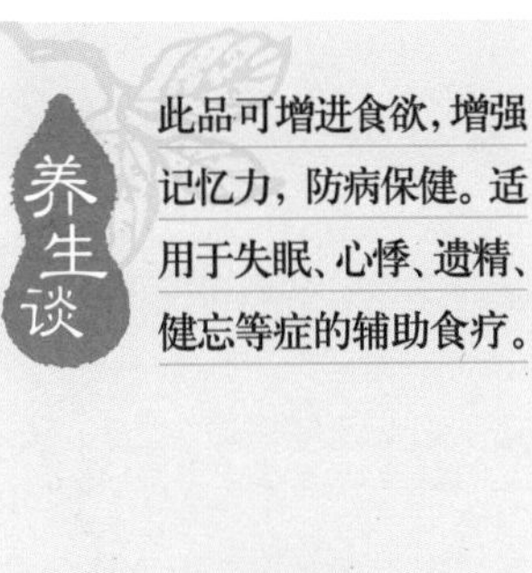

此品可增进食欲，增强记忆力，防病保健。适用于失眠、心悸、遗精、健忘等症的辅助食疗。

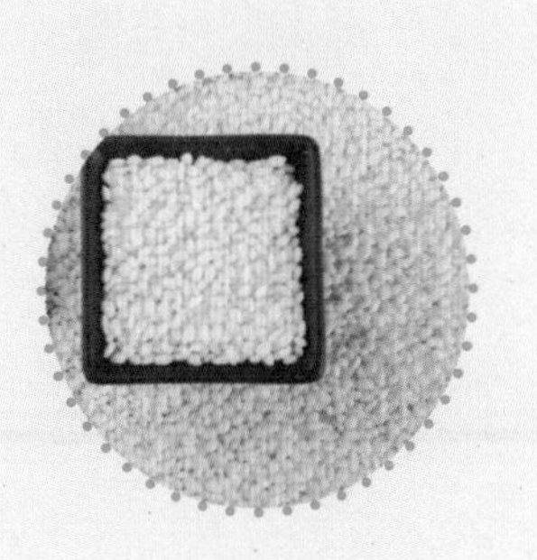

桂圆莲子羹

【材料】桂圆肉100克，鲜莲子200克，枸杞子适量

【调料】冰糖、白糖、水淀粉各适量

【做法】1.将桂圆肉放入凉水中洗净(块大的撕成两半)，捞出控干水分；鲜莲子剥去绿皮、嫩皮，并去莲子心，洗净，放在开水锅中氽透，捞出倒入凉水中。

2.在锅内放入清水，加入白糖和冰糖，烧开撇去浮沫，放入桂圆肉和莲子，用水淀粉勾薄芡，锅开盛入大碗中，点缀上枸杞子即成。

桂圆含有蛋白质、脂肪、碳水化合物、钙、磷和维生素等多种营养物质，有补血安神、健脑益智、补心养脾的功效，对失眠、心悸、神经衰弱、记忆力减退、贫血有益。桂圆不宜多吃，风寒感冒、消化不良者忌用。

第六节 食欲不振

SHIYUBUZHEN

所谓食欲不振，就是指没有吃东西的欲望。一般以较长时间的食欲下降、不思饮食，甚至拒食为主要特征。

临床症状

如果近期突然出现无明显诱因且持续时间较长，不易恢复的食欲不振并伴有其他症状时，则应提高警惕，因为这类食欲不振多为某些疾病的早期信号。若食欲不振伴有头晕眼花、疲倦、腹胀、心悸、注意力不集中、皮肤黏膜、口唇及指甲苍白等，多为贫血；若食欲不振伴有恶心呕吐、上腹饱胀不适，有时疼痛、频繁泛酸、嗳气等，多为急、慢性胃炎或溃疡；若食欲不振伴有恶心呕吐、厌油乏力、肝区疼痛或不适等，多为病毒性肝炎；若食欲不振伴有低热、乏力、盗汗、消瘦、胸痛、咳嗽痰中带血等，多为肺结核；若食欲不振伴有消瘦乏力、恶心、腹胀腹泻、皮肤干枯、面色灰暗等，多为肝硬化；若食欲不振伴有发热、乏力、营养不良、进行性消瘦或恶病质表现等，多为恶性肿瘤如胃癌、肝癌等。

病因解析

不良的饮食习惯让现代人的肠胃问题日益复杂。控制食欲的中枢神经，位于脑的视丘下部，包括引起人们饥饿感的摄食中枢与抑制食欲的满腹中枢，二者因彼此无法有效配合，而发生食欲不振的状况。

生理性食欲不振多发生在情绪不佳、睡眠不足、疲倦、食品单调等情况下，大多持续时间较短。当以上原因消除后，可很快恢复食欲。

蔬果养生经

如果能够选择比较适合肠胃吸收或消化的食物，便会明显改善食欲问题。好消化、好吸收的蔬果，比较能促进食欲。

对于食欲不好、胃肠弱、容易消化不良或常会感到腹部胀、经常打嗝的人，建议常吃白萝卜。另外，山楂具有强化胃肠、调整排便的作用，是食欲不佳、平常容易腹泻或便秘者的必食食物。

养生食谱推荐 >>

糖醋藕片

【材料】嫩藕600克，辣椒末少许，花椒粒5克

【调料】白糖、醋各30克，盐适量

【做法】1.嫩藕洗净，切薄片泡于盐水中，泡后入滚水氽烫，捞起浸凉沥干。

2.锅置火上，放油烧热，以小火炒香花椒成花椒油后，将花椒捞掉，留油放凉备用。

3.将藕片加入调味料及花椒油拌匀，放置半天，撒上辣椒末使其入味即可食用。

养生谈 莲藕具有清热生津、凉血散淤的功效，对食欲不振、久痢久泻、干咳均有功效，色泽白的藕质地比较脆嫩。

生姜山楂粥

【材料】山楂、生姜各10克，大米100克，大蒜20克

【做法】1.将生姜洗净，切丝，山楂洗净，大蒜去皮，切薄片。

2.大米用清水反复淘洗干净，除去泥沙及杂质，备用。

3.将大米、蒜片、山楂、生姜丝同放锅内。

4.加水800克，置大火上烧沸，再用小火煮35分钟至米烂粥稠即成。

养生谈 山楂历来用于健脾胃，消积食，尤长于治油腻肉积所致的腹胀、食欲不振等。很多助消化的药中都采用了山楂。生姜中含有多种挥发油。这些挥发油有增进食欲、健胃的作用，其中姜的辛辣成分还可以增加胃液分泌，促进消化吸收，其次，它还能促进血液循环，让肠胃器官活跃起来，进而增加食欲。

西红柿果仁西兰花

【材料】西兰花300克，西红柿100克，胡萝卜、碎果仁、炸米粉各少许

【调料】鲜奶、蛋清、水淀粉、盐、味精各适量

【做法】1.将西兰花洗净掰成小朵，放入盐水中氽烫至熟，沥水；将西红柿洗净去皮和子切成块，用冷开水冲后沥干；将胡萝卜洗净切成粒。

2.用西红柿围着西兰花摆成花瓣状，中间放入炸米粉。

3.在水淀粉中加入盐、味精，将蛋清打散，与鲜奶一起放入水淀粉中搅拌均匀。

4.锅内放油加热，倒入鲜奶蛋清液，用小火煮沸，放入胡萝卜粒、碎果仁，搅拌均匀后，淋在米粉上即可。

养生谈 西兰花中的萝卜硫素能够有效驱赶幽门杆菌，其效果甚至比抗生素还要好。此外，西红柿中所含的柠檬酸、苹果酸和糖类，有促进消化的作用。

泡豇豆炒肉末

【材料】泡豇豆200克，猪肉末50克，小青椒10克

【调料】干辣椒、花椒、盐、酱油、香油各适量

【做法】1.泡豇豆、小青椒洗净，横切成“鱼眼形”。

2.肉末加少许盐拌匀码味，放入六成热油中炒去水分，加入酱油炒熟，放入碗中待用。

3.锅中加入少许油，烧至六成热，放入干辣椒、花椒爆香后，倒入泡豇豆、小青椒翻炒，再加入炒好的肉末，起锅淋上香油即可。

养生谈 豇豆具有健脾和胃、补肝益精的作用。所含维生素B1能维持正常消化腺分泌和胃肠道蠕动的功能，可帮助消化，增进食欲。不过，由于豇豆多食易胀气，所以气滞便结者不宜食用。

大头菜排骨汤

【材料】大头菜 2 根，排骨 200 克，香菜适量

【调料】盐 2 克

【做法】1.排骨洗净，用热水汆烫过，去除血水后捞起沥干。

2.锅中放入适量清水，放入排骨，煮滚后改小火焖煮约 20 分钟。

3.大头菜削除外皮，切滚刀块。

4.切好的大头菜放入排骨汤内，继续焖煮至大头菜、排骨熟后，加盐调味，撒上切好的香菜即可盛出。

大头菜含有一种硫代葡萄苷的物质，经水解后能产生挥发性芥子油，具有促进消化吸收的作用。大头菜还具有一种特殊的鲜香气味，能增进食欲，帮助消化。

健脾养胃八宝饭

【材料】山药片、薏仁、白扁豆、栗子、莲肉各10克，桂圆 20 克，红枣 10 颗，糯米 150 克

【调料】猪油、白糖、桂花各适量。

【做法】1.山药片、薏仁、白扁豆、莲肉、桂圆（去壳取肉）、红枣洗净，一起入锅中蒸熟。将栗子洗净煮熟，剥出栗子肉，切成片。

2.糯米淘洗干净，加水蒸熟。

3.大碗内涂一层猪油，碗底均匀铺上山药片、薏仁、白扁豆、莲肉、桂圆肉、红枣、栗子片，将糯米饭铺盖在上面。

4.将大碗放入笼屉中，用大火蒸 20 分钟，取出，扣在圆盘中，浇上白糖与桂花对成的汁即可。

山药含有淀粉酶、多酚氧化酶等物质，有利于改善脾胃消化吸收功能；白扁豆味甘，性微温，能够健脾化湿；红枣味甘，性温，用于改善中气不足、脾胃虚弱；栗子具有益气健脾、厚补肠胃的作用。此饭促进脾胃功能，治疗食欲不振。

第七节 疲劳无力

PILAOWULI

疲劳无力是指精神困倦、肢体酸软无力，在日常生活中每个人都曾经历过。劳累过度、生活无规律、饮食不合理均可导致疲乏。

病因解析

中医认为，疲乏最主要是由脾虚湿困、气血两虚造成的。当饮食不当等原因造成脾虚后，会影响食物的消化吸收，出现营养缺乏、肌肉无力。同时，水液停留体内时间过长容易生湿，而中医认为湿的特点是缠绵难愈，同样可导致疲乏。而一些先天不足或后天有慢性疾病、久治不愈的患者一样可出现气血两虚的疲乏状况。

在日常生活中要保持身体健康，就要生活规律、饮食合理、适度锻炼、精神健康。只有做到这些，才能以一个强壮的身体去面对各种压力。当人们偶尔违反了上述原则时，就会出现一时性疲乏无力，不过人体会经过自我调节进行恢复，回到精力充沛、身体健康的状态。但若长期超负荷工作、饮食不合理、缺乏锻炼，就会出现以疲乏无力为主的多种症状，长期得不到缓解。

蔬果养生经

体质虚弱而导致气血不足，或者因疾病、过劳、精神压力等状况大量消耗了气血，就需要充分休养，摄取有营养的食物将气血补足。多吃健脾祛湿的山药、莲子、桂圆、薏仁及补气养血的西洋参、花生、羊肉、红枣等。促进脾胃功能的甘薯、香菇，祛除体内湿气的冬瓜，祛痰的小黄瓜、白萝卜等也必不可少。

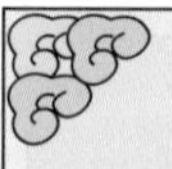

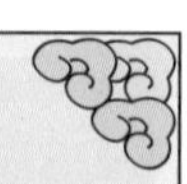

TIPS

消除疲劳妙方

◆两手酸累：将两手掌相合，来回快速搓动10～12秒，使掌心产生热感，再将双手摇动8～10次。

◆头昏脑胀：坐直后把头使劲向后仰，用力拉动颈部肌肉，坚持8～10秒。然后把头低垂在胸前静坐10～15秒，如此重复数次。

◆两眼酸胀：合上双眼5秒，然后睁开眼自视鼻梁5秒，如此重复数次。

◆困乏欲睡：坐正，双肩后展，下颏微收，双肩下垂，双臂放于躯干两侧，手心向后。然后用力收缩背部、臂部、肩部、颈部的肌肉，坚持12秒，然后全身放松10～15秒，如此重复数次。

养生食谱推荐 >>

生菜西瓜汁

【材料】生菜150克，西瓜250克

【做法】1.将生菜洗净，切段；将西瓜去皮和子。

2.将准备好的生菜及西瓜肉一起放入榨汁机内榨汁，待汁液完全榨出后，注入准备好的玻璃杯中，搅拌均匀即可饮用。

养生谈 此汁富含维生素A及多种矿物质，还含有果酸、有机酸等多种营养成分。有强心、利尿、消肿的功效，可帮助人体消除疲劳，促进消化。特别适合醉酒、精神不佳者做提神、恢复体力之用。

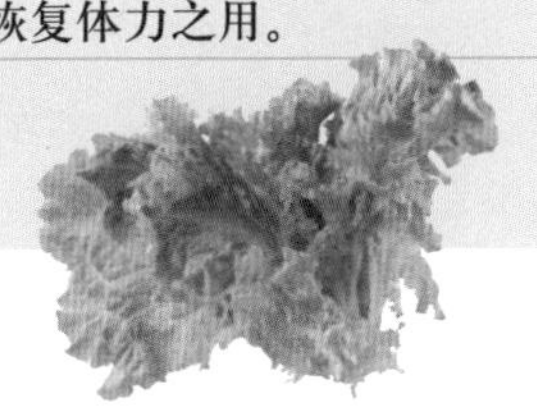

金黄色果菜汁

【材料】生菜25克，香菜、小麦胚芽各20克，芹菜40克，西红柿、苹果各100克，柠檬半个，黄豆粉10克

【调料】蜂蜜、脱脂牛奶各适量

【做法】1.将西红柿用开水汆烫一下，去掉皮和蒂；苹果、柠檬洗净切成小块。

2.将生菜、芹菜、香菜洗净后切成小段。

3.将上述材料一同放入家用榨汁机中，待榨出汁液，放入小麦胚芽和黄豆粉，再加入适量冷开水，继续搅打10秒钟，然后将混合汁注入准备好的玻璃杯中。

4.加入蜂蜜和脱脂牛奶，搅拌均匀，即可饮用。

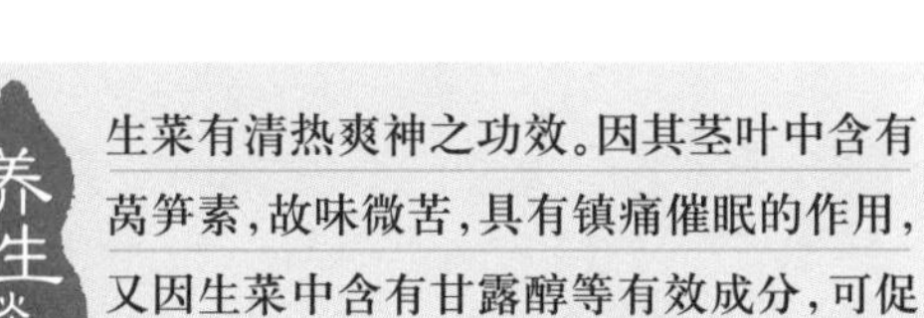

养生谈 生菜有清热爽神之功效。因其茎叶中含有莴笋素，故味微苦，具有镇痛催眠的作用，又因生菜中含有甘露醇等有效成分，可促进血液循环；芹菜的叶、茎含有挥发性物质，别具芳香，能增强人的食欲；香菜性味辛温，内通心脾，外达四肢，具有芳香健胃，驱风解毒之功，能解表治感冒，具有利大肠、利尿等功能；西红柿中所含的维生素B_1有利于大脑发育，缓解脑细胞疲劳；蜂蜜中的果糖、葡萄糖可以很快被吸收利用，可改善血液的营养状况，脑力劳动者和熬夜的人，冲服蜂蜜水可使精力充沛。晨起锻炼前饮用此汁，可以补充能量，提高体能。

水果莲子汤

【材料】莲子200克，菠萝丁50克，樱桃、青豆、桂圆肉各25克

【调料】冰糖适量

【做法】1.将莲子去心，上笼蒸软后取出，沥水装入碗中。

2.将水煮沸，放入冰糖，待冰糖溶化后放入莲子、菠萝丁、樱桃、青豆、桂圆肉，待水煮沸，改小火煮烂材料即成。

养生谈

菠萝中含有大量维生素C、碳水化合物、水分、无机盐及各种有机酸，能有效补充人体的水分及营养物质；樱桃的含铁量很高，常食樱桃可补充体内对铁元素的需求，促进血红蛋白再生，增强体质。本品特别适合气血虚弱、倦怠厌食、心悸气短者食用。

桂圆金米板栗粥

【材料】小米100克，玉米粒、桂圆各50克，板栗适量

【调料】红糖适量

【做法】1.小米、玉米粒淘洗干净，用水浸泡30分钟。

2.桂圆、板栗去壳取肉。

3.做法1和做法2一同入锅，加水适量，大火烧开后转用小火熬煮成粥，调入红糖即成。

养生谈

板栗中含丰富的葡萄糖、蔗糖及蛋白质等，含铁量也较高，可在提高热能、补充营养的同时，促进血红蛋白再生以补血，增强记忆力，消除疲劳，令人精力充沛。

莲藕五花煲

【材料】莲藕500克，猪五花肉300克，笋干适量

【调料】A.南乳、料酒各15克，蒜末、葱段各适量

B.清汤500克，盐2克，酱油15克，白糖5克

C.水淀粉30克

【做法】1.莲藕、五花肉切块；南乳加少许水调匀；笋干浸透洗净，用沸水煮片刻，再用冷水冲凉沥干。

2.热油锅爆香南乳、蒜末，放入五花肉块，加料酒及调味料B煮滚。

3.转盛入砂锅内，小火煲1小时，放入笋干、莲藕块焖至各种材料熟透，加入葱段、调味料C煮滚即可。

养生谈 莲藕含丰富的铁质及维生素C，能消除疲劳，有净化血液及补血功效，体虚及贫血的人不妨多吃这道菜。

牛奶浸白菜

【材料】鲜牛奶250克，白菜心300克，奶油20克

【调料】盐、味精各适量

【做法】1.将白菜心洗净修剪好。

2.在锅内烧开清水，滴入少许油，放入白菜心，将其汆至软熟，把牛奶倒进有底油的锅内，加入盐、味精。

3.烧开后放进沥干水的熟白菜心，略浸后加入奶油即成。

养生谈 白菜味美清爽，开胃健脾，含有蛋白质、脂肪、多种维生素及钙、磷、铁等矿物质，常食有助于增强人体免疫功能。鲜牛奶具有补虚损、益肺胃、滋养心血、生津润肠的功效，对虚损劳弱、精力不足、神形疲乏者有一定疗效。此品可消除疲劳，增加活力。

什锦豆腐

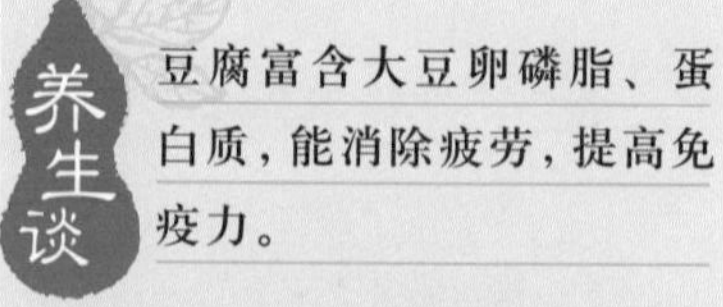

养生谈 豆腐富含大豆卵磷脂、蛋白质，能消除疲劳，提高免疫力。

【材料】嫩豆腐300克，熟鸡肉、熟火腿、虾仁各适量，胡萝卜片各少许

【调料】葱段、辣椒、料酒、白糖各30克，盐、味精各少许，高汤适量

【做法】1.豆腐切块，鸡肉、火腿均切成见方的片；豆腐块入沸水中氽一下待用。

2.起油锅，油温至四成热时，下葱段略煸，把鸡肉片、火腿片入锅煸炒，放料酒、盐、白糖调味后加高汤和豆腐块。

3.在中火上烧约5分钟，待汤汁收浓至1/3时，放入虾仁、辣椒、胡萝卜片、味精，熟后用水淀粉勾芡，盛出即可。

雪梨鸡球

【材料】鸡胸肉500克，雪梨1个

【调料】姜末、葱末、高汤、猪油、料酒、酱油、盐、白糖、味精、水淀粉各适量

【做法】1.鸡胸肉洗净剞花刀，再切小块；雪梨洗净去皮、核，切成橘子瓣状。

2.锅内放油烧至六成热，放入鸡肉块炸至金黄呈球状，捞出沥油。另起锅放入猪油烧热，放入葱末、姜末爆香，烹入料酒，再放入酱油和高汤，加入盐、白糖、味精，放入鸡块用大火烧3分钟后，改用小火烧40分钟。

3.加入雪梨块，烧至梨块软熟，以水淀粉勾芡即可。

养生谈 梨中含有丰富的维生素，其中维生素B_1能保护心脏，减轻疲劳；维生素B_2、维生素B_3及叶酸能增强心肌活力，降低血压，保持身体健康。鸡肉富含可维持神经系统健康，消除烦躁的维生素B_{12}，有安神健脑、缓解疲劳、减轻压力的功效。

第八节 血压偏低

XUEYAPIANDI

血压偏低是指收缩压低于90毫米汞柱，舒张压低于60毫米汞柱，同时伴有头晕、乏力、眼前发黑等自觉症状。当然，血压的正常变化范围相当大，也会随年龄、性别、体质及环境因素等不同而改变。所以，偶然的血压偏低无需过于紧张。

临床症状

血压偏低会导致血液循环缓慢，远端毛细血管缺血，以致影响组织细胞氧气和营养的供应，以及二氧化碳及代谢废物的排泄，尤其影响了大脑和心脏的血液供应。头晕、头痛、食欲不振、疲劳、脸色苍白、消化不良、晕车、晕船等是其主要表现，一般来说不太严重。但是如果血压偏低的情况长期得不到改善，就会使机体功能大大下降，主要危害包括：视力、听力下降，诱发或加重老年性痴呆，头晕、昏厥、跌倒、骨折发生率也大大增加。

病因解析

身体素质差、营养不良、超负荷工作、脑力劳动过度容易导致血压偏低。血压偏低最常见于女性，如在月经期间失血过多，血容量不足时即可出现血压偏低。

蔬果养生经

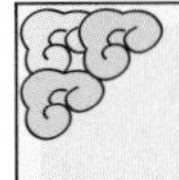

TIPS

自疗小方法

起床时目花头晕严重，甚至昏倒者，欲起床前应先略微活动四肢，搓搓面，揉揉腹。起床时先坐片刻，再慢慢下床呈立位。睡床宜将脚部略垫高。

血压偏低者要合理搭配膳食，保证摄入全面充足的营养物质。可多吃生姜，生姜含挥发油，能刺激胃液分泌，兴奋肠管，促进消化并可使血压升高。同时，血压偏低者还可多吃桂圆、红枣、核桃等，少吃芹菜、冬瓜、红豆、山楂等。如伴有红细胞计数过低，血红蛋白不足的贫血症，宜适当多吃富含蛋白质、铁、铜、叶酸、维生素B_{12}、维生素C等“造血原料”的食物，诸如大豆、豆腐、红糖及新鲜蔬菜、水果如莲藕、葡萄等。

养生食谱推荐 >>

红枣山药粥

【材料】红枣10颗，山药50克，粳米150克

【做法】红枣、山药、粳米洗净，同锅加水共煮至烂熟，放温服用。每天1次，早晚不限。

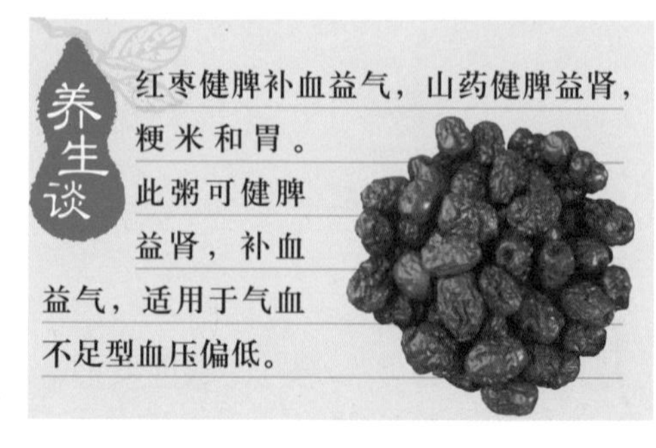

养生谈

红枣健脾补血益气，山药健脾益肾，粳米和胃。此粥可健脾益肾，补血益气，适用于气血不足型血压偏低。

桂圆莲子红枣粥

【材料】桂圆、红枣各10颗，莲子（留心）20克，粳米150克

【做法】1.将桂圆、红枣、莲子、粳米洗净，加水同煮至熟烂。

2.放温即可食用，每晚服1次，可以常服食。

养生谈

桂圆含丰富的葡萄糖、蔗糖及蛋白质等，含铁量也较高，在提高热能、补充营养的同时，又能促进血红蛋白再生，从而达到补血、健脾益气的效果；红枣为补养佳品，食疗药膳中常加入红枣以补养身体，滋润气血，平时多吃红枣，能提升身体的元气，增强免疫力，具有健脾补血之功效；莲子心所含生物碱具有显著的强心作用，可预防心律不齐、养心益气。此粥健脾补血，养心益气，适用于心脾两虚型血压偏低。

第九节 腰酸背痛

YAOSUANBEITONG

腰酸背痛是现代人常见的文明病。据统计，80%以上的人都曾被背痛所困扰过，幸好大部分的背痛都是短暂性的肌膜炎，经过数周后都会缓解或痊愈，但约有5%的背痛可能持续一个月以上，而需要进一步的检查与治疗。

病因解析

腰酸背痛是由于人类采取直立的姿势，用双脚走路，所以腰背部要承受全身大部分的重量，时间久了，就会造成椎骨伤害。但大多数情况下还是由于过度劳累、不正确的姿势、精神紧张以及不合适的寝具（床、枕头等）、紧身牛仔裤、意外事故而引发的。活动不当、用力不当是腰酸背痛的直接因素。

另外，“腰酸背痛”有时会是某种疾病的反应，如心脏病、胆囊病、骨关节病变、更年期障碍、月经不调等，尤其是低血压、胃下垂及寒冷症者更为多见。

蔬果养生经

在日常生活中要注意休息，多做运动，伸展筋骨，并注意饮食要营养均衡，多吃富含维生素C的食物，维生素C具有缓和压力的作用，有助于摆脱腰酸背痛的烦恼。

同时，还要补充维生素E，许多时候出现腰酸背痛症状是血液循环不好的征兆。为了能够保持身体的活力，并防止机体老化，不妨多摄取富含维生素E的蔬果，因为维生素E能够促使血液循环，除能帮助改善疼痛与手脚冰冷的症状，也能帮助肌肤抵御压力，够改善疲劳带来的各种身体不适。

TIPS 解除腰酸背痛的方法

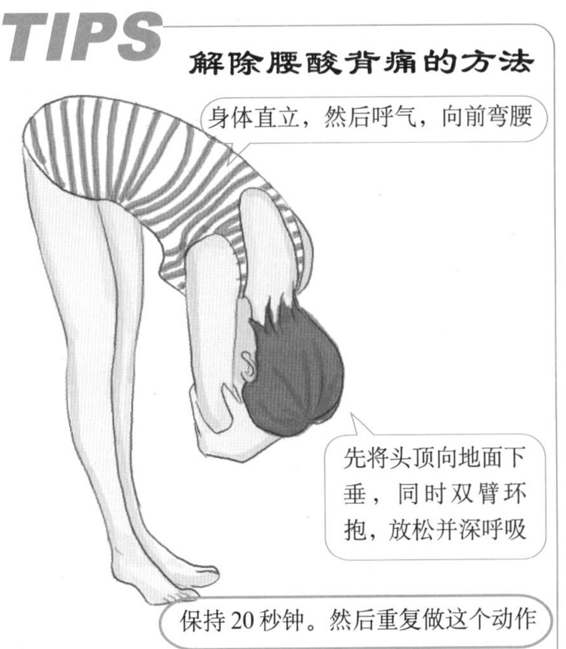

樱桃糯米粥

【材料】新鲜樱桃60克，糯米120克

【调料】白糖适量

【做法】1.将糯米洗干净，放入大锅中，加入清水煮成粥。

2.将樱桃洗干净，去蒂。

3.将白糖与樱桃放入锅中与粥一起煮,煮滚后即可食用。

长时间操作电脑会导致手指关节、手腕、手臂肌肉、双肩、颈部、背部等部位酸胀疼痛，而樱桃中含有丰富的花青素、花色素及维生素E等，这些营养素都是有效的抗氧化剂，对消除肌肉酸痛十分有效，食用樱桃几天之内便能消肿、减轻疼痛。

莴苣苹果菠萝汁

【材料】莴笋、苹果、菠萝各100克，柠檬半个

【做法】1.将莴笋、菠萝、柠檬、苹果分别洗净切成片。

2.将准备好的材料一同放入榨汁机中榨出汁，倒入玻璃杯中。

3.如喜欢甜味，可适当加入蜂蜜等。

人体内酸性体液积存过多，容易使人感到疲劳乏力。苹果所含的多糖、钾离子、果胶、酒石酸、枸橼酸等，可以中和酸性体液中的酸根，降低体液中的酸性，从而缓解疲劳。

第十节 免疫力低下

MIANYILIDIXIA

一个健康的免疫系统是身心健康的根基，人类所有的疾病，有90%都与免疫系统失调有关。当一个人免疫系统功能正常时，体内就会有足够的免疫机能可以用来防御疾病、对抗病源，甚至能抵抗长期环境污染与病毒、细菌的侵害。

病因解析

人们通常把人体对外来侵袭、识别和排除异物的抵抗力称为“免疫力”。

免疫力是人体自身的防御机制，是人体识别和消灭任何外来入侵异物（病毒、细菌等）的武器，是处理衰老、损伤、死亡、变性的自身细胞以及识别和处理体内突变细胞和病毒感染细胞的能力。现代免疫学认为，免疫力是人体识别和排除“异己”的生理反应。人体内执行这一功能的是免疫系统。

人体的免疫力大多取决于遗传基因，但是环境的影响也很大，如饮食、睡眠、运动、压力等。其中饮食具有决定性的影响力，因为有些食物的成分能够协助刺激免疫系统，增强免疫能力。如果缺乏这些重要的营养成分，会严重影响身体的免疫系统机能。

蔬果养生经

在日常生活中，除了要保持乐观的心态、充分的休息和睡眠、恰当的运动外，保证充足的营养补给也是提高免疫力，获得健康的保障。

提升免疫力的食物有菇类（香菇、洋菇、草菇、金针菇、杏鲍菇等）、全谷类、豆制品、新鲜的深黄绿色蔬果（如南瓜、木瓜、西红柿、橙子、柚子、柠檬等）、十字花科蔬菜（白菜、芥菜、甘蓝等）、藻类（海藻、绿藻等）、坚果类，此外还有大蒜、酸奶、枸杞子、红枣、苦瓜、洋葱等。

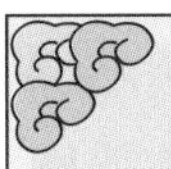
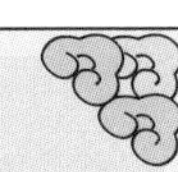

TIPS

四个迹象提示免疫力下降

◆经常感到疲劳，去医院检查也没有发现什么器质性病变，休息一段时间后精力可恢复，但持续不了几天，疲劳感又会出现。

◆感冒不断，而且感冒后要经历好长一段时间才能治好。

◆伤口易感染，经常长出小疖子。

◆肠胃娇气，时常上吐下泻。

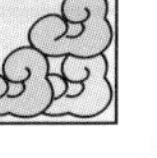

养生食谱推荐 >>

炒素什锦

养生谈

菌类和笋类都富含抗病毒能力的有机元素，以及大量氨基酸和维生素E、维生素C，能增强人体抵抗力。

【材料】A.冬菇、冬笋、胡萝卜各50克，青椒片、红椒片各少许
B.油菜、腐竹、面筋、黑木耳各50克，鸡蛋皮少许

【调料】鸡汤240克，盐适量，葱花、姜片、白糖、味精各少许，酱油15克，香油5克

【做法】1.冬菇洗净切成两半；冬笋、胡萝卜、油菜、面筋等分别洗干净，切0.3厘米厚的片，用开水汆熟；鸡蛋皮切斜块；腐竹发透后，切成3厘米长的段；黑木耳洗净泡好，撕开。
2.油锅烧热，下入葱花、姜片煸炒，加入材料A煸炒，再加上材料B和鸡汤，以及盐、白糖、味精、酱油调味，翻炒至熟，滴入香油即成。

韩式大酱汤

养生谈

西葫芦含有一种干扰素的诱生剂，可刺激机体产生干扰素，提高免疫力，发挥抗病毒和肿瘤的作用；洋葱中所含的微量元素硒是一种很强的抗氧化剂，能清除体内的自由基，增强细胞的活力和代谢力。此汤有提高人体免疫力，强身健体的食疗效果。

【材料】豆腐200克，西葫芦（去皮）100克，洋葱1/2个，小鱼干、牛肉末各20克，青椒、红椒各2个

【调料】大酱、蒜末、辣椒粉、盐、味精各适量

【做法】1.豆腐、西葫芦、洋葱以及青辣椒、红辣椒洗净后，分别切小块备用。
2.小鱼干放入锅中熬煮15分钟，取汤汁部分倒入另一锅中，再放入大酱、蒜末、西葫芦块、豆腐块炖煮30分钟。
3.放入洋葱块、青椒块、红椒块、牛肉末、盐、辣椒粉、味精熬煮15分钟至熟即可。

凉拌西兰花

【材料】西兰花 300 克

【调料】盐、花椒油、葱花、姜丝各适量

【做法】1.将西兰花去根洗净，掰成小朵，有开水汆烫至熟，捞出控干，摆盘。

2.撒上盐盛盘，放上葱花、姜丝拌匀，把花椒油加热淋上即成。

养生谈 西兰花含有丰富的维生素C，能增强肝脏的解毒能力，提高机体免疫力。另外，西兰花还富含叶酸，能增强免疫系统的功能，同时，叶酸能参与人体新陈代谢的全过程，在造血系统中对红血球的形成和代谢有非常重要的作用。

香菇黑木耳炒猪肝

【材料】香菇 30 克，黑木耳 20 克，新鲜猪肝 200 克

【调料】葱花、姜末、料酒、鸡汤、盐、味精、香油、酱油、红糖、水淀粉各适量

【做法】1.香菇、黑木耳洗净，放入温中泡发，浸泡水留用；再将香菇洗净后切成片，黑木耳撕成小朵。

2.猪肝洗净，切片，放入碗中，加料酒、部分葱花、部分姜末、部分水淀粉拌匀。

3.炒锅置火上，加油烧至六成热，投入剩余葱花、剩余姜末，炒出香味后即投入猪肝片，急火翻炒，加入香菇片及木耳，继续翻炒片刻，加适量鸡汤，倒入香菇和木耳的浸泡水，加盐、味精、酱油、红糖，小火煮沸，拌匀，用剩余水淀粉勾薄芡，淋入香油即成。

养生谈 香菇菌丝体水提取物可抑制细胞吸附疱疹病毒，从而防治单纯疱疹病毒引起的各类疾病，同时，香菇多糖可提高人体免疫力及杀菌功能。黑木耳浓缩液可增强人体抗病能力，防止疾病的侵袭；黑木耳中的多糖蛋白对抗肝癌、食道癌、子宫癌等效果明显；另外，黑木耳所含的胶体还具有很强的吸附力，可以达到清理消化道的作用，是矿山、冶金、纺织、理发等行业职工的最佳保健食品。猪肝中含有微量元素硒，能增强机体免疫力，抗氧化，防衰老。

焖苦瓜

养生谈：苦瓜中含有生理活性蛋白质和维生素B17及大量维生素C，经常食用可提高人体免疫力；另外，苦瓜汁含有类似奎宁的蛋白成分，能加强巨噬细胞的吞噬能力。

【材料】苦瓜200克，猪瘦肉20克，红椒1个

【调料】盐、味精、白糖、酱油、水淀粉、熟鸡油、高汤、蒜粒各适量

【做法】1.苦瓜洗净，去子，切成长方形的块；猪瘦肉洗净切成粒；红椒洗净，切成粒备用。

2.炒锅中加入水烧开，放入苦瓜块，用中火煮片刻，捞起冲透。

3.另一锅倒油烧热，放入蒜粒、瘦肉粒炒香，放入苦瓜块，倒入高汤，加入盐、味精、白糖、酱油，焖烧入味，撒上红椒粒后用水淀粉勾芡，淋上鸡油即可。

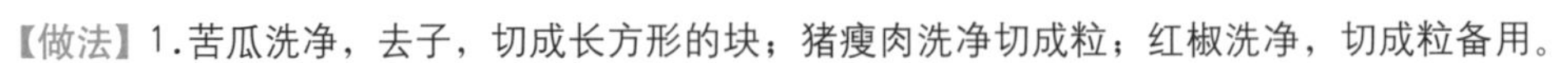

鸡茸蘑菇汤

养生谈：口蘑富含微量元素硒，是良好的补硒食品。喝下口蘑汤数小时后，血液中的硒含量和血红蛋白数量就会增加，并且血中谷胱甘肽过氧化酶的活性会显著增强，它能够防止过氧化物损害机体，降低因缺硒引起的血压升高和血黏度增加，调节甲状腺的功能，提高免疫力。

【材料】鸡里脊肉100克，口蘑50克，火腿25克，鸡蛋1个，鸡蛋清2个。

【调料】鸡汤、熟鸡油、普通红酒、料酒、盐、味精、玉米粉、香芥末、胡椒粉各适量。

【做法】1.将鸡里脊肉剔净筋膜，剁成细泥；口蘑洗净，去蒂根，竖着切成2厘米厚的片；鸡蛋煮熟，剥皮去掉蛋白，将蛋黄碾成碎末；火腿切成细末；鸡蛋清用筷子抽打成泡沫状。

2.再将鸡泥用少许鸡油调开，加入料酒、普通红酒、胡椒粉、蛋清、蛋黄、玉米粉、部分盐搅拌均匀，制成鸡茸汤料。

3.取一个平盘，盘上抹一层剩余熟鸡油，将鸡茸汤料铺于盘中，用餐刀抹平，中间略凸起一些，中心部分撒上火腿末，周围用口蘑片摆插一圈，制成葵花形状，然后入蒸锅，隔水蒸熟。

4.汤锅上火，放入鸡汤，烧开后，撇净浮沫，加入味精、剩余盐调好口味，倒入汤盘中，将“葵花”从蒸锅中取出，从盘上取下来，推入汤盘内，撒些芥末即可。

第五章

蔬果美丽计划

爱美之心，人皆有之。能通过健康的饮食之道达到美容纤体的目的，是爱美人士的最佳选择。制定一个绝妙的美丽计划，让蔬果在其中担当重要的角色，吃出美丽，吃出健康，吃出轻松愉悦的心情！

第一节 吃出窈窕身材

CHICHUYAOTIAOSHENCAI

肥胖是指身体有过多的脂肪堆积，因而造成身心功能及社交的障碍。一般来说，男性体脂肪超过标准体重的25%，女性超过30%以上时，即可视为肥胖。

生理解密

目前广泛使用身体质量指数(BMI即体重除以身高的平方,用来估算体内脂肪含量)作为判定肥胖的标准值。

BMI=体重（千克）/身高（米）的平方	
BMI 24.0~26.9	超重
BMI 18.5~23.9	理想
BMI＜18.5	过轻

另外,当体内脂肪集中分布于腹部时,与肥胖的相关疾病患病率及严重度也相应增加,因此腰围也可作为肥胖判断的标准。

男性腰围＞90厘米;

女性腰围＞80厘米。

肥胖的原因主要是摄入的热量超过消耗的热量，导致多余的热量以脂肪形式囤积在体内。而影响这种热量平衡的因素包括：饮食、运动、生活习惯、物质代谢与内分泌功能的改变、能量摄入过多而消耗减少、药物及遗传因素等。

人体内积聚过多脂肪，特别是当积聚在腹部、腰部时，不仅影响体形美，而且还会引起高脂血症、高血压、心脏病、糖尿病等。

蔬果养生经

平时要控制饮食,多吃新鲜蔬菜水果,少吃油腻食品。新鲜的蔬果中含糖量较少，即使含糖也只在根茎蔬菜中含量稍高，故蔬菜的热量很低。人们生食少量的蔬果即会产生饱腹感，减少了其他食物的摄入。再者，多生食蔬果不但不会增加脂肪和胆固醇，而且还能阻止食物中的糖类转化为脂肪，例如蔬果中的芹菜、黄瓜、冬瓜等都有良好的消脂减肥的作用。另外，蔬果中含有丰富的膳食纤维，可刺激肠壁，使其蠕动性增强，加快食物迅速通过小肠,降低脂肪的消化吸收率,减少人体脂肪的沉积，因而达到减肥健美的作用。

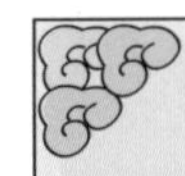

TIPS

减肥塑身按摩法

最好在每天洗完澡后，将手握空心拳，拍打全身或是想塑身的部位；大腿只需拍打内侧；拍打腹部时要在饭前一小时，饭后两小时(就是食物在胃里已经消化完了之后)，才不会对身体有伤害。

养生食谱推荐 >>

养生谈 玉米笋是尚未成熟的幼嫩笋状玉米，口感脆嫩并具天然甜味，可促进肠胃蠕动，预防便秘、消除浮肿，在减脂、降血压方面的功效都很明显。

玉米笋蔬菜汤

【材料】玉米笋100克，鸡蛋1个，魔芋丸5个

【调料】香油少许，葱适量

【做法】1.玉米笋连须洗净；葱洗净，切末；鸡蛋打入碗中，打匀备用。

2.锅中倒入适量水煮滚，放入玉米笋及魔芋丸煮熟，淋入打匀的蛋汁以大火煮开，最后撒入葱末，起锅前加香油调匀，即可盛出。

水梨西红柿汁

【材料】水梨2个，西红柿400克

【做法】1.将水梨洗干净，去皮与核，切成小块状。

2.将西红柿洗干净，去皮与蒂，切成小块。

3.将水梨与西红柿放入果汁机中，打成果汁即可食用。

养生谈 果胶是一种可溶性物质，能吸收大量水分，使人产生饱足感，并能促进肠道蠕动，有利于排便。而水梨中的果胶含量很高，比苹果更有助于消化。消化不良及便秘者，每餐饭后食用1个梨，则大有裨益。西红柿中的柠檬酸、苹果酸和糖类，有促进消化的作用。此汁可通便消脂，是肥胖患者或者想减肥人士的最佳饮品。

冬瓜海带汤

【材料】冬瓜1个，瘦肉200克，干海带2条

【调料】盐、味精各适量

【做法】1.将海带洗净，泡入水中至软，把海带切成2厘米的段。

2.冬瓜去皮，去子后洗净，切成小块；瘦肉洗净，切块。

3.将海带、冬瓜块、瘦肉块放入锅中，加入适当的水，用大火煮滚。

4.改用小火煮3小时至熟，放入盐、味精调味即可。

养生谈

冬瓜中所含的丙醇二酸能有效地抑制糖类转化为脂肪，加之冬瓜本身不含脂肪，热量也不高，能有效防止人体发胖；海带性寒而滑，具有润肠，清肠通便的作用。此汤是减肥塑身的佳品。

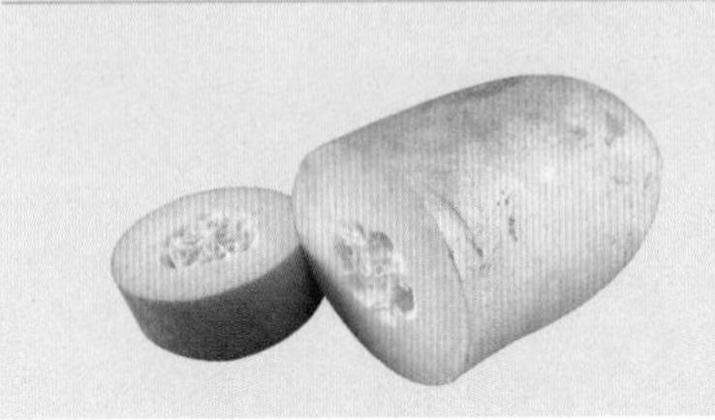

银耳拌冬瓜

【材料】冬瓜250克，银耳20克

【调料】香油、盐、味精各适量

【做法】1.冬瓜去皮洗净，切片，入沸水中汆烫熟，捞出沥水。

2.银耳用水泡后，用开水略烫后撕开。

3.将冬瓜片和银耳一同放入大碗。

4.加入香油、盐、味精拌匀即成

养生谈

冬瓜富含维生素C，且钾盐含量高，钠盐含量较低，可利尿消肿；银耳具有通大便的作用，可保持大便通畅。此品可减少脂肪摄入，清除体内垃圾，达到净身减肥的效果。

牛蒡萝卜汤

【材料】牛蒡适量，白萝卜、胡萝卜各100克，毛豆50克，大排骨70克

【调料】盐适量

【做法】1.胡萝卜、白萝卜均去皮，切块；牛蒡去皮，切片；毛豆泡水洗净备用。

2.大排骨洗净，放入滚水中煮开，撇除浮沫后，加入其他材料煮熟，最后加盐调味即可盛出。

养生谈 萝卜具有美白、抗氧化的双重效果，可防止皮肤在减肥过程中失去光泽及弹性。同时，萝卜所含的消化酶可以促进消化液的分泌，调整体质，帮助维持消化道机能，并促进新陈代谢。

什锦蔬菜沙拉

【材料】大黄瓜、小黄瓜、茭白、胡萝卜、西芹各50克

【调料】低脂沙拉酱10克

【做法】1.西芹撕去老筋，茭白、胡萝卜、大黄瓜均去皮，全部洗净切小块，放入滚水中烫熟，捞出、泡冷水；小黄瓜洗净去头尾切小块，放入盐水中浸泡。

2.全部材料捞出，沥干，放入容器中，食用时蘸低脂沙拉酱即可。

养生谈 黄瓜中所含的丙醇二酸可抑制糖类物质转化为脂肪。此外，黄瓜中的膳食纤维对促进排便和降低胆固醇有极佳的作用，能强身健体。

清炖蜂蜜木瓜

【材料】木瓜300克

【调料】蜂蜜少许

【做法】1.将木瓜洗净去皮，去子，切成块状。

2.锅中加适量水，将木瓜块与蜂蜜一起煮20分钟，即可食用。

养生谈

木瓜中含有一种木瓜酶，不仅可以消化蛋白质、糖类，更可分解脂肪，促进新陈代谢，能够及时把多余的脂肪排出体外，达到减肥的目的。

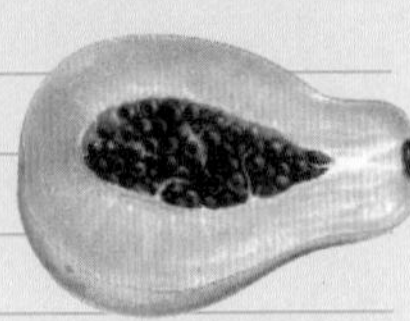

多味冬瓜

【材料】冬瓜300克，火腿、干贝、香菇、冬笋各50克

【调料】葱花、姜末、高汤、盐、味精、白胡椒粉、料酒、水淀粉、香油各适量

【做法】1.冬瓜去皮洗净，切小丁；香菇、冬笋洗净，和火腿一起切成同样的小丁；干贝洗净，撕丝。

2.将切好的冬瓜丁、香菇丁、冬笋丁、火腿丁汆烫一下，捞出沥干。

3.油锅烧热，爆香葱花、姜末，加高汤、盐、味精、白胡椒粉、料酒煮开。

4.下各种汆烫好的小丁和干贝丝烧开，最后用水淀粉勾芡，淋香油即可。

养生谈

冬瓜含有多种维生素和人体必需的微量元素，可调节人体的代谢平衡。冬瓜性寒，能养胃生津，清降胃火，使人食量减少，促使体内淀粉、糖转化为热能，而不变成脂肪。因此冬瓜是肥胖者的理想蔬菜。

第二节 “太平公主”丰胸有术

TAIPINGGONGZHUFENGXIONGYOUSHU

拥有丰满的胸部，迷人的乳沟，是很多“太平公主”们的梦想，但是乳房的大小及丰满程度，与遗传、保养等因素有关，特别是与营养素的摄入、雌激素的刺激关系更为密切。

生理解密

大体而言，乳房的发育早在月经初潮之前即已开始了，到了16～18岁，乳房通常已经发育完全了，但有些人可能因为体质关系或初潮来得较晚，所以发育完全的时间可能延后。

若过了发育年龄则需花较多的时间跟努力才能看到丰胸的成效，因此“太平公主”们可要趁年轻时提早行动。一旦更年期来临，就是你跟丰胸机会告别的时候了，因为当停经后卵巢的功能也将停止，将无法再正常分泌雌激素，乳房的发育也将结束。

一般来说每个月最佳的丰胸时期是从月经来的第11、12、13天，这三天为丰胸最佳时期，第18、19、20、21、22、23、24天，这七天为次佳时期，因为在这10天当中影响胸部丰满的卵巢雌激素是24小时等量分泌的，这也正是激发乳房脂肪囤积增厚的最佳时机。

蔬果养生经

为促进青春期乳房发育和避免中老年后出现乳腺萎缩，应多吃丰胸的食物。水果类如木瓜、水蜜桃、樱桃、苹果等，都是很好的丰胸食物，能加速乳腺发育；蔬菜类如莴笋、土豆、西红柿、甘薯叶等的丰胸效果也不错；坚果类食物如杏仁、芝麻、花生、核桃、腰果等，这类食物也含有帮助胸部发育的成分。

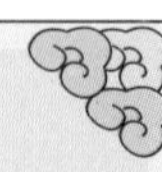

TIPS

丰胸小动作

◆床上：仰卧在床上，上半身抬起，双手做如蛙泳般的划水动作，可增强胸部肌肉弹性。

◆坐：双臂前伸，双肘弯曲，双手相握并用力向前推，从1数到6后，再放松双手。重复5次。

◆深呼吸：呼气时含胸、吸气时挺胸，交替进行5次。

◆游泳：水的按摩作用，会促使乳房更加丰满富有弹性。

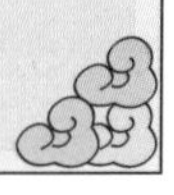

养生食谱推荐 >>

莴苣炒牛肉丝

【材料】莴笋2根，牛肉丝200克

【调料】酱油、料酒、盐各适量

【做法】1.将莴笋去皮刨成丝状，然后将牛肉丝放置于酱油与料酒中浸泡约半小时。

2.油烧热后放牛肉丝入锅，用大火快炒约40秒，将炒熟的牛肉丝自油锅中捞起，放入莴笋丝用大火快炒约2分钟，放盐调味。

3.莴笋丝炒好盛入盘中铺底，将牛肉丝置于莴笋丝上面即可。

养生谈

莴笋性味苦、甘、凉，入大肠、脾、胃经，有清热利尿，通脉下乳之功效；莴笋还富含碘元素，它能促进物质的分解代谢，产生能量，维持基本生命活动，促进体格发育；莴笋中的甲状腺激素可调控肌肉发育及性发育，特别是对胸腺发育特别有效。所以要多吃莴笋，它是所有叶菜类食物中，最具丰胸效果的蔬菜，想丰胸的女性不妨多吃。

木瓜鸡爪煲

【材料】木瓜1个，鸡爪300克，花生米50克，红枣5颗

【调料】高汤、盐各适量，熟鸡油、白糖、胡椒粉、料酒各少许，生姜1块

【做法】1.鸡爪砍去爪尖；花生米泡透；木瓜去皮去子切块；生姜去皮切片；红枣泡透。

2.鸡爪汆烫去掉其中血水，冲净待用。

3.在砂锅内加入鸡爪、花生米、红枣、姜片、料酒，注入高汤，加盖，用小火煲40分钟后加入木瓜块，调入盐、白糖、胡椒粉、熟鸡油，再煲15分钟至熟即可食用。

养生谈

木瓜含丰富的木瓜酶，对乳腺发育很有助益；木瓜酶中含丰富的丰胸激素，能促进雌激素分泌，达到丰胸的目的。

第三节 甩掉腰上的"游泳圈"

SHUAIDIAOYAOSHANGDEYOUYONGQUAN

没有什么比腹部长出明显的"游泳圈"更损形象的了，生活中造成"水桶腰"的原因很多，首先先天遗传是无法改变的，但后天的生活方式、饮食习惯等更是与肥胖有直接关系。如何快速消除多余脂肪，拥有完美纤腰，成为爱美女士面临的一个难题。本节着重介绍如何通过饮食调理来跟"游泳圈"说拜拜。

生理解密

腰部曲线是身体曲线美的关键，腰身若恰到好处，即使胸不够丰满，臀不够翘，视觉上仍给人曲线玲珑、峰峦起伏的美感，反之，就会显得粗笨。国外的诱人身材标准是胸围36英寸(1英寸=2.54厘米)、腰围24英寸、臀围35英寸，腰越细越显得身材性感，但要符合比例。女人的腰无论粗细，一定要轻盈灵活，走动时才能摇曳生姿，具有"曲线玲珑"之美。

在好身材的"金科玉律"中，腰围与臀围之间的比率(WHR)约为0.72是最合适的，这个数值不仅符合大众的审美要求，也使得身体的负担减到最小。如果比率低于0.72，就向梨形身材靠拢了，高于0.72，很容易和苹果形身材为伍。要是你已经测量出自己的腰臀比率达到或者超过0.8，就是典型的"水桶腰"了，健康隐患一触即发。

量一量你的腰和臀，看看比率是否正常，如果超过0.72，应赶紧付诸行动。

蔬果养生经

要多吃让粗腰变细的蔬果，如白豆、黑浆果、干杏和南瓜等，这类高纤维的食品可以使人感到饱胀从而减少对其他食物的摄入，帮助减重，同时也可以防止便秘，使腹部不至显得过大。另外，木瓜中的木瓜酶不仅可分解蛋白质、糖类，更可通过分解脂肪去除赘肉。猕猴桃能防止便秘、帮助消化和美化肌肤。香蕉有助于排出体内毒素，收缩腰腹，焕发由内而外的健康美丽。

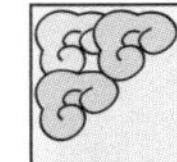
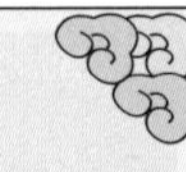

TIPS

瘦腰注意事项

尽量避免喝酒。啤酒有"液体面包"之称，常喝啤酒会长出"啤酒肚"。烈酒热量很高，更容易致肥。茶中富含维生素B_1，它是能将脂肪充分燃烧并转化为热能的必要物质；建议坚持喝茶。

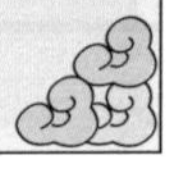

养生食谱推荐 >>

西红柿消脂蜜

【材料】小西红柿10个（中型西红柿1个），西芹半根，柠檬1/4个，蜂蜜5克

【做法】1.柠檬洗净，榨出纯汁。

2.西红柿洗净，去蒂，切成块状；西芹亦洗净，切段备用。

3.西红柿块、西芹段放进榨汁机内，加入250克冷开水，一起搅打均匀后，再加入柠檬汁、蜂蜜，拌匀即可。

养生谈 这道果汁富含膳食纤维，添加少许润肠的蜂蜜，不但更增美味，也能有效帮助清除肠壁垃圾，告别便秘，让小腹变得更平坦。

香菇西红柿蔬菜汤

【材料】香菇、金针菇、黑木耳、大白菜各50克，西红柿1个（约100克）

【调料】盐适量

【做法】1.香菇泡软，去蒂；黑木耳洗净，撕开；金针菇切除根部，洗净；大白菜剥开叶片洗净，切丝；西红柿洗净，切块备用。

2.锅中倒入半锅水煮滚，放入大白菜丝和香菇煮软，加入金针菇、黑木耳和西红柿块煮熟，加盐调味，即可盛出。

养生谈 属于菇蕈类的黑木耳，热量本来就相当低，加上黑木耳中含有丰富的膳食纤维和一种特殊的胶质，能促进肠胃蠕动，具有通肠利便的功效，从而减少人体对脂肪的吸收，是要实施减肥大计的人绝对不能放过的一种食材。

土豆含有大量膳食纤维，能宽肠通便，帮助人体及时排除代谢毒素，防止便秘。另外，土豆含有丰富的维生素及钙、钾等微量元素，且易于消化吸收，营养丰富，不至于令人在减肥中出现营养不良的状况，而且土豆中所含的钾能取代体内的钠，而使钠排出体外，达到利水消肿的作用，从而达到减少体重的效果。鲑鱼具有低热量、低胆固醇、高蛋白、高钙等优点，其丰富的脂肪酸还可以帮助脂肪加速代谢。

果味鱼泥沙拉

【材料】鲑鱼20克，土豆50克，苹果25克

【调料】盐适量

【做法】1.将土豆及苹果洗净后去皮，备用。

2.土豆和鲑鱼蒸熟后以磨臼磨成泥状，混合均匀。

3.将苹果切成细丁或磨成泥状，加入混合好的土豆泥和鲑鱼泥中，最后用盐调味即可。

翡翠菠蛋汤

【材料】菠菜、胡萝卜各60克，洋葱100克，新鲜香菇1朵，玉米1/6条，玉米须少许，鸡蛋1个

【调料】蔬菜高汤350克，盐5克

【做法】1.菠菜洗净，切段汆烫过；洋葱、胡萝卜洗净切丝；香菇洗净切片；玉米须洗净。

2.将蔬菜高汤、洋葱丝、胡萝卜丝、香菇片、玉米、玉米须一起放入锅中，以中火煮开。

3.焖2分钟后，将鸡蛋打入碗中打散后放入锅中，继续煮。

4.待煮开后焖2分钟，放入菠菜段，加盐调味即可。

菠菜含有大量的膳食纤维，具有促进肠道蠕动的作用，利于排便，且能促进胰腺分泌，帮助消化；洋葱营养丰富，且气味辛辣，能刺激胃、肠及消化腺分泌消化液，增进食欲，促进消化，且洋葱不含脂肪，其精油中含有可降低胆固醇的含硫化合物，萝卜中的芥子油能促进胃肠蠕动，增加食欲，帮助消化。此汤可降脂减肥，是瘦腹与纤腰的佳品。

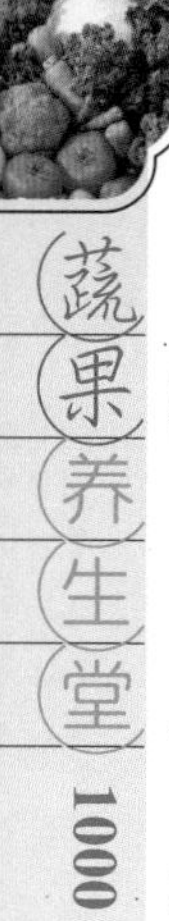

蔬菜酸奶汁

【材料】胡萝卜1根，西红柿1个，西芹2棵，低脂酸奶半杯

【做法】1.所有蔬菜洗净，将胡萝卜、西红柿切块，西芹切段，放入榨汁机中榨汁，倒入杯中。

2.加入酸奶，调匀即可。

养生谈

胡萝卜中含有大量膳食纤维，吸水性强，在肠道中体积容易膨胀，可加强肠道的蠕动，达到通便的作用；西红柿中含有一种果胶可促进排便；芹菜中含有大量的膳食纤维，可促进肠道蠕动，促进排便。因此酸奶搭配上上述具有排便功效的蔬菜后能清肠，助消化，整肠健胃。

蔬菜卷

【材料】生菜叶8片，四季豆4根，金针菇1把，玉米笋8条，韭菜8根

【调料】海苔粉10克，柴鱼粉5克，日式和风酱30克

【做法】1.生菜洗净，晾干备用。

2.四季豆、金针菇及玉米笋洗净，切成4～5厘米小段，烫熟。

3.韭菜洗净烫熟，作为系绳。

4.生菜叶摊平，将做法2中的材料排列于叶片上，撒上海苔粉及柴鱼粉，淋上和风酱，将生菜叶卷起，以韭菜扎紧即成。

养生谈

生菜中膳食纤维和维生素C较白菜多，有消除多余脂肪的作用，故又叫减肥生菜；四季豆的豆荚含有丰富的膳食纤维，可以促进肠胃蠕动及排便；金针菇能有效地增强人体的生物活性，促进体内新陈代谢，有利于食物中各种营养素的吸收和利用；韭菜含有大量的维生素和膳食纤维，能增进胃肠蠕动。此品可通便并消除多余脂肪，达到瘦腰的目的。

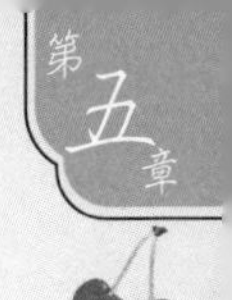

第四节 蔬果排毒养颜法

SHUGUOPAIDUYANGYANFA

人体无时无刻不处在毒素的侵扰之中，来自外界的有害物质叫做外毒素，来自体内的代谢废物叫做内毒素。

生理解密

皮肤不健康是体内有毒素存留的表现，血液中的废物等有毒物质，不同程度地残留在皮肤中影响皮肤质量。痤疮是由于血液中过量酸性代谢废物和脂肪酸积贮而成，经常便秘的人面色发暗，同时易生黑斑、痤疮，所以健美皮肤应当首先排毒。

排毒可以通过血脉进行。中医认为，皮肤健美与否，很大程度上取决于肌表腠理的气血是否畅行疏通，如果长期气滞血淤，代谢废物难以排出，日久侵害皮肤细胞，皮肤就会出现紫斑、黑斑、面色发暗、起粉刺等现象，所以美容的基本方法就是活血化淤，排出各类毒素。

中医所谓排毒，就是打通人体的各种管道（如血管、淋巴管、消化道等），将血中、脏腑中的毒素通过大小便或出汗及时排出体外。此外，人体还有呕吐、咳嗽、腹泻等非正常的排毒方式。在打通各种管道一段时间后，自然对黑斑、粉刺、面色发暗等皮肤病起到作用，使皮肤白嫩、细腻、润泽而富有弹性。

蔬果养生经

蔬果就是最好的排毒工具，如具有通便排毒作用的菠菜、苋菜、空心菜、黄瓜、芋头、大蒜、苦瓜等；具有利尿排毒功效的有西瓜、葡萄、樱桃、大白菜、荠菜、生菜、莴笋等；能清除肺部灰尘、病原体、病毒等有毒物质的蔬果有萝卜、南瓜、芹菜等；具有保持汗腺通畅，排除内热，祛风解毒效果的蔬果有葱、香菜、生姜、辣椒等。此外，海带、香菇、黑木耳等，它们或因对放射性物质有特强的亲和力，或因富含胶质，而有助于“内毒”外排、净化血液。

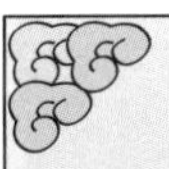

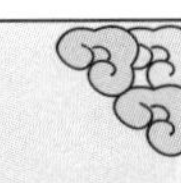

TIPS

水果排毒养颜法

苹果排毒养颜法：取苹果2个，牛奶适量，将苹果洗净后榨汁，与牛奶按1：2比例混合。用混合液早晚清洗面部，对于面部皮肤有保健的作用，长期使用可以使肌肤光滑细嫩。

西瓜排毒养颜法：吃西瓜时，将西瓜外皮的白色部分切薄片贴敷面部15分钟，整个夏天都可以使皮肤保持清新细腻、洁白、健康。

养生食谱推荐 >>

苦瓜酿虾仁

养生谈

凡苦味食品一般都具有解毒功能，因此，苦瓜具有很好的解毒效果。据研究，苦瓜含有一种蛋白质能增加免疫细胞活性，清除体内有毒物质。而中医则认为，苦瓜具有清热、明目，解毒的作用。如果怕苦，则可加糖凉拌来吃，不会影响排毒的效果。

【材料】苦瓜750克，虾仁500克，鸡蛋1个

【调料】面粉、水淀粉、胡椒粉、味精各3克，盐、香油各5克，蒜瓣少许

【做法】1.苦瓜切段去瓤，用水煮去苦味后沥干水。虾放入碗中，加鸡蛋液、面粉、盐调匀，塞入苦瓜段，用部分水淀粉封两端。

2.锅中油烧至六成热，放蒜瓣炸一下捞出，苦瓜入锅，待苦瓜表面炸至变色捞出，竖放碗内，洒上蒜汁入笼蒸熟。

3.另起锅入油烧至七成热，将蒸苦瓜的原汁入锅中烧开，加味精，以剩余水淀粉勾芡，苦瓜翻扣盘中浇汁，撒胡椒粉，淋香油即可。

苹果鲜蔬汤

养生谈

苹果中富含的果胶，能有效地吸收肠道内多余的水分，且对肠道产生适度的刺激，有助于肠道的蠕动，进而维持其自然排泄功能，且因其属于可溶性纤维，能促进胆固醇的代谢，有效降低胆固醇，将脂肪排出体外，可帮助体内排毒。

【材料】苹果、玉米粒、西红柿、卷心菜、胡萝卜各50克，香菇3朵，西芹少许

【调料】姜丝、盐、胡椒粉各适量

【做法】1.苹果洗净去皮，去核切厚片备用；胡萝卜洗净去皮，切厚片备用；西红柿洗净后切小块备用；卷心菜洗净，用手撕成小块备用；香菇洗净，切片备用；西芹洗净、去老筋后切段，备用。

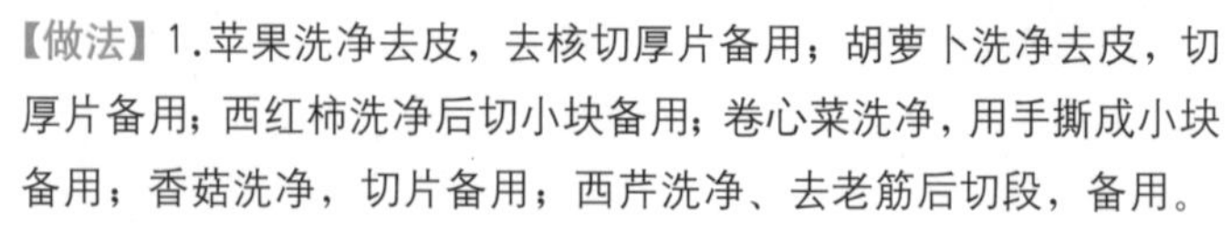

2.锅内放少许油加热，爆香姜丝，放入胡萝卜片、香菇片炒香，加入适量清水煮开。

3.再将其他材料放入锅中同煮，煮至胡萝卜熟软，放入盐、胡椒粉调味即可。

大蒜含有硫化丙烯，可提高维生素B_1的吸收率，促进消化液分泌，增进食欲。另外，大蒜中所含的大蒜素还可消除体内自由基，预防老化，同时还具有杀菌作用，可消除肠道有毒微生物，避免便秘。

蒜煸豆角

【材料】扁豆300克，大蒜（切碎）100克

【调料】盐、味精、辣椒各适量

【做法】1.扁豆洗净切段，过中温油炸熟后捞出。

2.炒锅留底油，下入大蒜末煸炒。

3.放入炸好的扁豆，加盐、味精、辣椒调味，煸炒入味即可。

小黄瓜胡萝卜柠檬汁

【材料】小黄瓜1条，柠檬30克，橙子半个，胡萝卜250克

【调料】蜂蜜适量

【做法】1.将小黄瓜洗净，去掉有苦味的头和尾，先切成段，再切成细条；将柠檬洗净切成片；将橙子洗净切碎；将胡萝卜洗净，切成片。

2.将胡萝卜片、柠檬片、橙子碎一同放入榨汁机中，最后加入小黄瓜。待汁液完全榨出时，注入准备好的玻璃杯中。

3.可用适量的蜂蜜调味。

小黄瓜可利尿，加快体内废物的排出；柠檬中所含的柠檬酸可以防止颗粒色素沉淀，故常吃柠檬可美白皮肤；胡萝卜中所含的维生素、矿物质、膳食纤维可帮助消除肠道的腐败细菌、增加有益菌数量；柳橙中所含的果胶具有促进肠道蠕动、加快食物通过消化道的作用，使粪脂质及胆甾醇能更快地随粪便排泄出去，并减少外源性胆甾醇的吸收。此汁可排毒养颜。

香蕉菠萝芹菜汁

【材料】香蕉1根，菠萝1/4个，西芹2棵

【做法】1.香蕉去皮切块，菠萝削皮切块。

2.西芹洗净，择除叶片、留下梗切段。

3.将处理好的香蕉、菠萝及适量水放入榨汁机打匀。

4.将西芹段放入榨汁机榨汁，再倒入香蕉菠萝汁中搅拌均匀。

养生谈 香蕉是性寒味甘之品，寒能清肠热，甘能润肠通便；菠萝含有丰富的蛋白分解酶，有助肠胃消化，饭后食用，可以有效帮助肉类消化，并且可以促进肠胃道的秽物顺利排出；芹菜清肝利水，可帮助有毒物质通过尿液排出体外。

绿豆藕合

【材料】藕4节，绿豆200克，胡萝卜125克

【调料】白糖适量

【做法】1.绿豆洗净，浸泡半小时，研碎。

2.胡萝卜洗净切丁，研成泥，加入绿豆末、白糖搅拌均匀做成馅。

3.藕去皮，洗净，从一端切开作盖，藕洞中塞满胡萝卜绿豆馅，盖上盖，置蒸笼中隔水蒸熟，食用时切片即成。

养生谈 经常食用绿豆可清热解毒，调和五脏，因此绿豆又有解百毒的说法，夏天常喝绿豆汤，不仅能增加营养，还可防止中暑及预防热毒引起的各种脓肿；莲藕的营养成分相当高，含丰富的蛋白质、维生素C、糖、钙、磷等，是一种富含膳食纤维的食物，能刺激胃肠，治疗便秘，促进有害物质排出，此外，莲藕还具有利尿的作用，能促进体内废物排出；胡萝卜中富含的维生素A，可帮助黏膜组织正常分泌黏液，防止细菌在体内滋生，避免生病。此菜肴营养丰富，是一款值得推荐的排毒菜品。

第五节 蔬果容光焕发秘籍

SHUGUORONGGUANGHUANFAMIJI

中医关于生命的一个重要学说就是“气”。五脏六腑是气的系统，经络是气的运行通道，病证是气机失调的反应。表现在外部的就是人的气色。世界卫生组织公布的最新“健康十大标准”中有一条就是：“气色好，有健康的红晕和光泽。”

生理解密

中国人正常的脸色应该是红黄隐显，明润而有光泽。肤色偏白者应白里透出红晕光泽为健康，肤色偏黄的应黄中透出金黄光泽（俗称“飞黄”）为健康。

如脸色发青，则表示体内气血运行不畅，有经脉淤滞现象，可能受了风寒，可能有局部疼痛，也可能是阳气不足所致。

如脸色赤红，是患热症之兆；满脸赤红为实热症；仅两颧潮红，为虚热症。

如脸色黄而偏淡无血色，表明脾胃气虚；如加上眼睛也染黄，小便又黄赤，则就是“黄疸”病症了。

如脸色苍白无血色，表明阳气极虚，气血运行时升不上脸面，为失血耗气所致。如脸色偏灰暗甚至发黑，表明肾精亏耗已相当严重了。

蔬果养生经

要保持肤色的光泽润洁，除了要充分休息外，还要补充气血，要多吃蔬菜水果，例如西红柿、红枣、猕猴桃。西红柿里的胡萝卜素、维生素C和茄红素，可以对抗紫外线对皮肤的伤害；红枣补血行气、滋阴润颜，可提升气色；猕猴桃也可以预防皮肤伤害，帮助制造胶原蛋白，让皮肤更有弹性。

TIPS

搓捏耳朵提升气色

双手分别搓捏耳廓的内外部，有痛点处为捏的重点，从上到下要全部揉搓，在耳垂处手法不妨重一点，以搓热搓红为度。常做耳部按摩，有强肾之功。肾是生命之本，肾强则体健，体健则容颜红润有光泽。

养生食谱推荐 >>

养生谈

黑木耳中铁的含量极为丰富，为猪肝的7倍多，故常吃黑木耳能养血驻颜，令人肌肤红润，容光焕发，并可防治缺铁性贫血。

木耳烧黄花

【材料】鲜黄花鱼1条（400～500克），水发黑木耳30克

【调料】葱段、香菜、醋、盐、味精、高汤各适量

【做法】1.黄花鱼去鳞和内脏，洗净，两侧斜剞直刀。

2.香菜洗净，切段。

3.将适量油倒入锅内，烧热，放葱段炝锅，放入黄花鱼，两面稍煎，烹入醋，加适量高汤和盐，再加入发好的黑木耳，以中火烧至鱼熟，加入味精调味，撒香菜段即成。

草莓红枣粥

【材料】草莓100克，红枣50克，荔枝干30克，糯米150克

【做法】将以上材料放入锅中，加适量水熬粥即可。

养生谈

草莓含多种糖类、柠檬酸、苹果酸、氨基酸，且糖类、有机酸、矿物质比例适当，易被人体吸收；红枣含有丰富的铁，具有补血的功效。因此本品可当作主食食用，用以提升气色。

西红柿鱼肉沙拉

【材料】鱼肉适量，西红柿2个，生菜叶4片
【调料】橄榄油、盐、胡椒粉、白酒各少许
【做法】1.鱼肉撒上部分盐和部分胡椒粉腌一下；西红柿洗净切块。
2.平底锅中倒入少许橄榄油，锅热之后，放入鱼肉略煎至鱼肉变黄金后盛起备用。
3.将生菜叶铺在盘底，依序放上鱼肉、西红柿块，加入剩余盐、剩余胡椒粉、一点点白酒调味即可。

养生谈 西红柿含丰富的维生素E，具有整肠的功效，再加上鱼肉丰富的蛋白质，这道沙拉可以帮助人恢复充足的元气，改善面色。

当归养血汤

【材料】当归5克，冬瓜100克，胡萝卜60克，草虾2只，蛤蜊5个，豆苗20克
【调料】料酒15克，盐5克
【做法】1.当归洗净，加料酒、350克水泡着备用；冬瓜洗净去皮、瓤，切片；胡萝卜洗净，切片；蛤蜊洗净，用加盐的清水让其吐沙后再洗净。
2.草虾去须脚、肠泥，豆苗洗净。
3.将做法1全部材料放入锅中，加适量水，以中火煮开。
4.放入草虾、豆苗，再继续煮。
5.等煮开后，加入盐调味即可。

养生谈 胡萝卜含维生素B_1、维生素C、膳食纤维、β－胡萝卜素、铁等成分，具美容养颜、降血脂、增加免疫力及防癌功能。搭配具备美白排毒功效的低热量冬瓜，与可活血化淤的当归，能让皮肤白里透红。但感冒喉痛者忌食当归。

第六节 改善皮肤微循环

GAISHANPIFUWEIXUNHUAN

皮肤是一面镜子，反映着机体的内在健康。黯淡无光的肤色既表明了外在皮肤问题，又反映了生理内在的紊乱。健康白皙的肤色主要取决于表皮下为皮肤提供养分的微循环。

生理解密

由于个人的身体素质、内分泌、肌肤微循环状况不同，每个人的皮肤性质也是大不相同的，通常，可将皮肤分油性、中性和干性。

干性皮肤的特征为毛孔细小，表面几乎不泛油光，极易形成表情纹，尤以眼部及唇部四周最为明显，50岁以上的女性及居住炎热或寒冷的低湿度气候中的人比较容易有干性皮肤。这是缺乏滋润造成的，表现为皮肤干燥、粗糙、脱皮、易产生皱纹。

中性皮肤看起来很健康且质地光滑，有均衡的油分和水分，很少有青春痘及毛孔阻塞的现象，此类皮肤是最好的，但一般来说，随着年龄增长，这类皮肤会逐渐转变为干性皮肤。夏季时脸上的“T”字部位略为油腻，冬天则皮肤偏干。

油性皮肤的形成是因为皮脂腺分泌过多油脂，使皮肤油亮，有时在清洁过后数小时皮肤就会有黏腻感，毛孔较大，易阻塞，且易长青春痘及黑头、粉刺、暗疮等，但不易形成皱纹，因为表面大量的油脂可帮助上层的皮肤保留水分。处于青春期的青年，属于这类皮肤的较多。

蔬果养生经

从中医理论讲，油性皮肤多为“体内湿重”；干性皮肤则为皮脂分泌量少，不同类型的皮肤可针对性地制定合适的食谱。油性皮肤者，宜选用凉性、平性食物，如冬瓜、白萝卜、胡萝卜、大白菜、小白菜、竹笋、黄花菜、卷心菜、莲藕、荸荠、西瓜、柚子、椰子等。少吃辛辣、温热性及油脂多的食品，如辣椒、花生、核桃、桂圆、荔枝、核桃、蜜饯、咖啡等。还可选用去湿清热类中药，如白茯苓、泽泻、白菊花、薏仁、麦饭石、灵芝等。

中性和干性皮肤者，宜多食豆类（如黑豆、黄豆、红豆）、蔬菜、水果、海藻类等碱性食品。要少吃酸性食品如奶酪、乌鱼子、猪肉等。可选用具有活血化淤及补阴类中药，如桃仁、当归、莲子、玫瑰花、枸杞子、百合、桑寄生、桑葚等。

养生食谱推荐 >>

清炒豌豆苗

【材料】新鲜豌豆苗500克

【调料】葱花、姜丝、料酒、盐、味精各适量

【做法】1.将豌豆苗洗净，捞出沥干水分。

2.油锅置火上，待烧至五六成热时，用葱花和姜丝爆锅。

3.倒入豌豆苗翻炒，烹入料酒，加入盐和味精，继续翻炒一会儿，待豌豆苗断生即可出锅装盘。

养生谈　豌豆苗富含钙、维生素B_1、维生素B_2、维生素C等，能有效润滑肌肤，并有助于除去皮肤上的过多油脂，有很好的控油效果。尤其适合油性皮肤的青年女性使用。

西红柿拌三丝

【材料】小西红柿10个，白萝卜300克，莴笋200克，胡萝卜100克

【调料】盐、味精、香油、白糖、香醋各适量

【做法】1.将白萝卜、莴笋及胡萝卜去皮，洗净，切成丝，放在盘中。

2.将西红柿洗净，切成小块。

3.将上述全部材料放入盘中，加入盐、味精、香油、白糖、醋拌匀即成。

养生谈　西红柿中的胡萝卜素可保护皮肤弹性，另外，西红柿还含有丰富的维生素C，而且所含的热量很低，是保养肌肤的美容圣品。另外，西红柿味香、甜、咸、酸，具有开胃健脾、增进食欲、养阴生津、驻颜增白的功效。此菜颜色鲜艳、清凉脆嫩，适用于肌肤干燥无华或暗淡无光的女性食用。

银耳拌豆芽

养生谈

青椒的维生素C含量相当丰富，比同等分量的柑橘类水果高2倍之多，皮肤的胶原蛋白合成都需要大量的维生素C，因此，此菜可使皮肤白皙有弹性。

【材料】绿豆芽150克，银耳25克，青椒50克

【调料】香油10克，盐少许

【做法】1.绿豆芽去根，洗净。

2.青椒去蒂、子，洗净，切丝；银耳用水泡发，洗净撕开。

3.将炒锅上火，放水烧开，下入绿豆芽和青椒丝汆熟，捞出过凉水，沥干水分。

4.将银耳、豆芽、青椒丝放入盘内，加入盐、香油拌匀装盘即成。

绿豆苹萝汤

【材料】绿豆20克，苹果、胡萝卜、洋葱各30克，豌豆仁适量

【调料】蔬菜高汤350克，盐5克

【做法】1.绿豆用水浸泡2小时后捞出沥干；胡萝卜、洋葱洗净去皮，切块；苹果洗净切块后用盐水浸泡。

2.将蔬菜高汤、做法1所有材料、豌豆仁放入锅中，以中火煮开，焖热后，加盐调味即可。

养生谈

如果体内缺乏维生素A，皮肤会干燥脱屑，胡萝卜富含维生素A，多吃胡萝卜能让皮肤恢复光泽水嫩；绿豆具有美白肌肤，清热解毒，利尿消肿的功用，加上含铁丰富的苹果与富含胡萝卜素的胡萝卜，可令肤色红润气色好。绿豆属性寒食物，肠胃虚寒或正处于生理期间的女性，煮此汤时宜加入甘草中和其凉性。

养生谈 草莓的维生素C含量是水果中的佼佼者，每天补充5～6颗，就能完全满足身体所需，轻松赶走黑色素，美白润肤，活化体内胶原蛋白，促使肌肤再生；牛奶营养丰富，含有各种蛋白质、维生素、矿物质，特别是含有较多B族维生素，它们能滋润肌肤。因此本饮品可改善肌肤粗糙、暗淡等状态，恢复白皙和弹性。

草莓嫩肤奶昔

【材料】草莓5颗，木瓜1/4个，牛奶250克

【做法】1.草莓去蒂，洗净备用。

2.木瓜洗净，去子，将果肉挖进榨汁机内，再加入草莓和牛奶，一起搅打均匀，盛入杯中，即成。

红油香菇油菜

【材料】油菜250克，鲜香菇200克

【调料】盐5克，味精2克，红油15克，酱油、鸡精、水淀粉、香油各适量，蒜末少许

【做法】1.油菜冲洗干净，然后一切为二；香菇洗净。

2.油菜和香菇入沸水汆烫，捞出沥干。

3.油锅烧热，爆香蒜末，放入油菜、香菇，加盐、味精、红油、酱油、鸡精快速翻炒入味。最后用水淀粉勾薄芡，淋香油即可。

养生谈 油菜中含有丰富的钙、铁和维生素C，胡萝卜素也很丰富，是人体黏膜及上皮组织维持生长的重要营养源，对于抵御皮肤过度角质化大有裨益。爱美人士不妨多吃油菜，一定会收到意想不到的美容效果。

第七节 吃出明眸善睐

CHICHUMINGMOUSHANLAI

人的眼睛近似球形，位于眼眶内，受眼睑保护。眼球包括眼球壁、眼内腔和内容物、神经、血管等组织。古人以“明珠”形容它，今人冠之“灵魂之窗”的美誉。然而同时，眼睛也是最敏感、最易受伤的部位，稍有闪失，便会产生各种不适甚至疾病。

生理解密

现代白领一族使用计算机的时间愈来愈长，眼睛酸涩疲劳、视力模糊等不适现象也日益加重。根据统计：有70%～75%的民众因长时间使用计算机，从而产生了“计算机族的视觉与眼部不适症候群”，其症状包括眼睛酸涩、头痛、视力模糊及背部肩膀肌肉酸痛及僵硬，症状轻微者会影响工作效率，症状严重者会造成视力减退及关节病变。所以千万不要忽略眼睛的不适，尤其是近视、远视、老花眼、斜视的朋友。另外，随着年龄的增长，眼袋、鱼尾纹、眼睛浮肿等现象也日益突显，使人显得苍老憔悴。

蔬果养生经

保护眼睛，首先要保证充足的睡眠，经常轻柔地按摩眼周，通过肌肉的运动来促进血液循环；在按摩前要先洗净脸，并涂上适量的按摩霜。

另外，应多食富含维生素A和B族维生素的食物，如胡萝卜、西红柿、土豆、豆类、动物肝脏等。西红柿和土豆中所含的有益物质，可对此部位组织细胞的新生提供必要的营养物质，对消除下眼袋有益。“熊猫眼”要多吃富含维生素C的蔬果，如酸枣、刺梨、橘子、猕猴桃和绿色蔬菜等。还要多吃含维生素A和维生素E的食物，如坚果类、菠菜、甘蓝菜等，因为维生素A和维生素E对眼球和眼肌有滋养作用。

TIPS

按摩承泣穴治眼疾

承泣穴位于眼下七分处，眼眶骨上陷中。以手指指面或指节向下按压，并做圈状按摩。可消除眼睛疲劳及眼部疾病。

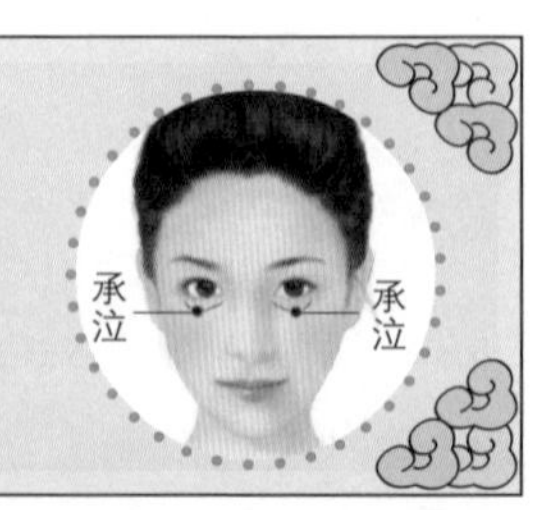

养生食谱推荐 >>

蔬菜奶油蛋汤

【材料】西芹100克，红甜椒40克，黄甜椒60克，西兰花60克，鸡蛋1个

【调料】蔬菜高汤350克，奶油10克，盐5克

【做法】1.西芹、红甜椒、黄甜椒洗净切块；西兰花洗净切小朵。

2.将蔬菜高汤、做法1全部材料放入锅中，用大火煮。

3.鸡蛋打入碗中打散，待煮开后，再倒入锅内，继续煮。

4.等煮开后，放入奶油、盐调味即可。

养生谈 西兰花含有大量的叶黄素，可阻挡阳光对眼睛的伤害，多吃些西兰花可以预防黄斑病变及白内障的发生，是保护视力的好食材；甜椒含大量的维生素C，使皮肤白皙，有弹性，若想无眼袋、消除黑眼圈可多吃甜椒。

奶香生菜

【材料】生菜200克，西兰花100克

【调料】清汤、牛奶、盐、淀粉、味精各适量

【做法】1.把生菜、西兰花洗净，掰小块。

2.炒锅加入油烧热，倒入西兰花翻炒几下。加部分盐、部分清汤调味，盛盘，西兰花在中央，生菜铺底。

3.煮牛奶，加剩余清汤，用淀粉、味精及剩余盐调味，熬成稠汁，浇在菜上即成。

养生谈 生菜中含有莴笋素等成分，能镇痛催眠，降低胆固醇，控制神经衰弱，防止眼睛过度疲劳。另外，生菜中含有甘露醇等有效成分，可促进眼部血液循环。因此过度用眼或希望提高视力的人可多吃本菜。但尿频、胃寒的人不宜多吃。

菊花胡萝卜汤

【材料】菊花6克，胡萝卜100克

【调料】清汤、盐、味精、香油各适量

【做法】1.胡萝卜洗净切成片，放入盘中待用。

2.锅上火，注入清汤，放入菊花、盐、胡萝卜片后煮熟。

3.淋上香油，撒入味精，出锅后盛入汤盆即可。

养生谈

胡萝卜含有大量的胡萝卜素，进入人体后，其中50%会变成维生素A，因此，其具有补肝明目作用，可治疗夜盲症；菊花性味甘苦微寒，但却甘而不腻，苦而不燥，是治疗外感风热、目赤肿痛的常用佳品。此汤可滋肝明目，常食可防止眼目昏花。但有胃寒病者最好少饮此汤。

蓝莓香蕉酸乳

【材料】蓝莓50克，香蕉1/2根，柠檬10克，酸奶120克，鲜奶60克，菊花6克，胡萝卜100克

【做法】1.香蕉剥皮，切成2厘米的段。

2.所有材料放在榨汁机内榨汁饮用即可。

养生谈

蓝莓中含有丰富的“花青素”(活性物质)，这是维护眼睛健康，预防视力受损的重要元素，其功能在于保护眼睛的微血管，进而促进血液循环，同时更有加速视紫质朴再生的能力，而视紫质朴正是良好视力不可或缺的物质。在保护珍贵的视力方面，花青素也是一种已知具有辅助功效的物质之一，经常使用电脑的人、爱玩游戏机的儿童、功课繁忙的学生、长时间驾车者、以及专注细微工作的人，都需要补充花青素解决眼疲劳问题，而蓝莓是最好的花青素来源。

蒜香菠菜

【材料】菠菜250克，香肠200克

【调料】料酒、白糖、葱段、蒜末、盐各适量

【做法】1.将香肠切成片；菠菜洗净，切段。

2.锅内倒油加热，将蒜末和葱段煸香，放入香肠片翻炒均匀，放入料酒、白糖，加入菠菜段大火快炒，加适量的盐调味即可。

养生谈 菠菜富含维生素A，能预防夜盲症的发生，而且其中所含的叶黄素及玉米黄素更是护眼双杰，能够有效预防白内障及视网膜的退化，维持眼睛的正常视力。由于菠菜性寒滑利，故肠胃虚寒者忌食之。菠菜不宜与豆腐一起煮食，会影响其中钙质的吸收。

糖醋芥兰

【材料】芥兰300克，青椒丝、红椒丝各少许

【调料】葱丝、醋、白糖、酱油、香油各少许

【做法】1.将芥兰洗净，用沸水汆烫一下，取出后用清水冷却后，切成长段，码放在盘内，备用。

2.青椒丝、红椒丝放在芥兰段上，再放上葱丝。

3.醋、白糖、酱油、香油混合成酱汁，淋入盘中即成。

养生谈 芥兰中丰富的β－胡萝卜素可转换成维生素A，而维生素A是用来预防夜盲症的重要营养素。而且芥兰中的叶黄素及玉米黄素都是预防视网膜病变及白内障的视力守护者。

第八节 战痘祛斑全攻略

ZHANDOUQUBANQUANGONGLUE

面部皮肤的表皮层很薄，但皮脂腺分布丰富，皮脂腺分为腺体部和导管部，腺体内分泌的脂肪性物质和细胞碎屑通过导管排出皮肤表面。面部是人体经常暴露在外的部位，易受日光照射，使得面部皮肤容易受到伤害。

生理解密

青春痘

青春痘也叫痤疮、痘痘、粉刺，是一种毛囊和皮脂腺的慢性炎症，好发于年轻男女，多分布在颜面和胸背部，表现为黑头粉刺、丘疹、脓疮、结节、囊肿及疤痕等多种皮肤损伤，挤之有米粒碎样白色粉质，有碍容颜。青春期过后大都自然痊愈。

色斑

色斑是指颜面出现黄褐色或者淡黑色斑片，多发于青壮年，女性多于男性。一般西医认为内分泌失调是主要原因之一，其他如药物或者疾病也可促使色斑发生。中医认为，凡是脏腑功能失调、气血不荣、管道不畅、淤毒内生、妇女月经不调等均可以引起色斑。

蔬果养生经

中医认为，青春痘多为肺经风热或过食油腻辛辣之品，导致脾胃蕴湿积热，外犯肌肤而成，当以清热宣肺，化湿疏风为治。

具有此功效的蔬果有蘑菇、黑木耳、油菜、苋菜、苦瓜、黄瓜、丝瓜、冬瓜、西红柿、莲藕、西瓜、梨、山楂、苹果等，它们具有清凉祛热、生津润燥的作用。另外，还要多食含维生素A丰富的食物如金针菇、胡萝卜、西兰花、小白菜、茴香、荠菜等，以及富含B族维生素（特别是维生素B_2、维生素B_6）的蔬果如白菜，富含锌的蔬果如核桃仁、葵花子等。

对于雀斑和黄褐斑，中医认为其成因相同，均为肝脾虚、肝肾不足所致，当以补益肝肾、疏肝健脾为治。要常吃富含维生素C的食物，如核桃仁、西红柿、黄瓜、青辣椒、山楂、鲜枣、新鲜绿叶蔬菜等，常吃富含维生素C的蔬果，可以使色素减退。

养生食谱推荐 >>

鸡肉火腿馅苹果

【材料】富士苹果3个，鸡肉120克，熟火腿20克

【调料】料酒60克，白糖、奶油各20克，味精、盐、淀粉各少许，葱末、姜末各适量

【做法】1.将鸡肉洗净，切成小丁；将熟火腿切丁。

2.将鸡肉丁与火腿丁放入大碗中，加入奶油、料酒、葱末与姜末混合成馅料。

3.将苹果洗净，将上端切下做盖子，将内部的果核挖掉，放入滚水中稍微烫过取出。

4.将拌好的馅料放入挖好的苹果中，盖上盖子，放入大碗中，蒸熟。

5.锅中放少许清水，加入盐与白糖煮开，加入味精，以淀粉勾芡，做成调味酱汁后，淋在蒸好的苹果上即可。

养生谈 富士苹果中含有丰富的维生素C。维生素C可以有效抑制皮肤黑色素的形成，帮助消除皮肤色斑，增加血红素，延缓皮肤衰老。

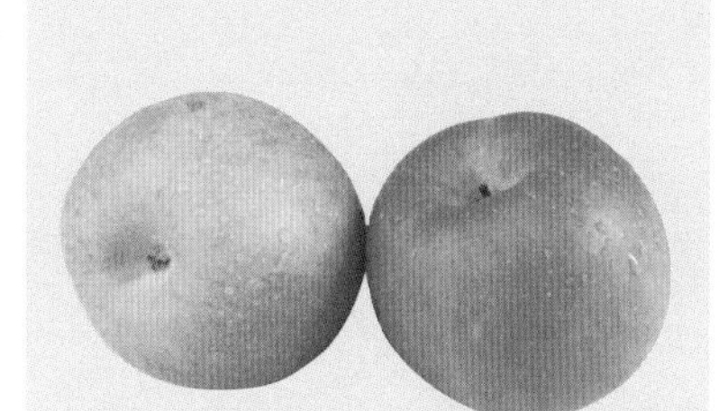

日式冰丝瓜

养生谈 丝瓜中含防止皮肤老化的维生素B1及增白皮肤的维生素C等成分，能保护皮肤、消除斑块，具有抗皱消炎、预防和消除痤疮及黑色素沉积的特殊功效，使皮肤洁白、细嫩，是不可多得的美容佳品。但因丝瓜性寒通利，不宜多食。

【材料】丝瓜500克

【调料】碎冰块、酱油、芥末各适量

【做法】1.将洗净的丝瓜去皮，除瓜囊，切段或者切片。

2.将丝瓜入开水中氽至九成熟，捞出备用。

3.熟丝瓜放进凉开水里冷却，捞起再用碎冰块铺底的容器盛载。

4.将芥末用酱油稀释，吃的时候淋在丝瓜上即可。

桃仁牛奶芝麻糊

养生谈 长期食用此品可以润肤美白，可减轻皮肤黄褐斑。它对消除青春痘也有很好的疗效，非常适合正处于青春期的少男少女食用。

【材料】核桃仁30克，牛奶300克，豆浆200克，黑芝麻20克

【调料】白糖适量

【做法】1.先将核桃仁、黑芝麻磨碎，与牛奶、豆浆调匀，放入锅中煮沸。

2.再加白糖适量，即可食用。

双瓜美容汤

【材料】南瓜50克，丝瓜30克，西兰花30克，水发蹄筋20克

【调料】鸡高汤350克，盐5克

【做法】1.南瓜、丝瓜洗净切片；西兰花洗净切小朵；蹄筋洗净，切小段。

2.将鸡高汤、蹄筋段放入锅内，先大火煮开，再以小火炖煮。待蹄筋熟透后，放入西兰花、南瓜片、丝瓜片继续炖煮，待菜熟，蹄筋软糯，加盐调味即可。

养生谈 丝瓜性平，味甘，有通经络、行血脉、凉血解毒的功效，长期食用具有消除雀斑、增白、去皱的功效；南瓜含丰富维生素A、维生素C，具强化肝细胞功能，能预防皮肤粗糙；蹄筋含丰富的胶质，可以保持皮肤弹性，增加细胞保水能力，延缓或减少皮肤皱纹。此汤可消除色斑、青春痘，使皮肤光滑、细腻、白皙，富有弹性。

圆白菜柠檬汁

【材料】圆白菜、柠檬各1/4个

【调料】蜂蜜15克

【做法】1.圆白菜洗净切长条状，放入榨汁机中榨汁，倒入杯中。

2.柠檬用榨汁机榨成汁，与蜂蜜一起加入杯中调匀即可。

养生谈

圆白菜富含维生素，对于肌肤而言，它有很好的消炎抗菌功能，所以特别适合用来辅助治疗面部痤疮，减少粉刺、青春痘的产生。鲜柠檬维生素含量也极为丰富，是美容佳品，能防止和消除皮肤色素沉着，具有美白作用。此汁是战痘祛斑的佳品。

冬瓜枸杞粥

【材料】冬瓜1块，枸杞子15克，糙米120克

【做法】1.冬瓜连皮洗净后切成小块，糙米洗净泡水1小时备用。

2.锅内加入冬瓜块、糙米及适量水，用大火煮开后，改小火慢煮至粥黏稠、冬瓜皮酥软，最后加入枸杞子再煮5分钟即可。

冬瓜的维生素C含量非常丰富，有利尿功能，常食用可促进人体新陈代谢，除去身上多余脂肪，防止黑色素沉淀，是减肥美容食品；枸杞子为补血圣品，可滋补肝肾，益精明目。

第九节 蔬果让头发秀起来

SHUGUORANGTOUFAXIUQILAI

再没有比一头健康亮泽的秀发更令人羡慕的了。尤为重要的是头发的健康直接关系到容颜的美丽。虽然头发也随年龄的变化而变化，但如果不好好呵护，头发也会先人而“衰老”。一头不加修饰和保养的头发会大大损害你的形象。

生理解密

头发由头皮下毛球部分的毛乳头细胞的分裂增殖而生长，一般把这个分裂增殖期称为活动期。再由分裂增殖逐渐地变得不活跃，走向衰老，一般把这一时期叫退化期（不久进入休止期，完成历史使命的毛发会自行脱落，在毛发衰老时期，不要急于用手拔，过三四个月，衰老的毛发就会自己脱掉），旧发脱掉后毛乳头又开始活动，新发便逐渐发出，我们把头发从新生到衰老的时间，称为头发的周期，一般为三五年左右。头发除了使人增加美感之外，主要是保护头皮。夏天可防烈日，冬天可御寒冷。细软蓬松的头发具有弹性，可以抵挡较轻的碰撞；还可以帮助头部汗液的蒸发。头发有诸多好处，我们更应该悉心呵护，否则头皮屑、脱发、白发等烦恼就会找上门来。

蔬果养生经

头发所需的主要营养成分，多来源于绿色蔬菜、薯类、豆类和海藻类等。

富含维生素C的绿色蔬菜能促进人体对铁的吸收。铁是构成血红蛋白的主要成分，而血是养发之根本。大豆中所含的营养物质能起到增加头发光泽、弹力等作用，防止分叉或断裂。海菜、海带、裙带菜等含有丰富的钙、钾、碘等物质，能促进脑神经细胞的新陈代谢，还可预防白发。除此之外，甘薯、山药、香蕉、菠萝、芒果也是有利于头发生长的食品。

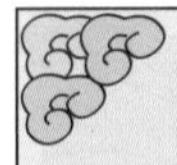

TIPS

冬季护发窍门

用自制的营养发膜代替护发素护理头发，每周使用1～2次，头发过于干燥的状况一定能得到明显改善。

做法：将食用醋和蛋清混合，就制成了柔顺效果一级棒的发膜，涂抹在洗净的头发上，保持10分钟然后洗掉就可以了。

养生食谱推荐 >>

猕猴桃中含有营养头发的多种氨基酸、泛酸、叶酸及黑发的酪氨酸等物质，并含有合成黑色颗粒的铜、铁等矿物质和具有美容作用的镁等，因此被称为“美容果“。

猕猴桃羹

【材料】猕猴桃180克

【调料】白糖适量

【做法】1.将猕猴桃去皮，切成块状。

2.将猕猴桃放入锅中，加入清水与白糖，煮成浓缩稠汁。

3.待凉后放入冰箱中冰镇后即可食用。

豆干炒蒜苗

【材料】蒜苗250克，豆腐干200克

【调料】盐、味精各适量

【做法】1.将豆腐干用水洗净，切成菱形片；将蒜苗去根、老叶，洗净沥水，切段。

2.锅中放油烧热，放入蒜苗煸炒至翠绿色时，放入豆腐干、盐继续煸炒至熟，用味精调味，即可出锅装盘成菜。

豆腐干具有益气宽中，利脾开胃的作用。蒜苗含有蛋白质、维生素、氨基酸、辣蒜素，有杀菌、消炎、生发的特殊功能。特别是蒜氨酸有抑菌、美容、护发、生发的作用。女性如能经常吃蒜苗苗，可使头发乌黑、茂盛。

海带绿豆汤

【材料】海带、绿豆各15克，甜杏仁9克，干玫瑰花6克

【调料】红糖适量

【做法】1.将绿豆洗净；海带洗净，切丝；干玫瑰花用布包好。

2.将海带、绿豆、甜杏仁、玫瑰花包放入锅内，加清水煮沸。

3.待海带和绿豆煮熟后，将玫瑰花包取出，加入红糖即可。

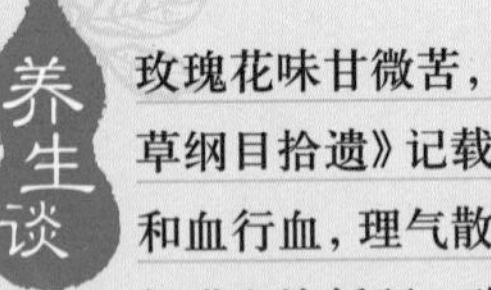

养生谈 玫瑰花味甘微苦，性温，据《本草纲目拾遗》记载：玫瑰花具有和血行血，理气散淤的作用。可促进血液循环，改善头发代谢。另外，其所含的主要成分为香茅醇、橙花醇、丁香油酚、苯乙醇等，并含有挥发油，能乌发亮发，治疗头屑过多，并防止头发早白，使发丝柔润顺滑。

海带冷菜汤

【材料】海带100克，牛肉75克

【调料】酱油、醋、味精、香油、蒜蓉、葱丝、白糖、芝麻盐、冰块各适量

【做法】1.牛肉去筋膜，洗净，切丝，加入蒜蓉、葱丝、白糖、芝麻盐腌渍入味，搅拌均匀备用。

2.海带泡发好，洗净，放入锅中，加少许醋煮熟，捞出，切成与牛肉丝差不多长短的短丝备用。

3.锅内放少许香油烧至五成热，放入牛肉丝煸炒，再放入海带丝，翻炒至熟透，出锅，晾凉。

4.取1碗，加入适量酱油，倒入凉开水，加入味精，然后再放入晾凉的海带丝和牛肉丝拌匀。

5.食用前加入适量醋和冰块即可。

养生谈 海带中的碘极为丰富，碘是人体内合成甲状腺素的主要原料，而头发具有光泽与体内甲状腺素发挥作用密不可分。

第六章

蔬果四季攻略

四季更替，寒暑相移，须顺时养生，即顺四时、适寒暑。春应肝而养生，夏应心而养长，长夏应脾而变化，秋应肺而养收，冬应肾而养藏。人体五脏生理活动必须适应四时阴阳变化，才能与外界环境保持协调平衡。根据四时饮食之宜忌，对症选择蔬果，即可达到最佳的补益效果。

第一节 春季——防病抗菌

CHUNJI－FANGBINGKANGJUN

从立春至立夏前一天为春三月，春天三个月是生发的季节，天气由寒转暖，东风解冷，春阳上升，自然界各种生物萌生发育，弃故从新。在这种“天地俱生，万物以荣”的季节里，人的思想意识及身体活动应顺其自然地变化，身心保持畅达的状态。

随季隐患

春回大地，天气渐暖，百病易复发。春天是冬季和夏季的过渡季节，冷暖气团交替活动频繁，天气特点为时而冬冷型、时而夏热型，容易形成“倒春寒”。人体对春季风向多变、阴阳交错的气候特点适应性较差，容易产生精神疲乏或诱发疾病。再加上肝木旺于春，恼怒等情志易刺激伤肝，一些冠心病人的病情易恶化。另外，由于由冬入春，人们的抗病能力、气候适应能力较弱，流行性传染病又较多，稍不注意就会感染疾病。特别是年老体弱者和少年儿童应注意，春季易患感冒，若治疗不当，防护不周，常会导致肺炎。另外，麻疹、猩红热、腮腺炎、流行性脑脊髓膜炎等传染病在这个季节都易传染。

蔬果养生经

应多吃草莓，它含有丰富的维生素C与矿物质，可以有效地提供身体足够的营养，增强身体的抵抗力与抗病力，对于促进新陈代谢与消除疲劳也有很大的帮助。肝病、哮喘病因天气转暖、气温变化大，也易复发，水梨可以舒缓春天容易上火的症状，可为身体补充水分，还可以有效地平肝火，对于保护肝脏具有很好的作用。春天的柳絮花粉飞扬千里，使人容易发生各种过敏反应，宜多吃洋葱，它具有抑制哮喘等过敏病症发病的作用。另外，春天易患高血压症，可常食含钾多的梨、香蕉、橘子、绿豆等，能降低血压。

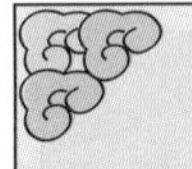

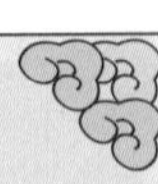

TIPS

春季保健操

1.一脚或前或后，轻轻踮起脚尖，再轻轻放下脚跟着地，一脚做几次，再换另一脚，感觉头目舒适即可。

2.两脚张开，约与肩同宽，前脚掌稍向外张，角度以感觉身体舒适为原则，右手置于耳旁，手掌向上，右肩稍向前或向后活动，感觉右肋部有热气冲出来为度，再换另一只手。

此操有舒肝健脾，舒经活络，消除体内积滞的功效。

养生食谱推荐 >>

香蒜蜜汁

养生谈 大蒜有很好的杀菌、清除自由基、抗衰老的功效；香菜、胡萝卜可很好地去除蒜味，亦有很好的保健作用。此菜不仅汁香味甜，还对增强人体免疫力大有帮助。

【材料】香菜150克，大蒜3瓣，胡萝卜5根

【调料】蜂蜜少许

【做法】1.把蒜瓣剥皮，洗净；香菜洗净，切成小段；胡萝卜洗净，切成块。

2.先把大蒜放入榨汁机榨成汁，然后放入切好的香菜段和胡萝卜块，一起榨取原汁。

3.加入适量蜂蜜调匀，即可饮用。

辣椒生姜胡萝卜汁

【材料】胡萝卜、辣椒各2个

【调料】菠萝汁适量，生姜3片

【做法】1.将胡萝卜洗净，切成片；将辣椒洗净，切成四半，去掉中间的子；将生姜去掉皮，洗净，切成薄片。

2.把准备好的胡萝卜片、辣椒、生姜片一同放入榨汁机中，将榨出的汁注入准备好的玻璃杯中。

3.为了使口味更好，可适当加入菠萝汁调味。

养生谈 这是一道具有辛辣风味的混合汁，也许味道不如一般的果汁甜美，但却具有极佳的杀菌、保健、抗病效果。它富含胡萝卜素、B族维生素、维生素C、维生素E、叶酸、钙、镁、磷、钾、铁、锌等，是一款优质的排毒汁，可刺激消化系统和内循环系统，降低血压，还可以防癌、抗感染。长期饮用可很好地强身健体、预防感冒。

酸奶香蕉羹

【材料】香蕉3根，酸奶100克，柠檬汁20克

【调料】蜂蜜20克

【做法】1.将香蕉去皮，捣成泥状。

2.将柠檬汁与酸奶放入香蕉泥中，搅拌均匀。

3.最后放入适量蜂蜜搅拌，即可食用。

养生谈

香蕉果肉中的甲醇提取物的水溶性部分，对细菌、真菌有抑制作用，对人体具有消炎解毒的功效；柠檬中含有烟酸和丰富的有机酸，具有较强的杀菌作用；另外蜂蜜在室温下放置数年不会腐败，表明其防腐作用极强。实验证实，蜂蜜对链球菌、葡萄球菌、白喉杆菌等有较强的抑制作用。

白果炒百合

【材料】白果、百合各150克，西芹50克

【调料】盐、白糖、水淀粉、鸡精、高汤各适量

【做法】1.百合洗净。

2.西芹洗净，切段后再顺切成条。

3.锅中倒油烧热，放入白果炒熟，再加入西芹、百合、白糖、盐、高汤、鸡精煮沸，用水淀粉勾芡即可。

养生谈

白果中的白果酸、白果酚等有抑菌杀菌的作用，可治疗呼吸道感染性疾病。白果水浸剂对各种真菌有不同程度的抑制作用，可止痒疗癣。此菜可抗菌消炎，提高机体免疫力。

奶油洋葱烤排骨

【材料】排骨400克，洋葱100克，葱花各少许

【调料】A.黑胡椒、鸡精各少许，牛排酱15克，甜辣酱、白糖各30克

B.奶油适量

C.水淀粉、沙茶酱、盐、柠檬皮各适量

【做法】1.排骨洗净，放入碗中，加入调料A抓匀，放入冰箱冷藏室中腌一晚后取出备用；洋葱去皮，洗净切丝。

2.烤箱预热，放入腌好的排骨烤至七成熟，取出备用。

3.锅置火上，放入调料B与洋葱丝烧融，加入烤好的排骨，再加入调料C拌匀，撒上葱花即可。

养生谈 洋葱鳞茎和叶子含有一种油脂性挥发物，具有辛香辣味，这种物质能抗寒，抵抗流感病毒，有很强的杀菌作用；再加上葱中所含的大蒜素，具有明显的抵御细菌、病毒的作用。因此本品非常适合感冒患者食用。

苹果蔬菜粥

【材料】大米、苹果、甜玉米粒、西红柿、圆白菜各50克，鲜香菇5朵，芹菜1段

【调料】盐适量，姜片5片

【做法】1.将大米淘洗净；苹果洗净去核切丁；西红柿洗净切小块；圆白菜洗净切丝；香菇洗净切丁；芹菜洗净切小段；全部材料放入锅中，加适量水，同煮成粥。

2.加盐调味，即可食用。

养生谈 苹果对杀灭传染性病毒有辅助食疗的作用，常吃苹果的人远比不吃或少吃苹果的人得感冒概率要低。现在空气污染比较严重，多吃苹果可改善呼吸系统和肺功能，保护肺部免受污染和烟尘的影响。

第二节 夏季——清热解暑

XIAJI—QINGREJIESHU

夏天，从立夏之日起，到立秋之日止。一年四季中，夏季是阳气最盛的季节，气候炎热而生机旺盛。此时是人体新陈代谢最快的时期，阳气外发，伏阴在内，气血运行也相应地旺盛起来，活跃于机体表面。夏季皮肤毛孔开泄，而使汗液排出，通过出汗调节体温，适应暑热的气候。

随季隐患

夏季骄阳似火，天气炎热，使得人体生理功能减退，心脏供血不正常，常常危及人们的健康。引起疾病的气象因素主要包括温度、湿度、气压、风力、日光等。这些因素或单独“行动”，或综合对人体发起“侵袭”，通过人体的皮肤、黏膜、感觉器官和神经系统，引起代谢、内分泌、体温调节等一系列功能失调。

中医所说的“六淫”致病（即风、寒、暑、湿、燥、火）正是气象过敏的充分体现。在“六淫”的作用下，人容易感觉口渴，人体容易上火，这是由于夏季的暑热湿气进入人体后，身体的毛孔张开，造成过多的流汗，随着汗液流失的钾离子增多，从而造成血液中缺钾的症状，会使人倦怠，还会头晕，甚至吃不下东西。

蔬果养生经

夏季阳气在外，阴气内伏，人的消化功能较弱，食物调养应着眼于清热消暑，健脾益气。因此，饮食要选清淡爽口，少油腻，易消化的食物。

根据夏季的不同特点，又有不同的养生要求，中医认为“盛夏防暑，长夏多湿”，因此，盛夏宜吃清热食物，长夏宜吃利湿的食物。

另外，因酷暑盛夏出汗多，会造成钾离子过多丧失，建议多吃含钾的蔬果，如草莓、荔枝、李子、桃子、莴笋、香菜、黄花菜等。

夏季也要注意清热解暑，补充足够的水分，多吃富含维生素C的蔬果，如水梨、西红柿、西瓜、石榴、猕猴桃、茄子、白萝卜、白菜、圆白菜等，但切忌暴食冷饮、生冷瓜果等。食冷无度会使胃肠受寒，引起疾病。

养生食谱推荐 >>

莲藕冬瓜扁豆汤

【材料】莲藕380克，冬瓜450克，扁豆75克，瘦肉150克

【调料】姜片、盐各适量

【做法】1.莲藕去皮，洗净，切块；冬瓜洗净去皮，切厚块；扁豆洗干净。

2.瘦肉洗净切小块，氽后再冲洗干净。

3.锅里放适量水，待水开后，下莲藕块、冬瓜块、扁豆、瘦肉块、姜片，先大火煮沸。

4.改慢火煲2个小时，下盐调味即成。

养生谈 冬瓜有利尿、化痰和清热之作用，夏天来一碗冬瓜汤，暑热全消；同时，藕也能消暑清热，是夏季良好的祛暑食物，而且冬瓜汤能利小便、清热润肺。因此本品是去火养生之良品。

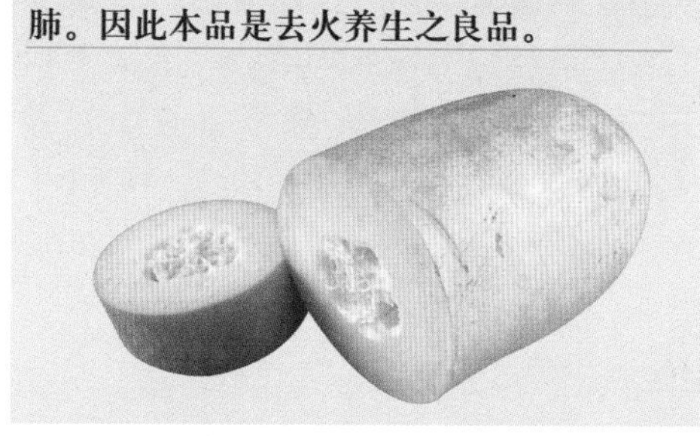

绿豆藕汤

【材料】鲜藕200克，绿豆50克

【调料】高汤、盐各适量，胡椒粉、鸡精各少许，姜1块

【做法】1.将绿豆洗净，用清水泡2小时；鲜藕去皮，去节，洗净，切片；姜切片。

2.锅置火上，放入适量水，下藕片煮5分钟捞出，用凉水冲净。

3.锅内加高汤，烧开后下藕片、绿豆、生姜片同炖，至绿豆酥烂时，加胡椒粉、盐、鸡精调味，装碗即可。

养生谈 藕性寒，味甘、涩，可以消暑清热、是夏季良好的祛暑食物，中医认为，生藕可清淤清热、除烦解渴；绿豆性味甘凉，有清热解毒之功，夏季在高温环境下工作的人出汗多，水液损失很大，体内的电解质平衡遭到破坏，用绿豆煮汤来补充是最理想的方法，能够清暑益气、止渴利尿，不仅能补充水分，而且还能及时补充无机盐，对维持体内电解质平衡有着重要意义。此汤具有清暑热、解内毒、补体液等功效。

蘑菇炖豆腐

养生谈

豆腐味甘、凉，具有宽中和脾、生津润燥、清热解毒的功效。竹笋性味甘寒，具有滋阴凉血、清热化痰、解渴除烦、利尿通便的功效。此品是夏天清热解暑、生津止渴的佳品。

【材料】嫩豆腐500克，鲜蘑菇50克，熟竹笋片25克

【调料】清汤、酱油、香油、盐、味精各适量

【做法】1.将嫩豆腐切成约2厘米见方的小块，用沸水汆烫后，捞出待用。

2.把鲜蘑菇削去根部黑污，洗净，放入沸水中汆烫1分钟，捞出，用清水漂凉，切成片。

3.在砂锅内放入豆腐块、笋片、鲜蘑菇片、盐和清汤（浸没豆腐为准），用中火烧沸后，转小火上炖约12分钟，加入酱油、味精，熟后淋上香油即成。

水梨西瓜羹

【材料】西瓜450克，水梨200克

【做法】1.将水梨洗干净，去皮与核，切成块状。

2.将西瓜去皮与子，果肉切成块状。

3.将水梨块与西瓜块放入榨汁机中，打成泥状即可饮用。

养生谈

西瓜含有大量水分、多种氨基酸和糖分，可有效补充人体的水分，防止因水分散失而中暑。同时，西瓜还可以透过利小便排出体内多余的热量而达到清热解暑的辅助功效。梨性味甘寒，能促进食欲，帮助消化，并有利尿通便和解热的作用，可用于高热时补充水分和营养。此羹能有效消除中暑症状。

芦笋浓汤

【材料】芦笋300克，土豆2个，鲜奶油120克，蛋黄2个

【调料】盐、胡椒粉各适量，鸡汤240克

【做法】1.芦笋洗净，去掉根部；土豆去皮，洗净，切成小丁。

2.锅内添加适量清水，放入芦笋煮5分钟，捞出，将芦笋上部嫩尖切下备用，其余部分切成段，重新放入锅内，加入土豆丁，再倒入鸡汤，用小火继续煮15分钟。

3.捞出汤里的菜，用家用搅拌机绞成菜泥；蛋黄搅匀加入鲜奶油，打成蛋液后，与菜泥混合搅匀，倒入汤中，加入盐和胡椒粉调好口味，再次烧开，撒入备用的芦笋尖，即可出锅盛入汤碗中。

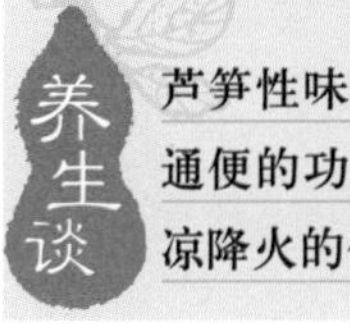

养生谈 芦笋性味甘寒，有清热利下通便的功效。夏季食用有清凉降火的作用，能消暑止渴。

香瓜蜜桃瘦身汁

【材料】香瓜半个，水蜜桃1个，柠檬半个榨汁

【做法】1.香瓜削皮，用汤匙清除中间的子后，清洗切块备用。如果是熟透的香瓜，也可保留中间的子。

2.水蜜桃去薄皮，取果肉切块，放入榨汁机中。

3.将香瓜块也放入榨汁机中，接着倒入300克的冷开水，最后将新鲜柠檬汁加入，在榨汁机内充分搅打均匀即可。

养生谈 香瓜含有大量的碳水化合物及柠檬酸、胡萝卜素和维生素B_1、维生素C等，且水分充足，可消暑清热、生津解渴、除烦等。

腰果脆皮冬瓜

【材料】冬瓜200克，腰果50克，面粉25克，香菜末少许

【调料】盐、味精、白糖、淀粉、清水各适量

【做法】1.将冬瓜去皮、去子、洗净、切条，用沸水汆一下，沥水装盘。

2.用面粉、淀粉、盐、味精、白糖、水调成面浆，放入冬瓜条挂匀。

3.锅内倒油加热，放入挂好面糊的冬瓜条，炸至金黄色装盘。

4.锅内留底油，放入腰果炒香，倒入炸好的冬瓜条，加少许盐，翻炒均匀，撒上香菜末即可。

养生谈 冬瓜性寒，属低脂肪、低热量蔬菜，夏季多吃冬瓜，不但解渴消暑、利尿、养胃生津、清降胃火，还可使人免生疔疮。但因冬瓜性寒，故久病之人与阴虚火旺者应少食。

苦瓜菠萝鸡

【材料】苦瓜200克，鸡腿70克，菠萝100克

【调料】盐5克

【做法】1.苦瓜洗净、去膜及子，切块；菠萝切块；鸡腿洗净，放入滚水中汆烫捞出备用。

2.苦瓜块及鸡腿一起放入锅中，加适量水及菠萝块，煮至熟烂，加入盐调味即可端出。

养生谈 苦瓜虽性寒味苦，但它所具有的一种独特的苦味成分——奎宁，能抑制过度兴奋的体温中枢，起到消暑解热的作用。在炎热夏季，小儿常会生出痱子，用苦瓜煮水擦洗，有清热止痒祛痱的功效。除了解热外，苦瓜还有助于增强免疫力，促进皮肤新陈代谢，增加皮肤的生理活性及弹性。菠萝有清热解毒、生津止渴等作用，且含丰富钾元素，因此有利尿、降血压的功效。

第三节 秋季——抗燥润干

QIUJI—KANGZAORUNGAN

按照中国人的习惯，立秋标志着秋季的开始。秋天是成熟收获的季节，是为冬天的“藏”作铺垫作准备的季节，所以秋季养生讲究一个“收”字。秋季的主要特点是“燥”和“干”，立秋过后，湿气去而燥气来，初秋时天气尚热，所以燥而热；到了深秋季节，天气转凉，就会变得燥而凉，燥热和燥凉，这就是传统养生所关注的秋季特点。秋燥当令，人们往往会有口干舌燥、皮肤干燥、大便干结等现象。

随季隐患

天气的特点反映在人们身上，同样可以表现为温燥和凉燥。温燥初起时多见身热头痛、干咳无痰，有时咯痰黏腻不爽、气逆而喘，多见咽喉干痛、鼻干唇燥、心烦口渴、舌尖舌边红、苔薄白而燥等症状；凉燥初起时多见头痛身热、恶寒无汗、鼻寒流涕、如受风寒，症状多见唇燥咽干、干咳连声、舌苔薄白而干等症状。

受燥侵袭出现不适之证，常常类似于“感冒”，同时伴有上火、便秘等现象。区分温燥与凉燥的关键问“心”，心里面感觉烦热者为温燥；感觉寒凉者为凉燥。

蔬果养生经

中医认为燥病的治疗一般以清肺、润燥、生津为主。这个季节的饮食原则为选择清凉生津润燥的食物，以达到养生健体的目的。多吃一些酸味的水果蔬菜，多喝开水、豆浆、果汁，由于新鲜蔬果具润燥通便的功能且富含水分，多食可补津液。另外在秋季，要经常食用含有丰富维生素A与维生素E的蔬果来帮助滋润肺部，为身体补充充足的水分。要少吃辛味的葱、姜、蒜、辣椒。

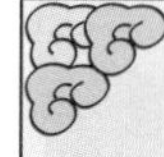
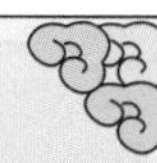

TIPS

秋季应少洗澡

1.进入秋季以后，不要过度清洁皮肤，两天一澡为宜。否则，会把人身体表面起保护作用的油脂洗掉。2.洗澡时选用的浴液一定要选择碱性小的，pH值为中性的最好。3.沐浴后最好涂一层可以润肤、保湿的护肤品。4.切忌用过热的水洗澡，否则，会让肌肤变得更干燥，出现发红甚至脱皮的现象。

养生食谱推荐 >>

苦瓜香菜皮蛋汤

【材料】苦瓜1条，皮蛋2个，香菜1根，红椒半个，姜2片

【调料】盐适量

【做法】1.苦瓜洗净，去子、切薄片，抹上少许盐腌一下，去除苦味后再冲净。

2.皮蛋去壳，切成6瓣；香菜洗净取叶；红椒切丁，备用。

3.汤锅内倒入清水，放入苦瓜片以大火煮滚，加入皮蛋、姜片煮滚后加入香菜叶，汤汁一滚即可加盐调味，熄火，加上红椒丁，盛入汤碗即可。

养生谈 清凉退火并不只是夏季的专利，秋天更需要退火润燥。该汤中，苦瓜含膳食纤维及维生素C丰富，皮蛋助消化，香菜对防治牙龈肿痛和咽喉发炎有食疗效果，是一道适宜秋季的汤品。

红酒浸雪梨

【材料】梨4个，红葡萄酒1瓶

【调料】白糖、丁香、陈皮、柠檬汁各适量

【做法】1.雪梨去皮留梗，对剖成两半，去子后放入大碗中备用。

2.锅内放红葡萄酒、柠檬汁、白糖、丁香、陈皮，煮沸后改小火慢煮5分钟。

3.加入雪梨用小火慢煮15分钟后熄火。

4.将雪梨浸泡在汁水中，放入冰箱冷藏，食用时取出即可。

养生谈 梨性味甘寒，具有清心润肺的作用，对肺结核、气管炎和上呼吸道感染的患者所出现的咽干、痒痛、音哑、痰稠等症皆有疗效。另外，梨还具有润燥消风的功效，在秋季气候干燥时，人们常感到皮肤瘙痒、口鼻干燥，有时干咳少痰，每天吃一两个梨可缓解秋燥，有益健康。不过梨吃多了会伤及脾胃；凡脾虚便溏、肺寒、胃寒、血虚者以及产妇、小儿出痘后都不宜吃梨。

木瓜莲子煲鲫鱼

【材料】木瓜1个(500～600克)，莲子20克，鲫鱼1～2条(300～600克)

【调料】盐适量

【做法】1.把鲫鱼洗净，宰净去肠杂，放入油锅中，用慢火稍煎至微黄。

2.莲子去心洗净，用清水浸泡片刻；木瓜洗净后去皮，切成块状，备用。

3.把木瓜块、莲子、鲫鱼一起放入瓦煲内，加入清水，先用大火煲沸后，改用小火煲2个小时，调入适量盐即可。

养生谈

本汤气味清甜、香润，具清心润肺、健脾益胃的功效，为秋冬干燥季节的清润汤品。同时，亦适用常见疾病的愈后滋补。

莲藕甘蔗汁

【材料】新鲜莲藕150克，新鲜甘蔗50克

【做法】1.将莲藕洗净，刮去皮，切成薄片；将甘蔗去皮，洗净，切成细条。

2.将莲藕片、甘蔗条一同放入榨汁机中，待汁液完全榨出后，倒入准备好的玻璃杯中。

3.在混合汁液中对入适量的白开水，以补充人体所需水分，同时避免过甜。

养生谈

从中医养生观念来看，秋冬季节，干燥的气候容易损伤津液，会出现口唇及舌咽干燥、口渴、干咳、皮肤干燥、毛发干枯、大便秘结等症状，因而秋季养生首先必须注重养阴润燥。此混合汁即有这样的功效，因而特别适合秋季保健之用。但糖尿病患者不可饮用。

养生谈 丝瓜中含有丰富的蛋白质、脂肪、碳水化合物、膳食纤维、钙、磷、铁、瓜氨酸以及核黄素等B族维生素、维生素C，还含有人参中所含的成分——皂苷。秋天女性多吃丝瓜对身体非常有益，可润肺凉血、解毒通便、祛风化痰、润肌美容、通经络、行血脉。

西红柿炒丝瓜

【材料】丝瓜350克，西红柿2个，黑木耳少许

【调料】盐、白糖、味精各适量

【做法】1.将丝瓜去皮，洗净，切成滚刀块；黑木耳泡发后洗净，撕成片；西红柿洗净，用开水烫后剥皮，切成大小相等的块。

2.大火热锅加油，烧热后投入切好的丝瓜块、西红柿块，翻炒几下，再加黑木耳片略炒一下，加盐、白糖调味，烧1～2分钟后放味精炒匀即可盛出。

奶香菜花

【材料】菜花200克，牛奶300克，奶酪100克，面包屑20克，香菜1棵

【调料】牛油、盐各少许

【做法】 1.将菜花洗净，掰成小朵，用沸水汆一下，撒上盐，放进微波炉里用高火加热6分钟。

2.将香菜和乳酪分别切末。

3.将烹好的菜花放入盘内，倒入牛奶，加面包屑、奶酪末、香菜末、牛油，用高火加热5分钟。冷却后即可。

养生谈 菜花富含蛋白质、脂肪、糖类及较多的维生素A、B族维生素、维生素C和较丰富的钙、磷、铁等，有爽喉、润肺、止咳等功效。

第四节 冬季——驱寒温体

DONGJI—QUHANWENTI

冬季从立冬开始，经过小雪、大雪、冬至、小寒、大寒，直至立春前一天止。从自然界万物生长规律来看，冬季是万物闭藏的季节，自然界是阴盛阳衰，各物都潜藏阳气，以待来春。冬季之风为北风，其性寒。“寒”是冬季气候变化的主要特点，因此，冬季保健就显得尤为重要。

随季隐患

冬季气候变化多端，时而由寒转暖，时而由暖转寒，常有一昼夜温度相差十几摄氏度的现象，这种反常的气象变化，会导致某些传染病的流行。

冬季，常有寒潮大风天气，由于日温差大和低温的强烈刺激，发生疾病的可能性明显增加。冬季严寒易使裸露部位发生冻伤，如不及时护理，冻伤部位会淤血、水肿，最后坏死。冬季空气湿度较小，鼻腔黏膜干燥，弹性减小，容易造成微小的裂口，病菌乘虚而入，容易诱发感冒。

冬季寒冷可以引起许多疾病复发或加重，尤其对呼吸道的影响最为明显。寒冷还可以增加血液黏稠度和微血管的脆性，因而冠心病、高血压患者也容易旧病复发。

蔬果养生经

冬季饮食养生的基本原则应该是以“藏热量”为主，因此，冬季宜多食温热性质的蔬果，如萝卜、核桃、栗子、甘薯、苹果、香蕉、荔枝、樱桃、柚子、桂圆、红枣等。它们具有补血与补气的作用，能够有效地温暖身体，促进血液循环，并且帮助驱逐身体的寒冷。同时，还要遵循“少食咸，多食苦”的原则：冬季为肾经旺盛之时，而肾主咸，心主苦，当咸味吃多了，就会使本来就偏亢的肾水更亢，从而使心阳的力量减弱，所以，应多食些苦味的食物，以助心阳。

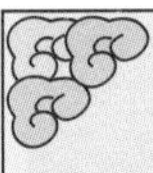

TIPS

冬季运动换气

冬季运动换气，不要张大嘴呼吸，以免冷空气直接刺激咽喉，引起上呼吸道感染及咳嗽。宜采取鼻吸口呼的方式，因为鼻黏膜有血管和分泌液，能对吸进来的空气起加温作用，并抵挡住空气里的灰尘和细菌。随着运动量的增大，只靠鼻吸气感到憋闷时，可用口帮助吸气，口宜半张，舌头卷起抵住上腭，让冷空气从牙缝中出入。

养生食谱推荐 >>

川椒炒姜芽

【材料】鲜嫩姜芽400克，蒜苗1根，干红辣椒10个

【调料】料酒8克，盐适量，味精少许，白糖5克

【做法】1.姜芽洗净，切成丝；蒜苗段洗净，切成3厘米长的斜段；干红辣椒洗净，切丝。

2.锅中倒入油烧热，放入姜芽丝、蒜苗段煸炒，即刻捞出。辣椒丝放入余油中煸炒出香味，把姜芽丝、蒜苗和调料依次下锅，炒熟即可。

养生谈 **生姜的提取物能刺激胃黏膜，引起血管运动中枢及交感神经的反射性兴奋，促进血液循环，振奋胃功能，达到健胃、止痛、发汗、解热的作用；辣椒性温，味辛，具有强烈的促进血液循环的作用，可以改善怕冷、冻伤等症状。此菜可驱冷暖身，是冬季保暖的佳品。**

炒萝卜丝

【材料】胡萝卜、白萝卜各100克，冬笋、黄瓜、洋葱、胡萝卜各25克

【调料】鲜汤、盐、白糖、水淀粉、醋、鸡蛋清、香油各适量

【做法】1.黄瓜、洋葱洗净，黄瓜切条，洋葱切小片。

2.胡萝卜、白萝卜去皮，切成小片，入沸水中烫透捞出，晾凉，控净水。冬笋、胡萝卜洗净，切小片。

3.将洋葱片、白萝卜片、胡萝卜片、冬笋片、黄瓜条放入碗中，加入鸡蛋清、部分水淀粉稍挂糊，倒入热炒锅中煸炒，加醋、白糖、鲜汤、盐，用剩余水淀粉勾芡，翻炒均匀，淋上香油，出锅装盘即成。

养生谈 **洋葱鳞茎和叶子含有一种油脂性挥发物，具有辛香辣味，这种物质能抗寒，抵抗流感病毒，有很强的杀菌作用。**

第七章

蔬果适宜人群

人的一生会经历婴幼儿期、青少年期、中年期、老年期。在不同时期都有着不同的营养需要。随着时间的变化，所处环境的改变，稍不留神，身体就会发出警报。如何让自己的身体始终处于最佳状态？在蔬果中寻找适合自己的健康佳品吧。

第一节 婴幼儿健康成长

YINGYOUERJIANKANGCHENGZHANG

婴幼儿期是指从出生至六七岁这一时期。这一时期又包括婴儿期（出生至1岁）、幼儿前期（1至3岁）、幼儿期（3岁至6、7岁）。有关专家认为，婴幼儿期是人一生中身心各方面发展最快的时期。因此，这一时期要格外关注宝宝。

生理解密

随着婴儿的逐渐长大，母乳或婴儿配方奶粉逐渐无法满足宝宝的营养需要，要给婴幼儿添加辅食，让他（她）逐渐适应其他味道的食物，并学习咀嚼及练习使用餐具，逐渐接受大人的饮食方式。婴幼儿辅食的选择以天然新鲜、易消化吸收、注意卫生、少加盐加糖、不油腻为原则。婴幼儿期的饮食需要摄入较高的热量和各类营养素，在对饮食调整的同时，要注意营养均衡。

孩子周岁以后，肌肉、骨骼等生长快速，新陈代谢及活动量旺盛，故每公斤体重的热量需求比成年人要高，当然实际需要量会依每个孩子活动量及吸收量有所调整。除注意营养均衡外，应避免让孩子习惯摄取过甜、过咸、过辣及油炸的食物。

蔬果养生经

此时，每一种营养物质对婴幼儿来说都具有特殊的意义。

维生素A主要是促进幼儿生长，增加对传染病的抵抗力，其中深绿色或红色、黄色的水果蔬菜中含有大量的胡萝卜素，在体内可转化成维生素A。

维生素D能增强机体的抗病能力，对维持婴幼儿牙齿、骨骼、血管、肌肉的正常生理功能和健康发育有十分重要的作用，因此婴幼儿应尽早补充菜汤、橘子水、西红柿汁等各种富含维生素D的水果和蔬菜。

维生素E具有抗氧化作用，能阻止维生素A和不饱和脂肪酸的过度氧化，婴幼儿血液中维生素E浓度较低，故细胞膜受到损伤后，溶血率较高，应注意膳食中有足够的维生素E，特别是早产婴儿，其血浆中维生素E含量更低，这是因为通过胎盘血为胎儿输送的维生素E有限，更要适当补充，植物油中维生素E含量较为丰富，绿叶蔬菜和辣椒、坚果类、豆类也是维生素E的良好来源。由此可见，蔬果是营养素的重要来源，要鼓励孩子多吃。

养生食谱推荐 >>

南瓜焖饭

【材料】大米50克，南瓜80克，洋葱1/4个

【调料】奶油5克，鸡汤300克，盐、胡椒粉各适量，豆蔻粉少许

【做法】1.大米洗净备用；南瓜洗净，去皮和子，切丁；洋葱切丁。

2.奶油放入平底锅中加热至融化，加入洋葱丁炒至金黄色盛出。

3.南瓜放入锅中炒软至出水，加入做法2及大米、鸡汤，煮20分钟左右至米粒变软、熟烂，加入适量的盐、胡椒粉调味，盛入盘中，撒上豆蔻粉即可。

养生谈

南瓜中含有丰富的锌，锌能参与人体内核酸、蛋白质的形成，是肾上腺皮质激素的固有成分，为人体生长发育的重要物质。

综合蔬菜米糊

【材料】胡萝卜、小白菜、油菜、婴儿米粉各适量

【做法】1.将所有的蔬菜洗净，切成细碎状。

2.将蔬菜碎放入沸水中，煮约2分钟关火。

3.待水稍凉后，将蔬菜滤出，并留下菜汤。

4.将蔬菜汤加入婴儿米粉中拌匀即可。

养生谈

小白菜是含矿物质、维生素最丰富的蔬菜，其维生素C含量是大白菜的3倍，胡萝卜素含量是大白菜的74倍；其所含的矿物质能促进骨骼的发育，加速人体的新陈代谢和增强机体的造血功能。经常哭闹的婴幼儿多吃小白菜有助于保持平静的心态，另外，荨麻疹患者也可多吃小白菜。但脾胃虚寒、大便溏薄者不宜多食。

核桃红枣羹

【材料】核桃仁2块，红枣6颗，营养米粉40克

【调料】白糖适量

【做法】1.将核桃仁、红枣用清水洗净，放入锅中蒸熟。

2.将蒸熟的红枣去皮去核，与蒸熟的核桃一起碾成糊状，可保留细小颗粒。

3.将营养米粉用温水调成糊,加入核桃红枣泥一起搅拌均匀。

红枣富含维生素C及矿物质，更是传统的补血食品，对宝宝同样有效；核桃富含B族维生素及必需的脂肪酸，亦是传统的补肾食品，可防止宝宝小便过多。适合8个月以上的宝宝食用。

炒蔬菜五宝

【材料】胡萝卜100克，削皮荸荠20克，土豆、蘑菇各10克，水发黑木耳5克

【调料】盐、味精各适量

【做法】1.黑木耳洗净，撕成片。

2.胡萝卜、土豆洗净削皮，改刀成片。削皮荸荠、蘑菇洗净，切片。

3.炒锅加油烧热，先炒胡萝卜片，再放入蘑菇片、荸荠片、土豆片、黑木耳，炒熟后加适量盐、味精调味即可。

胡萝卜中所含的维生素A是骨骼正常生长发育的必需物质，有助于细胞增殖与生长，对促进婴幼儿的成长具有重要意义；荸荠中含的磷是根茎类蔬菜中含量最高的，能促进人体生长发育和维持正常生理功能，对牙齿、骨骼的发育也有很大好处，同时可促进体内糖、脂肪、蛋白质三大物质的代谢，调节酸碱平衡，因此，荸荠非常适合儿童食用。再加上蘑菇健脑，黑木耳补血，土豆中有丰富的膳食纤维和维生素，组成了营养全面的儿童佳肴。

此汁酸甜适口，营养丰富，有生津止渴，补充维生素C的作用。

西红柿汁

【材料】西红柿300克

【调料】白糖适量

【做法】1.将成熟的西红柿洗净，用沸水汆烫至软去皮，然后切碎。

2.用清洁的双层纱布将西红柿包好，把西红柿汁挤入小盆内。

3.将白糖放入汁中，用温水调后即可饮用。

葡萄干土豆泥

【材料】土豆50克，葡萄干5克，樱桃1颗

【调料】蜂蜜少许

【做法】1.葡萄干用温水泡软，切碎备用。

2.土豆洗净，蒸熟去皮，做成土豆泥备用。

3.小锅烧热，加少许水，煮沸，下土豆泥、葡萄干，转小火煮。

4.出锅前，加入蜂蜜调匀，晾一晾，放上樱桃点缀，即可喂食。

土豆中含有钙、铁、铜等矿物质，其中钙是宝宝骨骼和牙齿发育的主要物质。葡萄干含铁极为丰富，是婴幼儿和体弱贫血者的滋补佳品。此菜软烂味美，营养丰富。适用于12个月左右的宝宝食用。

米银耳胡萝卜汤

【材料】银耳20克，胡萝卜100克，嫩玉米适量

【调料】盐适量

【做法】1.将银耳浸水泡开，去蒂，撕成小朵；胡萝卜洗净去皮、切块；嫩玉米洗净切段。

2.将煲内倒入清水煮沸，放入玉米段、胡萝卜块和银耳翻搅均匀，用大火煮沸，加盐，用小火煮至汤汁黏稠即可。

养生谈

银耳富含维生素D，能防止钙的流失，对生长发育十分有益；胡萝卜能提供丰富的维生素A，具有促进机体正常生长与繁殖、防止呼吸道感染及保持视力正常、治疗夜盲症和眼干燥症等功能；玉米中含有大量的钙、蛋白质、糖和膳食纤维，具有帮助消化，促进骨骼生长的功效，对于正处于成长阶段的儿童十分有益。

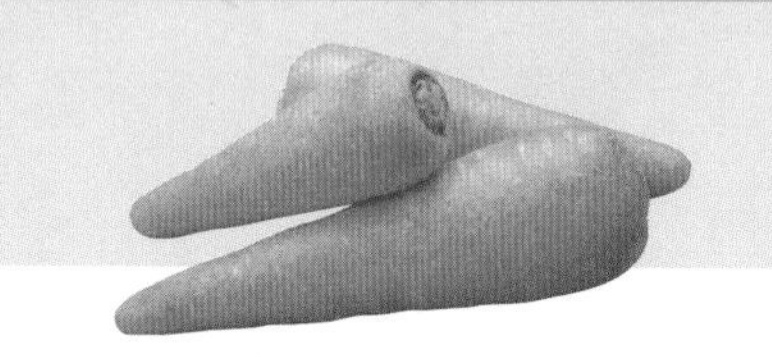

海米炒苋菜

【材料】苋菜150克，海米5克

【调料】盐适量

【做法】1.苋菜洗净，切段，用开水汆一下，捞出沥干水分备用。

2.海米洗净，备用。

3.油锅置火上烧热，依次放入海米末、盐、苋菜段，煸炒至熟软即可。

养生谈

苋菜中铁的含量是菠菜的1倍，钙的含量则是3倍，且苋菜中不含草酸，所含钙、铁进入人体后很容易被吸收利用，因此，苋菜能促进小儿的生长发育，对骨折的愈合具有极佳的食疗价值。此菜适合4~6岁的儿童食用。

胡萝卜菠菜粥

养生谈 胡萝卜和菠菜中所含的胡萝卜素，在人体内转变成维生素A，能维护正常视力和上皮细胞的健康，增加预防传染病的能力，促进儿童生长发育。

【材料】胡萝卜50克，菠菜50克，大米50克

【做法】1.胡萝卜削皮洗净，切成小丁；菠菜用水氽熟，切成碎末，备用。

2.大米淘洗干净，加适量水煮开后转小火熬煮至软烂，加入胡萝卜丁。

3.熬煮至胡萝卜丁也煮至软烂，放入菠菜碎，稍煮片刻，即可关火食用。

奶油蘑菇汤

【材料】新鲜蘑菇100克，鲜奶1杯，中筋麦粉4大匙

【调料】奶油4大匙，高汤1杯，盐半小匙

【做法】1.新鲜蘑菇洗净，切片。

2.将奶油入锅，溶解时放入麦粉用小火炒香，微黄时加入高汤炒成浓糊状，再慢慢加入鲜奶炒匀。

3.放入蘑菇片煮熟，并加盐调味，待熟软并汤汁黏稠时，即可熄火，盛出食用。

养生谈 蘑菇营养丰富，蛋白质含量在30%以上，比一般蔬菜、水果的含量要高，还含有钙、铁、锰等人体必需的矿物质以及各种含量极高的维生素。蘑菇的营养价值高，还在于这些营养物质容易被人体吸收利用。此汤特别适合正在长身体的幼儿食用。

第二节 青少年健脑益智

QINGSHAONIANJIANNAOYIZHI

据美国科学家研究表明，假定17岁少年的智力为100，4岁时智力达50，8岁时就已有80了。可见人的一生中，青少年时期是智力发展最主要、最迅速的时期。青少年智力的发育很大程度上取决于营养，如果营养合理，就能够促进大脑发育，提高智力。

生理解密

青少年时期生长发育迅速，代谢旺盛，此时不仅是长身体的最佳时期，也是长知识的最佳时期，所以，无论是中小学生，还是大学生，每天都沉浸在知识的海洋里，精神高度紧张，容易使大脑调节失常而出现失眠、多梦、记忆力下降、精力不集中等症状。此外，青少年课余活动量大，出汗较多，能量消耗明显高于生理需求量。因此，调补的办法重在摄取足够的饮食与营养。从调节大脑的角度讲，中医认为：脑为髓海，肾主藏精，主发育，精能生髓，而肾精又依赖营养的补充。摄入充足的营养，是保证大脑正常运转的物质基础。加之青少年发育迅速、消耗量大，在各种营养素的搭配上应优于成人。

蔬果养生经

补益药膳应以益气养阴，补脾宁心，滋补肝肾，聪脑宁神为主，根据孩子增智的需要，家长应为他们选择合理的健脑食物，选择原则是：补充必要的脂肪，要荤素搭配，尤其要多吃碱性食物。如：胡萝卜，含丰富的维生素B_2；缺乏维生素B_2的人，会发生思维迟缓和忧郁症状。菠菜，不仅含维生素A、维生素C，尤为重要的是含有对大脑记忆功能有益的维生素B_1和维生素B_2。此外菠菜中还含有叶绿素和钙、铁、磷等矿物质，也具有健脑益智作用；海带，含有丰富的人体必须的矿物质，对保护视力和大脑发育有重要的作用。

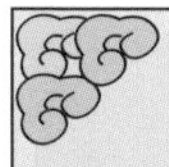

TIPS

养成吃早餐的习惯

处于学习阶段的青少年，常由于早上时间紧张，来不及吃早餐或随便对付一口了事。这样，对大脑的损害非常大，因为不吃早餐造成人体血糖低下，对大脑的营养供应不足，而上午又是功课最多的时候，大脑需要的能量得不到供应，长期下去，会影响功课和大脑的发育。早餐中鲜牛奶最为适宜，它不仅含有优质的蛋白质，而且还含有大脑发育所必需的卵磷脂。

养生食谱推荐 >>

萝卜蛋黄土豆泥

养生谈 蛋黄含丰富的蛋白质、脂肪、钙、卵磷脂和铁质等成分，尤其是卵磷脂经消化吸收之后，可促进大脑发育，提高记忆力，帮助刚刚睡醒的昏沉脑袋快点清醒。

【材料】胡萝卜1根，鸡蛋2个，土豆2个

【调料】盐适量

【做法】1.胡萝卜和土豆洗净，去皮切块。

2.胡萝卜和土豆煮熟，放凉备用；鸡蛋放入滚水中煮熟，取出蛋黄备用。

3.将胡萝卜块、蛋黄和土豆块放入榨汁机内，打成泥状，视个人喜好酌量加盐调味即可。

樱桃西米粥

【材料】新鲜樱桃200克，西米、新鲜蚕豆各80克

【调料】白糖适量

【做法】1.将新鲜樱桃洗净，去核放入大碗中，加入白糖拌匀。

2.将蚕豆洗净，放入锅中煮熟，取出放凉去皮。

3.将西米洗净，在锅中放入清水，加入西米煮沸。西米浮上水面时，加入用糖拌好的樱桃与蚕豆一起煮，煮滚后即可食用。

养生谈 容易疲劳在多数情况下与血液中铁含量减少，供氧不足及血液循环不畅有关。吃樱桃能补充铁质，樱桃中含量丰富的维生素C还能促进身体吸收铁质，防止铁质流失，并改善血液循环，帮助抵抗疲劳；蚕豆中含有大脑和神经组织所需的重要物质卵磷脂，并含有丰富的胆碱，有增强记忆力的健脑作用。如果是正在应付考试的青少年，进食本品可缓解压力，增强体力，提高智力，增进学习效率。

黄花菜炒木耳

【材料】干黄花菜100克，水发黑木耳30克

【调料】盐、葱花、水淀粉、花生油、素鲜汤各适量

【做法】1.黄花菜用冷水泡发，去杂洗净，挤去水分。

2.黑木耳放入温水中泡发，去杂洗净，撕成片。

3.锅置火上，放油烧热，放入葱花煸香，放入黑木耳片、黄花菜煸炒，加入素鲜汤、盐煸炒至木耳、黄花菜熟透且入味，用水淀粉勾芡，出锅装盘即成。

养生谈 黄花菜中含有卵磷脂，这种物质是人体大脑细胞的组成成分，对增强和改善大脑功能有重要作用。同时，能清除动脉内的沉积物，对注意力不集中、记忆力减退、脑动脉阻塞等症状有特殊疗效，故人们称其为“健脑菜”。常食此菜能保持精神安定，对儿童自制力差、注意力难以集中而影响学习的多动症也有一定疗效。

核桃仁山楂汤

【材料】核桃仁100克，干山楂少许

【调料】白糖适量

【做法】1.将核桃仁、干山楂用水浸至软化。

2.用榨汁机将核桃仁和干山楂打碎，再加适量水，煮沸，加入白糖调味即可。

养生谈 核桃仁含有63%的亚油酸、16.4%的亚麻酸，以及丰富的蛋白质、磷、钙和多种维生素，并含有大量的不饱和脂肪酸，能强化脑血管弹力和促进神经细胞的活力，提高大脑的生理功能。而且，核桃仁含磷脂较高，可维护细胞正常代谢，增强细胞活力，防止脑细胞的衰退。特别是学龄儿童每天吃2～3个核桃，对那些焦燥不安、少气无力、厌恶学习和反应迟钝的孩子很有帮助。

香蕉冰糖汤

【材料】香蕉5根，陈皮1片

【调料】冰糖适量

【做法】1.香蕉剥皮，切3段；将陈皮用水浸软，去白。

2.把香蕉段、陈皮放入锅内，加清水适量煲煮。

3.用小火煮沸15分钟，再加冰糖，煮沸至糖溶即可。

养生谈

过度用脑导致人体内维生素、矿物质及热量缺乏，除了大脑疲劳，还常常感到情绪低落。此时补充香蕉可提供所需营养物质并缓解消极情绪。由于过度用脑消耗多种维生素，因此饮食补益的同时还要补充多维生素片。

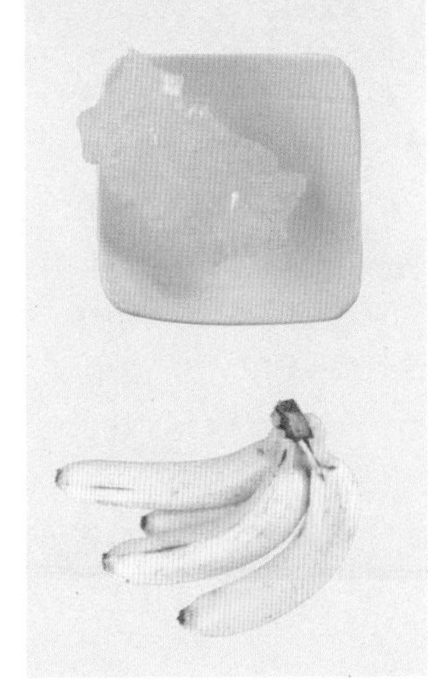

什锦鸡丝

【材料】熟鸡肉100克，枸杞子20粒，松子仁25克，五味子3克，青毛豆15克，百合30克

【调料】高汤、香油、葱花、芝麻酱、盐、味精各适量

【做法】1.百合放水锅里煮酥捞出，沥干水；五味子用温沸水泡软；青毛豆放油锅里炒熟；枸杞子用沸水泡一下；芝麻酱放小碗里加高汤调化，再加盐、味精、葱花、香油对成调味汁。

2.将熟鸡肉用手撕成细丝，放入大碗里，加五味子、百合、毛豆、松子仁、枸杞子，倒入调味汁拌匀即可。

养生谈

松子仁富含不饱和脂肪酸，如亚油酸、亚麻油酸等，这些类脂是人体多种组织细胞的组成成分，也是脑和神经组织的主要成分。另外，松子仁中还含有大量的磷和锰，对大脑和神经亦有补益作用，是学生和脑力劳动者的健脑佳品。

蘑菇豆腐煲

【材料】金针菇、松蘑各100克，冻豆腐1块，酸菜、粉丝各80克

【调料】香菜末、盐、胡椒粉各适量

【做法】1.将冻豆腐切成小块，用沸水汆烫至熟，再用冷水过凉；金针菇、松蘑浸水泡软，去蒂；粉丝浸水泡软，切成20厘米长的段。

2.酸菜切成细丝，将松蘑码进砂锅铺底，上铺粉丝、酸菜，再码上一层冻豆腐，最后用金针菇封顶。

3.将浸泡金针菇和松蘑的水倒进砂锅内，用大火烧沸，加入盐、胡椒粉、少许植物油，盖上盖子用小火炖熟。出锅后撒上香菜末即可。

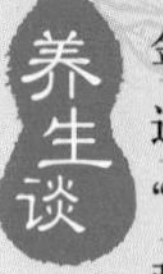

养生谈 金针菇中赖氨酸的含量特别高，含锌也比较多，有促进儿童智力发育和健脑的作用，在许多国家被誉为"益智菇"和"增智菇"。另外，金针菇还能有效地增强机体的生物活性，促进体内新陈代谢，有利于食物中各种营养素的吸收和利用，对生长发育也有好处。要注意，金针菇性寒，凡是脾胃虚寒者不宜食用；金针菇宜熟食，不宜生吃；变质的金针菇不要吃。

莲子粥

【材料】大米、绿豆各100克，莲子120克

【调料】白糖适量

【做法】1.大米、绿豆均洗净沥干；莲子略洗。

2.锅置火上，放入适量水烧滚，放入所有材料煮滚，稍搅拌后改中小火熬煮30分钟，加白糖调味即可。

养生谈 莲子有很好的滋补作用，有养心安神的功效，脑力劳动者经常食用，可以健脑，增强记忆力，提高工作学习效率。

第二节 孕妇营养保胎

YUNFUYINGYANGBAOTAI

妊娠是一个复杂的生理过程，孕期的营养素需要量不完全是母亲孕前的营养需要和胎儿的生长发育所需要量的简单相加。因为在胚胎发育的同时，母体的组成和代谢也发生了一系列适应性变化。

生理解密

女性自受孕起，生理机能便发生重大变化，由于胎儿的生长，母体血容量的增加，乳房、子宫的增大，营养的摄取量也大大增加。若营养不足，对胎儿的生长、发育会产生不良影响，严重的可导致流产、早产、难产、死产、胎死腹中等。根据妊娠期不同的特点、孕妇的饮食喜好，选择适当的补益蔬果，可促进胎儿的生长发育和母体健康。

专家们认为，怀孕前实际上是对营养需求最重要的一个阶段。在准备怀孕的数周和数月中要保证自己的血液中含有足够的矿物质、维生素和其他营养物质，以满足在一旦受孕初期，这个胚胎发育的重要阶段对营养的需求。

妊娠早期，有些孕妇由于妊娠恶阻，不能进食、进水，有些孕妇易发生体液失衡和代谢障碍，严重影响对营养物质的摄取。

妊娠初期过后，进入妊娠中后期，由于受增大的子宫影响，孕妇的身体会出现足部水肿、腰背痛、便秘等一些常见症状。另外，胎儿发育迅速，营养需求量也随之增大。

蔬果养生经

孕早期应尽量选择清淡平补之品，以满足孕妇的饮食喜好。可根据口味，吃些略带酸味的食物，以刺激胃酸分泌，增进食欲。呕吐严重的孕妇，应多吃蔬菜、水果等呈碱性食物，并多吃富含B族维生素的香蕉、无花果、土豆、菠菜等和富含维生素C的甜瓜、草莓、菜花、青辣椒等，以减轻妊娠的不适感觉。一般而言，除了综合维生素之外，还要多吃富含维生素、矿物质的深色蔬果。

进入孕中后期，应选择富含蛋白质、钙及维生素的食物，如鱼、肉、蛋、豆制品、海带、紫菜、肉骨汤及各种新鲜蔬果等。在照顾饮食喜好的同时，要避免偏食，特别是糖和脂肪不宜摄入过多，否则易使胎儿巨大，导致难产或产后出血；饮食不宜过咸，以免引起水肿。

养生食谱推荐 >>

无花果粥

【材料】无花果30克，粳米100克

【调料】蜂蜜、砂糖各适量

【做法】1.先将粳米淘洗净，倒入锅中，加水煮沸。

2.然后放入无花果煮成粥。服时加适量蜂蜜和砂糖拌匀即可。

养生谈

便秘是孕妇的常见病和多发病之一。无花果含有丰富的苹果酸、脂肪酶、蛋白酶、水解酶等，能帮助人体对食物的消化，促进食欲，又因其含有多种脂类，故具有润肠通便的效果。如果因便秘引起痔疮的孕妇可食用无花果粥。千万不可乱用泻药，否则会引起流产、早产。

养生谈

菠萝含有一种能分解消化蛋白质的物质，叫“菠萝朊酶”，在食用油腻食物后，吃些菠萝对营养吸收大有好处。它不但能改善局部的血液循环，防止血栓的形成，还能消除炎症和水肿。菠萝鸡胗味道酸甜爽口，能促进食欲，是害喜时期不可缺少的佳肴，而且浓浓的汤汁也很下饭。但湿疹疥疮患者不宜多吃菠萝；患有溃疡病、肾脏病、凝血功能障碍的人应禁食菠萝；某些过敏体质的人会对菠萝过敏，出现菠萝中毒的症状。

菠萝鸡胗

【材料】鸡胗300克，新鲜菠萝150克（或罐装菠萝2片），青椒1个，红椒1/2个

【调料】白糖、蒜片、盐、水淀粉、醋、西红柿汁、料酒各适量

【做法】1.菠萝冲净沥干，切块；青椒、红椒洗净，去子切块。

2.鸡胗用盐擦洗干净，剞十字花刀，放入开水中煮3分钟，盛起沥水。

3.锅内放油烧热，爆香蒜片，放入鸡胗、青椒块、红椒块及菠萝块，加料酒焖5分钟。

4.加入水淀粉、白糖、醋、西红柿汁所调制好的芡汁勾芡，翻炒至熟即可。

芦笋鸡茸

【材料】青芦笋450克，鸡胸肉150克，火腿末50克

【调料】香油、胡椒粉、盐各适量

【做法】1.芦笋洗净后去梗和皮，加盐、油拌匀，放入微波炉保鲜袋中，用高火加热4分钟倒入盘中垫底。

2.将鸡胸肉剁成泥，与适量油、水、胡椒粉、盐拌匀后放入深碗中，以微波烹煮2分钟。

3.取出鸡肉泥拌入水，以强微波高火加热，取出搅拌均匀，放芦笋上。

4.续以微波高火再加热2分钟，再取出拌入火腿末，将香油淋在鸡茸上即可。

养生谈 芦笋中含有丰富的叶酸，大约5根芦笋就含有100多微克叶酸，已达到每日需求量的1/4，所以多吃芦笋能起到补充叶酸的功效，是孕妇补充叶酸的重要来源。但患有痛风和糖尿病患者不宜多食。

西芹鸡柳

【材料】西芹、鸡肉各300克，胡萝卜条100克，蛋清30克

【调料】盐、白糖、水淀粉、生抽、香油、胡椒粉、姜片、蒜末、料酒各适量

【做法】1.鸡肉切条，加入生抽、胡椒粉、蛋清拌匀，腌15分钟待用。

2.西芹去筋切条，放入热油锅中，加盐略炒盛起。

3.锅留底油烧热，爆香姜片、蒜片，放入胡萝卜条，加入鸡柳滑散，再加料酒、白糖，放入西芹条，用水淀粉勾芡，兜匀，熟后淋少许香油即可。

养生谈 孕后期常有便秘现象发生，应大量摄取膳食纤维含量丰富的蔬菜，如西芹、芦笋，西芹更含有大量维生素，有辅助治疗黄疸和高血压病的功效。

养生谈

香蕉及土豆都含有丰富的叶酸，怀孕前期多摄取叶酸食物，对于胎儿血管神经的发育有很好的帮助。同时，蜂蜜和香蕉都有一定的润肠功效，可改善孕期便秘。

香蕉土豆泥

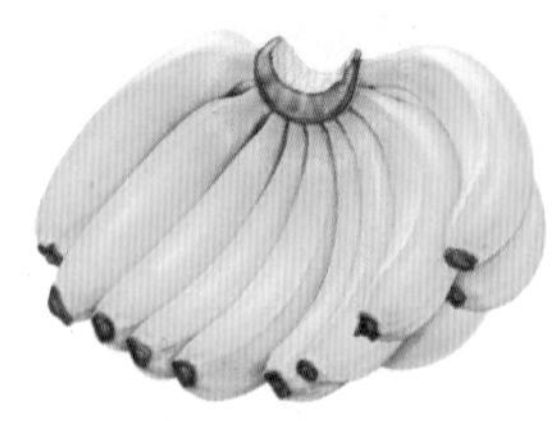

【材料】香蕉200克，土豆50克，草莓40克

【调料】蜂蜜适量

【做法】1.香蕉去皮，用汤匙捣碎。

2.土豆洗净，去皮，移入锅中蒸至熟软，取出压成泥状，放凉备用。

3.将香蕉泥与土豆泥混合，摆上草莓，淋上蜂蜜即可。

猪肝拌菠菜

【材料】猪肝100克，菠菜200克，海米5克，香菜1棵

【调料】盐、味精、酱油、醋、蒜泥、香油各适量

【做法】1.猪肝洗净，切成薄片，入沸水中煮透。

2.海米用温水浸泡好；香菜洗净，切成2厘米长的段。

3.将菠菜择好洗净，切成3厘米长的段，放入沸水中汆一下捞出，再放入凉水中冲凉，控净水。

4.菠菜段放入大碗内，上面放上猪肝片、香菜段、海米，再将盐、味精、酱油、醋、香油、蒜泥放在一碗内，对成调味汁，浇在猪肝、菠菜上拌匀即成。

养生谈

菠菜中含有丰富的胡萝卜素、维生素C、钙、磷及一定量的铁、维生素E等有益营养素，能供给孕妇所需要的多种营养物质；其所含的铁质，对孕妇缺铁性贫血有较好的辅助治疗作用。猪肝中铁质丰富，是补血食品中最常用的食物，其营养含量是猪肉的十多倍，食用猪肝可调节和改善贫血病人造血系统的生理功能。因此，本品对孕妇经常出现的贫血症状具有很好的补益效果。

核桃明珠

【材料】核桃仁60克，虾400克，芦笋丁、胡萝卜丁各50克
【调料】盐、白糖、水淀粉、香油、胡椒粉、蒜末、料酒各适量
【做法】1.把核桃仁放入开水中煮3分钟，取出沥干，放入温油中炸至微黄盛出。
2.虾去壳用盐略抓拌，用水洗净吸干水分，加入白糖、胡椒粉拌匀。
3.锅内放油烧热，爆香蒜末，加入芦笋丁、胡萝卜丁略炒，放入虾肉，加料酒，用水淀粉勾薄芡，下核桃仁，炒熟即成。

养生谈 核桃是滋养食品，有补血的功效，常吃能使皮肤光滑。虾含有大量蛋白质，配合含丰富膳食纤维的芦笋，最适宜怀孕后期的孕妇食用。

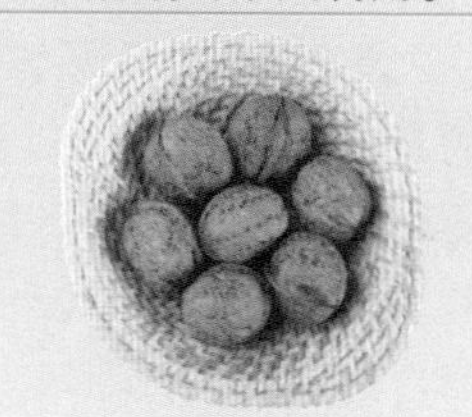

嫩姜拌莴笋

【材料】莴笋200克，嫩姜50克，红椒丝少许
【调料】盐、香油、白糖、醋各适量
【做法】1.将莴笋削去皮，切成条状；嫩姜去皮，切丝。
2.将切好的莴笋条加盐拌匀腌浸2小时，腌好后取出洗净汆烫，捞出控干后再用白糖、部分醋腌浸一会儿。
3.切好的姜丝放剩余醋腌半小时。最后将腌好的莴笋条、姜丝放在一起拌匀，撒上红椒丝、淋上香油即可。

养生谈 莴笋含有丰富的氟元素，可参与牙齿和骨骼的生长发育；莴笋的含钾量较高，可促进排尿、减小心房压力，经常食用有助于消除紧张，帮助安眠；莴笋更有显著的改善消化系统功能的作用，有助于刺激消化液的分泌，促进食欲。这款菜品可以健胃、止呕、化痰、增进食欲和加强血液循环，并有利五脏、补筋骨、开膈热、通经脉的功效。因此，妊娠期反应强烈的准妈妈们不妨试试。

鲜果什锦

【材料】草莓、苹果、梨各80克，香蕉、木瓜各50克

【调料】白糖、酸奶、沙拉酱各适量

【做法】1.将草莓洗净去蒂，香蕉去皮，苹果、梨洗净，去皮、核；木瓜洗净，去皮、子。

2.将草莓斜切成两半；香蕉切圆形片；苹果、梨切1/4片；木瓜肉切丁。

3.将切好的水果放入容器中拌匀。

4.将白糖、酸奶、沙拉酱拌匀后淋于水果上即可。

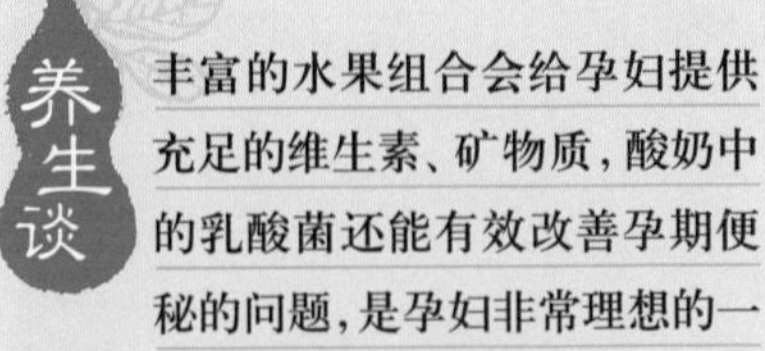

养生谈 丰富的水果组合会给孕妇提供充足的维生素、矿物质，酸奶中的乳酸菌还能有效改善孕期便秘的问题，是孕妇非常理想的一道甜点，特别适合怀孕期间食用。

韭菜生姜汁

【材料】韭菜、生姜片各50克

【调料】白糖适量

【做法】1.韭菜洗净，去头部粗段及尾部须段，切小段。

2.生姜洗净，切小段。将韭菜段、生姜片、白糖、适量水放入榨汁机中搅打，待搅匀沥去渣饮汁即可。

养生谈 韭菜含有挥发性精油及含硫化合物，具有促进食欲和降低血脂的作用，对妊娠高血压有一定疗效。此外，韭菜还含有较多的膳食纤维，能促进胃肠蠕动，可有效预防因妊娠引起的便秘。生姜是传统的治疗恶心、呕吐的中药，有“呕家圣药”之美誉。生姜中所含的挥发油能增强胃液的分泌和肠壁的蠕动，从而帮助消化。另外，生姜中分离出来姜烯、姜酮的混合物，均有明显的止呕吐作用。此饮品可改善女性怀孕后出现的恶心、呕吐、食欲不振等症状。

第四节 产妇元气调理

CHANFUYUANQITIAOLI

坐月子是中国的传统习俗。所谓“月子”，从医学上说，就是从分娩后到生殖器官完全恢复正常的时期，一般为6～8个星期，又称产褥期。在这段时间里，产妇应以卧床休息为主，调养好身体，促进生殖器官和机体尽快恢复。

生理解密

妇女生产之后，大多疲劳、体虚、出汗较多、抵抗力相对较弱。分娩后，子宫底与脐相平，以后每天下降一横指，产后10天左右，子宫底进入盆腔。分娩时扩张的子宫颈，在产后会慢慢闭合，一般10天左右即可关闭。分娩以后，损伤的子宫内膜修复需要6～8个星期，恶露的排出从多到少，从暗红色转为淡红色、白色，最后随着子宫内膜的修复而逐渐干净。

一旦进入哺乳期，饮食与孕期基本相同，但其质与量应有所增加，若哺乳期妇女营养不良，势必影响母乳的分泌，进而影响婴儿的生长发育。据研究，人乳营养价值极高，最符合婴儿的营养需要。母乳进入婴儿胃中所形成的凝块小，而且所含的挥发性脂肪酸少，对婴儿的胃肠刺激小，有利于胃肠的消化吸收，尤其是初乳，含有丰富的免疫球蛋白，可提高婴儿的免疫力，提高对细菌、病毒的抵抗力。

蔬果养生经

产妇应多吃有营养、易消化的食物，多吃富含维生素、膳食纤维的蔬果，不能大鱼大肉滥补一通。产后1～3天，新妈妈应吃些清淡易消化的食物，如稀粥、菜汤等。等到产后7天，乳管完全通畅后，多吃些富含维生素的水果和蔬菜，以促进乳汁分泌。若出现产后恶露不净，乳汁不通，要多吃红豆，也建议产妇多摄取具有补充气血作用的甘薯、土豆、香菇、枣、胡萝卜等食材。另外，还要多食白萝卜、菠菜、油菜等能够促进气血循环的食物。

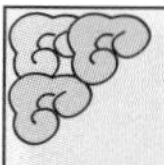

TIPS

月子里洗澡

老观念认为月子里洗头洗澡会受风寒侵袭而落下月子病。事实上如果会阴部没有伤口，而且已经恢复体力，随时都可以洗澡，但不宜用盆浴，洗澡时间不宜太久，每次5～10分钟，以20℃的室温、34～36℃的水温最为适宜，洗后赶快擦干身体，及时穿好衣服，以免受凉感冒。

养生食谱推荐 >>

猪肝炒油菜

【材料】猪肝、油菜各 200 克

【调料】酱油、盐、料酒、葱末、姜末各适量

【做法】1.将猪肝洗净切成薄片，用葱末、姜末、部分酱油、部分料酒腌片刻，备用。

2.把油菜洗净，切成段，梗、叶分别放置。

3.油锅置火上，浇热，放入猪肝片快炒后盛出，备用。

4.锅留底油烧热后加盐，先下油菜梗略炒，再下油菜叶，炒至半熟，放入猪肝片，并倒入余下的酱油、料酒，仍用大火快炒几下即成。

养生谈 此菜对产后肝虚水肿有辅助治疗作用。同时猪肝内含有丰富的蛋白质、脂肪、维生素A、维生素B_2、维生素B_1、维生素C和钙、磷、铁等多种营养素。

香菇芋头肉丝粥

【材料】大米 250 克，干香菇 6 朵，瘦肉 100 克，芋头、芹菜各 50 克

【调料】盐、胡椒粉各适量

【做法】1.大米洗净，浸泡 30 分钟；香菇泡软，洗净，去蒂切丝。

2.瘦肉洗净，切丝；芋头去皮洗净，切丁。

3.芹菜去叶，洗净，切末。

4.锅中放油烧热，炒香芋头丁，再加肉丝、香菇丝炒熟，加入大米及适量水，煮成粥后加入盐、胡椒粉及芹菜末，烧开即可。

养生谈 芋头性平滑，味辛，故能增进食欲，帮助消化，可补益中气。另外，芋头是碱性食品，能中和人体内积存的酸性物质，调整人体的酸碱平衡。芋头中还含有一种黏液蛋白，被人体吸收后能产生免疫球蛋白，可提高人体的抵抗力。芹菜有镇静作用，有利于产妇安定情绪，消除烦躁。另外，芹菜含铁量也很高，是产后补血的佳品。因此本品具有产后开胃，稳定情绪，补血补铁，提高免疫力的作用。

桂圆红枣糯米粥

【材料】糯米200克，桂圆干、红枣各50克，枸杞子10克

【调料】白糖适量

【做法】1.将糯米浸水泡4个小时。

2.锅内倒水，放入桂圆干，煮至水沸。

3.将泡好的糯米放进锅内，用小火煮，放入红枣、枸杞子一起煮45分钟至米烂粥稠，出锅前加入白糖即可。

养生谈

桂圆含有多种营养物质，有补血安神，健脑益智，补养心脾的功效，是健脾长智的传统食物，对失眠、心悸、神经衰弱、记忆力减退、贫血有较好的疗效。桂圆对产后需要调养及体质虚弱的产妇有辅助疗效。

小炒时蔬

【材料】豌豆200克，草菇100克，芥兰50克，彩椒10克

【调料】葱丝、姜丝、盐、鸡精各适量

【做法】1.将豌豆洗净；草菇、芥兰、彩椒洗净切丝；全部放入开水中汆烫后捞出沥水。

2.锅内倒油烧热，煸香葱丝、姜丝，加入全部材料炒熟，加盐、鸡精调味，即可出锅装盘。

养生谈

豌豆中富含人体所需的各种营养物质，尤其是含有优质蛋白质，可以提高人体抗病能力和康复能力，豌豆中还富含膳食纤维，能促进大肠蠕动，保持大便通畅；草菇的维生素C含量高，能促进人体新陈代谢，提高机体免疫力，还能够减慢人体对碳水化合物的吸收，达到消食去热，滋阴壮阳，增加乳汁，促进创伤愈合的效果。

五仁枣糕

【材料】红枣400克，糙米、薏仁各50克，枸杞子、核桃仁、花生仁、葡萄干、黑芝麻、松子各30克，低筋面粉适量

【调料】红糖少许

【做法】1.红枣去皮去核，与枸杞子、花生仁、核桃仁、葡萄干、黑芝麻一同剁碎，备用。

2.将除松子外的所有材料放入锅中，加红糖及少许水拌匀，上笼蒸20分钟，再焖10分钟。

3.将蒸好的食物倒入圆形或心形的模具中，用松子在上面排列出图案，待冷却后倒出，切片即可。

养生谈

红枣含有大量的维生素C、核黄素、硫胺素、胡萝卜素、烟酸等多种维生素，具有较强的补养作用，能提高人体免疫功能。妇女产后不妨多食用红枣，能补益气血，加速机体康复。

冬瓜红豆汤

【材料】冬瓜400克，红豆40克

【调料】盐适量

【做法】1.将冬瓜洗干净，去皮切块。

2.将红豆放入水中浸泡2小时。

3.将冬瓜与红豆一起放入锅中，加入适量清水煮成浓汤，加盐调味即可。

养生谈

冬瓜含维生素C较多，且钾盐含量高，钠盐含量较低，产后浮肿者食用可达到消肿而不伤正气的作用。红豆含有较多的皂角苷，可刺激肠道，具有良好的利尿作用，可减轻水肿；它还有较多的膳食纤维，具有良好的润肠通便，健美减肥的作用；红豆是富含叶酸的食物，产妇、乳母多吃红豆有催乳的功效。此汤可消除产后浮肿、便秘、少乳等症。但因冬瓜性寒，故阴虚水旺者忌食；红豆和冬瓜均有利尿作用，故尿频的人应注意少吃。

茭白肉丁

【材料】猪肉100克，茭白、青椒各150克

【调料】盐、料酒、淀粉、白糖、味精各适量

【做法】1.将猪肉洗净切丁，茭白和青椒分别洗净，切丁。

2.将肉丁加入盐、料酒、淀粉拌匀腌5分钟。

3.将腌好的肉丁、茭白丁、青椒丁，加入白糖、味精、盐、植物油拌匀，裹上保鲜膜，入微波炉用高火加热4分钟即可。

养生谈 茭白味道鲜美，营养价值较高，容易为人体所吸收；茭白还可通乳汁，对于改善产后乳少有益。青椒其特有的味道和所含的辣椒素有刺激唾液和胃液分泌的作用，能增进食欲，帮助消化，促进肠蠕动，防止便秘。因此，本品可改善产后食欲不振、消化不良、便秘及少乳等症。

山莲葡萄粥

【材料】山药、莲子、葡萄干各50克，粳米100克

【调料】高汤1000克，白糖15克

【做法】1.将山药洗净后切成薄片；莲子浸泡至软去心；葡萄干洗净；将上述食材放入锅内，待用。

2.将粳米用清水反复淘洗干净，亦放入锅中，加高汤适量。

3.将锅置大火上烧沸，再用小火熬煮至熟，加入白糖拌匀即成。

养生谈 山药中含有黏蛋白、淀粉酶、皂苷、游离氨基酸、多酚氧化酶等物质，且含量较为丰富，具有滋补作用，为产后康复食补之佳品；莲子中所含的棉子糖亦是滋补品，对于产后体虚者更是常用营养食品；葡萄干含糖、铁、维生素B_{12}较多，能补益气血。此粥适用于产后贫血、脾虚气弱、气短乏力、水肿等症的辅助食疗。

第五节 女性健康养生

NVXINGJIANKANGYANGSHENG

现代女性不但要担负着孕育、繁衍后代的艰巨任务，还要承担着繁重的社会工作，再加上女性特殊的生理特点，一生中要经历月经初潮、生孕期直至更年期和老年期，因此，女性健康状况更值得我们关注。

生理解密

健康女性一般到14岁左右开始月经来潮，称为“初潮”。除妊娠期、哺乳期不行经外，一般一月一行，按期来潮。至49岁左右，月经闭止，称为“绝经”。月经除有一定的周期外，经量基本衡定。行经持续时间，大约3～7天。女性在发育成熟后，月经按期来潮，此时即具备了受孕的条件和生育能力，因此其脏腑、经络、气血活动的某些方面与男子有所不同。女性又具有感情丰富、情不自禁的心理特点，精血神气颇多耗损，极易患病早衰。故做好女性的健康保健，有着特殊重要的意义。

蔬果养生经

女性应多吃富含维生素E、叶酸、钙的食物，如豆类、根茎蔬菜类、水果等富含异黄酮的食物，以及含抗氧化物质的圆白菜、菜花等十字花科蔬菜。女性还要多吃豆类、话梅、葡萄干等富含植物性雌激素的食品，适当补充体内雌激素。

女性在经期,伴随着血红细胞的丢失还会失去铁、钙和锌等矿物质。因此，在经期和经后，女性应多摄入富含钙、镁、锌和铁的食物，如海带、坚果、绿叶类蔬菜、紫菜、苹果、豆类等。

另外，现代女性大多是脑力劳动者，营养脑神经的氨基酸要供给充足。脑组织里的游离氨基酸含量以谷氨酸为最高,其次为牛磺酸、天冬氨酸。芝麻、豆类等含谷氨酸及天冬氨酸较为丰富,海带、紫菜、石花菜等含有丰富的牛磺酸,它们均有促进新陈代谢,消除疲劳,促使脑力及体力恢复的作用，应适当多吃。

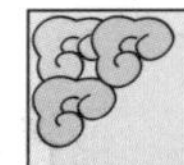

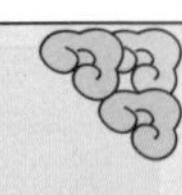

TIPS

女性健康禁忌

◆女性忌茶的五个时期：月经来时、孕期、临产前、生产完后、更年期。

◆一天不要喝两杯以上的咖啡。喝太多易导致失眠、胃痛。

◆下午5点后，大餐要少吃。因为5点后身体不需那么多能量。

◆生理期不吃巧克力，会加重痛经。

青椒蔬果汁

【材料】青椒150克，生菜75克，西红柿80克，菠萝50克，苹果100克，柠檬半个

【调料】蜂蜜适量

【做法】1.将青椒洗净，切成小片，去掉中间的子，将生菜洗净，切碎。不习惯喝生蔬菜汁的人可以先将生菜放在开水中氽一下，再切碎。西红柿洗净切块。

2.将菠萝、苹果、柠檬分别洗净，切成片。

3.按顺序将青椒片、生菜、西红柿块、菠萝片、苹果片、柠檬片放入家用榨汁机内，待汁液完全榨出后，注入准备好的玻璃杯内。

4.可用蜂蜜调味中和青椒的辣味。

养生谈 苹果天然的怡人香气，能缓解抑郁情绪。现在城市生活节奏快，女性职业人群的压力很大，很多人都有不同程度的紧张、忧郁，这时拿起苹果闻一闻，不良情绪就会有所缓解。另外，苹果还能瘦身排毒，抑制皮肤黑色素的产生，消除口臭。本品含有的丰富维生素B_1、维生素B_2、维生素C及钙质，可以美化肌肤，促进血液循环，并且能辅助治疗黑斑及雀斑，对防止肌肤粗糙有一定效果。

养生食谱推荐 >>

芦笋苹果美颜汁

【材料】苹果半个，苹果醋、柠檬汁各15克，绿芦笋5根（尽量选嫩的）

【调料】蜂蜜10克

【做法】1.将芦笋洗净，切成小段。

2.苹果除核洗净后，保留皮切块状备用。

3.将苹果块、芦笋段、苹果醋与柠檬汁、蜂蜜依序放入搅拌机中，再加入250克的冷开水一起搅打均匀即可。

养生谈 此汁富含维生素A、维生素B_1、维生素B_2、维生素C等，还含有铁、钙等多种矿物质及其他营养成分，能很好地预防雀斑，改善皮肤粗糙，增加皮肤的光泽，美白肌肤，乌黑头发及美化指甲。还可消除疲劳，增加抵抗力及有效预防高血压、糖尿病等慢性疾病，特别适合女性、慢性病患者、抵抗力差者作日常保健饮用。

红烧菜花

【材料】菜花250克，胡萝卜、水发香菇各50克

【调料】葱花、水淀粉、料酒、酱油、盐、味精、高汤、花椒油各适量

【做法】1.菜花洗净，切成小朵；水发香菇洗净，从中间切开。

2.胡萝卜洗净，切成菱形片，连同水发香菇一起放入沸水中氽一下，捞出，沥干水分。

3.锅内放油烧热，下葱花炝锅，倒入菜花、胡萝卜片、香菇翻炒几下，加料酒、盐、酱油和高汤煨煮，汤开后加入味精，用水淀粉勾芡，熟后淋入花椒油即成。

养生谈

菜花含有抗氧化防癌症的微量元素，长期食用可以减少乳腺癌发病概率。有些人的皮肤一旦受到小小的碰撞和伤害就会变得青一块紫一块的，这是因为体内缺乏维生素K的缘故。而补充维生素K的最佳途径就是多吃菜花。胡萝卜能提供丰富的维生素A，具有促进机体正常生长与繁殖，维持上皮组织的作用。妇女进食胡萝卜可以降低卵巢癌的发病率。另外，胡萝卜素含有清除致人衰老的自由基，有润肌肤、抗衰老的作用。

南瓜百合粥

【材料】大米、百合各100克，南瓜150克，枸杞子数粒

【调料】盐、味精各5克

【做法】1.大米淘洗干净，浸泡30分钟；南瓜去皮、子，洗净切块；百合去皮，洗净切瓣，入沸水氽烫透，捞出沥干水分备用。

2.大米下入锅中，加水，大火烧沸，再下入南瓜块，转小火煮约30分钟。

3.下入百合、枸杞子及调料，煮至汤汁黏稠即可出锅装碗。

养生谈

南瓜含有丰富的果胶，果胶与淀粉食物混合时，在肠道内可形成一种凝胶状物，能提高胃内容物的黏度，使碳水化合物吸收减慢，延缓肠道对营养物质的消化吸收，由此达到减肥的目的。百合主要含秋水仙碱和B族维生素、维生素C等营养物质，有良好的营养滋补之功，特别是对病后体弱、神经衰弱等症大有裨益。

凉拌银丝

【材料】豆芽、菠菜各200克，胡萝卜半根，松子仁适量

【调料】香油、酱油、醋、胡椒粉、盐各适量

【做法】1.豆芽洗净，放入加有少许盐的开水中氽烫约10分钟左右，捞出沥干。

2.胡萝卜洗净，用刨菜器刨丝，撒上少许盐稍微搓揉后静置一旁；菠菜洗净，放入加盐的开水中氽烫熟，捞出，放冷水中漂凉，沥干后切小段。

3.所有调料混合均匀，拌入豆芽、胡萝卜丝和菠菜段，盛盘，撒上松子仁即可。

养生谈

春天是维生素B_2缺乏症的多发季节，春天多吃些黄豆芽可以有效地防治维生素B_2缺乏症，其所含的维生素E能保护皮肤和毛细血管，防止小动脉硬化，防治老年高血压。黄豆芽还富含维生素C，是美容食品，常吃黄豆芽能营养毛发，使头发保持乌黑光亮，且对面部雀斑有较好的淡化效果。

松子香菇

【材料】松子仁50克，水发香菇500克

【调料】鸡汤240克，料酒、水淀粉各15克，味精、香油各少许，葱末、姜末、盐各适量

【做法】1.把水发香菇洗净，一切两半，小的可不切。

2.锅中下油烧热，爆香葱末、姜末，把松子仁炸出香味，加入鸡汤、料酒和盐一起烧开，放入味精、香菇，用微火煨15分钟至熟，用水淀粉勾芡，淋入香油即成。

养生谈

松子仁、葵瓜子等富含维生素E和锌，维生素E能防止血管硬化及皮肤机能衰退，常被用于美容和抗衰老的辅助品。锌可以帮助免疫系统发挥最大的保护作用，更是维持“性活力”的神奇食材。

第六节 男性强身健体

NANXINGQIANGSHENJIANTI

世界卫生组织一份调查数据表明，男性的预期寿命要比女性短6年，而且即使不考虑寿命的问题，男性的生命质量也通常比女性低。因此，我国将10月28日定为“男性健康日”，以此提醒全社会关注男性健康。

生理解密

科学研究表明，人类的“免疫基因”存在于X染色体上，女性有两条X染色体，而男性只有一条，所以男性先天就“脆弱”，易患血友病、溃疡、中风及其他遗传病。在营养需求上，男女也有不同，男人对几乎所有主要营养成分的需要量都比女人多。这是因为男人的头个较大，肌肉也比女人多。

另外，男性的精液是靠体内各种食物的营养成分供给生成的，尤其是维生素A、维生素E、钙、磷、锌、铁、铜等，如果摄入不足，就会影响精子的质量。上述营养素还参与体内多种酶和胰岛素的代谢过程，促进性激素和性腺的活动。

蔬果养生经

平常要多吃蔬菜以增加膳食纤维的摄入，如韭菜、南瓜、菠萝等，既可饱腹又可防止心血管病、肿瘤、便秘等。维生素A、B族维生素、维生素C、维生素D、维生素E是人体新陈代谢所必需的物质，中年男性由于消化吸收功能减退，对各种维生素的利用率低，常出现各种缺乏维生素的症状，因而每日必须有充足的供应量。锌是人体必不可少的一种元素，它与新陈代谢、生长发育以及其他多种生理功能的关系极为密切，特别是在维持男子生殖系统的完整结构和功能上起着重要作用，含锌丰富的蔬果主要有紫菜、茄子、芦笋、白萝卜、大白菜、菠菜、荔枝、红枣及坚果等。

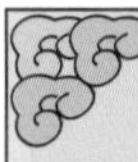

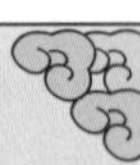

TIPS

男性睡前“三宜三忌”

三宜：睡前散步；睡前足浴，用温水洗脚15～20分钟，使脚部血管扩张，促进血液循环，使人易入梦乡；睡前刷牙。

三忌：忌饱食，晚餐七八成饱即可，睡前不要吃东西，以免加重胃肠负担；忌娱乐过度，睡前不宜看场面激烈的影视剧和球赛，勿谈怀旧伤感或令人恐惧的事情；忌饮浓茶与咖啡，以免因尿频与精神兴奋影响睡眠。

养生食谱推荐 >>

西兰花含多种抗氧化物：β－胡萝卜素、谷胱甘肽、维生素C及叶黄素，它们均具有抗氧化，抗癌及降胆固醇的作用；南瓜子含大量锌，可降低前列腺肥大的概率。

蔬菜沙拉

【材料】小黄瓜1根，西兰花1/2个，杏仁、南瓜子仁各10克，小西红柿150克

【调料】橄榄油3克，蜂蜜10克

【做法】1.小黄瓜洗净切斜刀块；西兰花洗净切成小朵，汆烫一下，以凉开水冲凉；将小西红柿洗净切半。

2.杏仁、南瓜子仁用粉碎机打碎，加入调料拌匀成泥酱做为蘸料即可。

芦笋芹菜苹果汁

【材料】芦笋150克，芹菜80克，苹果100克，柠檬半个

【调料】蜂蜜适量

【做法】1.将芦笋、芹菜、苹果、柠檬分别洗净，切碎。

2.将所有材料一同放入榨汁机中，待汁液完全榨出后，倒入准备好的玻璃杯中。

3.可适当加入蜂蜜调味。

苹果是一种减压补养水果，所含的多糖、钾、果胶、酒石酸、苹果酸、枸橼酸等，能有效缓解人体疲劳，而其含有的锌元素，更是人体内多种重要酶的组成元素，在消除疲劳的同时，还能增强记忆力。另外，本品所含维生素A、维生素B_1、维生素C、磷、天然蛋白质、叶绿素等多种营养成分，有助于消除疲劳，降低血压，还有很好的强精效果，特别适合于男性、脑力工作者、慢性病患者饮用。

豆芽蛤蜊冬瓜皮汤

【材料】新鲜蛤蜊肉200克，绿豆芽400克，豆腐150克，冬瓜800克

【调料】酱油、盐、味精各适量

【做法】1.将绿豆芽择洗干净，掐去根部，备用；将冬瓜洗净（留皮），切块；蛤蜊肉洗净，豆腐洗净切块，备用。

2.锅内加入适量清水，把冬瓜块、蛤蜊肉倒入锅内，先用大火煮沸，再用温火煲大约半小时。

3.将豆腐块下到油锅稍煎香，与绿豆芽一起放入冬瓜汤内，煮沸，加入盐、味精、酱油，熟后盛出即可。

养生谈

此菜清淡可口，是夏天防暑清热利湿的佳品。它还是一道很好的保健汤，具有生津止渴，利水消肿，补脾益胃的功效。除了这些，它还特别适用于有泌尿系统感染的男性，可用于前列腺炎、尿道炎以及急慢性肾炎的辅助治疗，此外，还可以防治肥胖症。中年男性可多饮此汤。

鲜虾汤

【材料】鲜虾仁150克，苋菜、柳松菇各100克

【调料】料酒5克，柴鱼精3克，盐、白胡椒粉各少许，大蒜5瓣

【做法】1.苋菜洗净切段；柳松菇洗净切除根部；鲜虾仁洗净去肠泥。

2.锅中放油烧热，爆香大蒜瓣，加入料酒、适量水与柳松菇煮5分钟。

3.放入苋菜段与其他调味料再煮2分钟，最后放入鲜虾煮熟熄火即可。

养生谈

苋菜中富含蛋白质、脂肪、糖类及多种维生素和矿物质，其所含的蛋白质比牛奶更能充分被人体吸收，有利于强身健体，提高人体的免疫力；虾营养价值丰富，脂肪、微量元素(磷、锌、钙、铁等)和氨基酸含量甚多，是补肾壮阳的助性食品。

春韭炒豆腐

【材料】豆腐300克，春季韭菜100克

【调料】盐、味精、葱、姜各适量

【做法】1.将豆腐切成长4厘米、厚1厘米、宽1厘米的条，放在开水中氽烫一下。

2.葱、姜切成丝；韭菜择好洗净，切成2.5厘米长的段。

3.炒锅上火，放油烧热，下葱丝、姜丝略炒，加入沥干水分的豆腐条，翻炒，并加入盐和味精，并加入韭菜段翻炒几下即可装盘。

养生谈 韭菜有壮阳固精，滋补肝肾的功效。可用来治疗阳痿、早泄、遗精、多尿、腰膝酸软冷痛等症，故有“起阳草”之称。另外，韭菜还含有挥性精油和含硫化合物，具有促进食欲和降低血脂的作用，对高血压、冠心病、高血脂等有一定疗效。

南瓜汤

【材料】南瓜500克，红枣50克

【调料】红糖少许

【做法】1.南瓜去皮，切成块状；红枣去核后洗净，备用。2.将南瓜块与红枣放入锅中，加水煮烂，加红糖调味即可。

养生谈 南瓜中的维生素A含量胜过绿色蔬菜，可有效提高生殖能力，是男性前列腺的保护神。南瓜还含有的钴元素，对降低血糖具有较好的效果。红枣滋养精血，对年老体弱者有有助益。

第七节 更年期妇女调养

GENGNIANQIFUNVTIAOYANG

根据我国最近的一次人口普查数据显示，更年期女性人群约1.2亿，其中，90%以上的更年期妇女都有绝经症状，并且约一半人认为这影响了她们的生活。

生理解密

更年期定义为女性由正常的卵巢功能逐渐衰退至不具功能的过渡期，这期间卵巢分泌的雌性激素减少，并逐渐停止制造，这是人体逐渐出现衰老和退化的现象。此时卵巢功能逐渐减退，排卵次数逐渐减少，受孕机会亦减少，从而提示更年期开始，继而年龄增大，月经停止，步入老年。这会导致更年期妇女心理及生理上的许多不适，例如容易情绪不稳定、焦虑、多疑、失眠、心悸等精神方面的症状，也有热潮红、腰酸背痛、皮肤瘙痒、阴道干燥、尿频等生理反应，这些临床症状统称为更年期障碍。不过更年期妇女的这些诸多不适，也会因个人体质与营养的差异而有程度上的不同。

蔬果养生经

中医认为，妇女更年期症候群以肾虚为根本原因，主要表现为注意力分散、头重、头痛、失眠、耳鸣、心悸、烦躁、记忆力下降等，补益重在补肾，兼及肝脾。最好的调理之道，还是多吃新鲜蔬菜和水果，以补充维生素，如白菜、油菜、西红柿、荠菜、樱桃、木瓜、柠檬等，目的是调整植物神经功能，还可降低血压，延缓面部皮肤的衰老。

宜多食宁心安神的食物，以改善神经衰弱综合症状，如核桃、莲子、红枣、桂圆、桑葚等，可用红枣、桂圆加红糖，做成粥来食用。

要少食动物脂肪及含糖量高的甜食以及辛辣香燥之品。此外，要低盐饮食，每人每天吃盐量不宜超过5克。

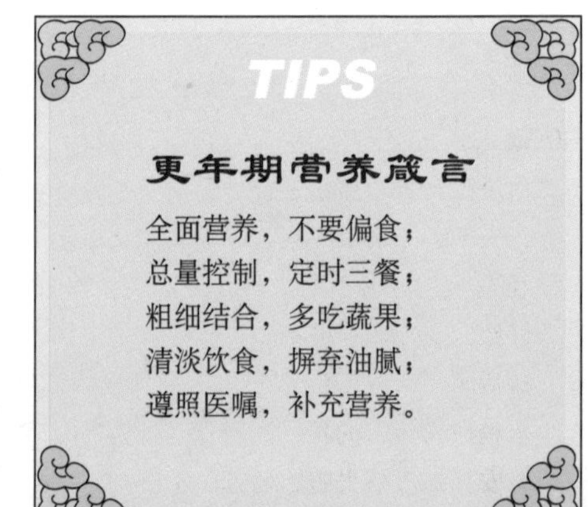

TIPS

更年期营养箴言

全面营养，不要偏食；
总量控制，定时三餐；
粗细结合，多吃蔬果；
清淡饮食，摒弃油腻；
遵照医嘱，补充营养。

养生食谱推荐 >>

糖蜜百合

【材料】新鲜百合100克

【调料】蜂蜜15克

【做法】1.百合洗净并剥成一片一片，将外边黄色部分削掉后，放入滚水中煮3分钟，捞出放凉。

2.将蜂蜜淋在百合上食用。

养生谈：百合中含有百合苷，有镇静和催眠的作用。每晚睡眠前服用百合汤，有明显改善睡眠作用，可提高睡眠质量。百合中还含有多种营养物质，如矿物质、维生素等，这些物质能促进机体营养代谢，使机体抗疲劳、耐缺氧能力增强，同时能清除体内的有害物质，延缓衰老。本品可缓解压力及改善更年期易怒、健忘与烦躁不安的症状，并补充矿物质，稳定情绪。

奶香藕露

【材料】藕粉、糖藕各30克，鲜奶油15克

【调料】蜂蜜适量

【做法】1.将糖藕切小丁蒸10分钟。

2.藕粉用冷开水调匀后，加入热开水调成透明糊状，加入蜂蜜调味，并淋入鲜奶油及蒸好的糖藕丁即可。

养生谈：莲藕性平，味甘涩，无毒。藕能通气，还能健脾和胃，养心安神，亦属顺气佳品，能迅速解除酒醉引起的疲劳，调整不稳定的神经。另外，因莲藕有恢复神经疲劳的功效，故还可用于防治过度紧张、焦虑不安等引起的心神不定、失眠、眼睛疲劳等。更年期妇女出现月经不调或情绪不稳、坐立不安等症时，最好经常吃莲藕，可将藕捣成汁或加少许食盐后服用。莲藕还有调节心脏、血压、改善末梢血液循环的功用。所以，本品可降压、安神，改善失眠、解郁除烦。

什锦水果

【材料】西瓜1000克，木瓜、番石榴、苹果各400克，小西红柿、樱桃各150克

【做法】1.西瓜、木瓜洗净，去皮去子，切成3厘米见方的小块；番石榴、苹果洗净去子，切成小块。

2.将做法1材料盘盘，再放上樱桃，最后加上小西红柿即成。

养生谈 水果富含维生素A和维生素C，具有抗氧化作用。西红柿所含的番茄红素也具有抗自由基的作用，可以保护人体表皮细胞膜。

黑木耳豆面饼

【材料】黑木耳30克，黄豆、红枣各200克，面粉250克

【做法】1.黑木耳洗净，加水泡发，小火煮至熟烂，捞出沥水。

2.黄豆炒熟，磨成粉。

3.红枣洗净，加水泡涨后置于锅内，加水适量，用大火煮开后转小火炖至熟烂，用筷子拣除皮、核，捞出沥水。

4.将红枣、黑木耳、黄豆粉一并与面粉和匀，制成饼，在平底锅上烙熟即成。

养生谈 黑木耳除具有补气作用外，亦能凉血止血，故更年期月经紊乱，尤其是月经过多、淋漓不止时，吃此菜尤为适宜。黄豆中的植物雌激素与人体中产生的雌激素在结构上十分相似，可以成为辅助治疗女性更年期综合征的最佳食物，不但经济有效，而且绝无副作用。红枣中富含钙和铁，它们对防治骨质疏松和贫血有重要作用，中老年人更年期造血功能降低，骨质易疏松，因此红枣对她们是十分理想的食疗佳品。

百合桂圆安神汤

【材料】百合150克，红枣20颗，桂圆肉15克，枸杞子10克

【调料】白糖适量

【做法】1.将红枣洗净去核，其他材料全部洗干净备用。

2.然后将百合、桂圆、红枣、枸杞子一同放入锅中，先用大火煮沸，再改用小火煲至材料软烂，然后加入白糖调味，即可趁热服用。

养生谈 此汤能清心安神，养血美颜。特别适用于妇女更年期的调养，可用于治疗心烦、失眠、烦躁、心神不宁、面生黑斑等更年期综合征。

甘蓝炒豆干

【材料】A.胡萝卜、紫甘蓝各150克，豆干200克

B.菠菜、韭菜、芦笋各150克

C.芹菜末少许，小西红柿数个

【调料】橄榄油2汤匙，盐适量，胡椒粉少许，香油、葱段、姜丝各10克

【做法】1.材料A洗净切丝，材料B洗净切段

2.起油锅，爆香葱段、姜丝，加入材料A、材料B以大火翻炒，然后加入盐调味，撒上胡椒粉，以大火拌炒均匀，再淋上香油，即可熄火。

3.小西红柿洗净切对半，铺排于盘上，中间放入做法2材料，再撒上芹菜末即可。

养生谈 这道菜采用多种颜色蔬菜搭配，色香味俱佳，不但能充分摄取多种营养素，更有回归自然、烹受生活之感，是更年期妇女养生防老的饮食佳品。

第八节 老人延年益寿

LAORENYANNIANYISHOU

虽然遗传学家说，人的寿命可达120岁左右，但目前人类的寿命还远远达不到这个数字，从平均寿命看，日本人79岁，澳大利亚、希腊、加拿大和瑞典人78岁，德国和美国人76岁，中国人72岁，而尼日利亚和索马里人却只有47岁。

生理解密

《素问·上古天真论》云：女子“六七，三阳脉衰于上，面皆焦，发始白，七七任脉虚，太冲脉衰少，天癸竭”；男子“六八阳气衰竭于上，面焦，发鬓须白，七八肝气衰，筋不能动，天癸竭，精少，肾脏衰，形体皆极，八八则齿发去”。指出人的一般生长规律，女子42到49岁，男子48到64岁，体质渐衰，主要表现为毛发变白，皮肤干燥、松弛、有皱纹，肤色渐从细嫩红润变为暗褐粗糙，乃至面部、手背、腕部、足背等处出现色斑。其主要病理特征是心、肝、脾、肺、肾等脏腑器官老化，其相应的各种功能活动衰退。

按中国传统医学来说，肾为人体先天之本，主骨生髓，主发育与生殖，开窍于耳及二阴，故补益肾精可延缓衰老，达到益寿延年之目的。

蔬果养生经

元代名医朱丹溪在《茹淡论》中说，多食谷菽菜果，自然冲和之味。《明孝文皇后语》中说，饮食茹素，祛病延龄。

植物类食物如菠菜、韭菜、豆腐、芦笋、芝麻等含有丰富的矿物质和维生素E，维生素E能促进细胞的分裂，延缓细胞的衰老过程；蔬果含有的大量膳食纤维，能促进胃肠蠕动，加速食物残渣中有害物质及粪便的排出，可防止“自身中毒”；蔬果含有的大量维生素C，对防病抗肿瘤也有一定的作用；另外，老年人还要进食含钙高的食物，预防骨质疏松，除了牛奶、豆制品外，一些蔬菜也含有较多的钙质，如油菜、荠菜、芹菜、香椿、小白菜和雪里蕻等。

不论是蔬菜类还是瓜果类，都含有相当丰富的碳水化合物、植物脂肪、植物蛋白、膳食纤维、维生素、矿物质等营养成分。这些营养成分都比较容易吸收，能参与细胞的新陈代谢，调整生理功能，补充人体所需的各种营养素，而且没有副作用，食之对人体有益无害。因此，蔬果是延年益寿的最佳食材。

养生食谱推荐 >>

桂圆栗米粥

【材料】栗子10个，桂圆15克，粳米50克

【调料】白糖适量

【做法】1.桂圆去壳取肉，洗净。

2.栗子去壳切开。

3.粳米淘洗干净，加入栗子、桂圆肉，添水适量，先用大火煮沸，再改用小火熬至粥熟，加白糖即可。

养生谈 栗子含有丰富的维生素C，能够维持牙齿、骨骼、血管肌肉的正常功用，可以预防和治疗骨质疏松、腰腿酸软、筋骨疼痛、乏力等。此粥可延缓人体衰老，是老年人理想的保健食品。

姜汁甘薯条

【材料】甘薯300克，胡萝卜50克，生姜15克

【调料】香油、盐、味精、白糖、葱花各适量

【做法】1.甘薯去皮，洗净切成粗条；胡萝卜去皮洗净，切成与甘薯同样粗细的条。

2.生姜去皮切末，捣出姜汁，盛入碗中。加盐、味精、白糖、香油对成味汁备用。

3.锅内放水煮沸，放入甘薯条、胡萝卜条煮熟，捞出沥水，码入深盘中。

4.将对好的味汁淋于码好的甘薯、胡萝卜条上，撒上葱花即可。

养生谈 甘薯的蛋白质质量高，经常食用可提高人体对主食中营养的利用率，使人身体健康，延年益寿。另外，甘薯对人体器官黏膜有特殊的保护作用，可抑制胆固醇的沉积，保持血管弹性，防止肝肾中的结缔组织萎缩。另外，它还是一种理想的减肥食品，热量只有大米的1/3，因其富含膳食纤维和果胶，所以有防止糖分转化为脂肪的特殊功能。

油炸山药

【材料】山药150克

【调料】白糖适量

【做法】1.山药去皮，洗净。

2.洗净的山药切成条。

3.锅内加油，烧至八成热时，倒入山药条，炸熟后捞出，装盘即成。撒白糖趁热食用。

养生谈

山药可增加人体T淋巴细胞，增强免疫功能，延缓细胞衰老，所以“常食山药延年益寿”的说法是有科学道理的。山药中的黏液多糖物质与矿物质相结合，可以形成骨质，使软骨具有一定弹性。另外，山药不含脂肪，而且所含的黏液蛋白能预防心血管系统的脂肪沉积，防止动脉过早发生硬化。

鲜藕苹果蜜汁

【材料】鲜藕150克，胡萝卜100克，苹果80克

【调料】蜂蜜适量

【做法】1.鲜藕适量，洗净，切片；胡萝卜、苹果洗净切小块。

2.上述材料一同放入榨汁机打成汁。

3.加少量冷开水，加蜂蜜调匀服食。

养生谈

莲藕富含铁、钙等微量元素，植物蛋白质、维生素以及淀粉也很丰富，是补益气血、增强人体免疫力的食材。胡萝卜能提供丰富的维生素A，可促进机体正常生长与繁殖、维持上皮组织、防止呼吸道感染与保持视力正常，还能增强人体免疫力，有抗癌作用，对多种脏器有保护作用。苹果中的维生素C是心血管的保护神，多吃苹果可改善呼吸系统和肺功能，保护肺部免受污染和烟尘的影响，降低感冒机会；苹果中的胶质和铬元素还能保持血糖的稳定。

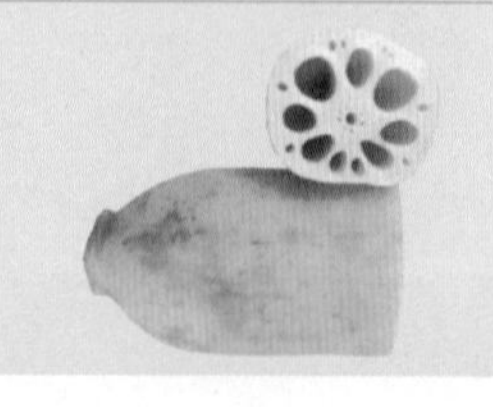

西红柿肉酱锅

【材料】排骨500克，西红柿2个，香菇片、胡萝卜片、嫩玉米、蒜苗各适量

【调料】葱段、盐、白糖各少许，鸡精3克，料酒5克，肉酱15克

【做法】1.所有材料均洗净。排骨切块稍汆烫，捞出沥干；西红柿切块；蒜苗切斜段；嫩玉米对半切开，与胡萝卜片一起入沸水稍汆烫。

2.热油锅爆香葱段，加适量水及所有材料以大火煮滚，改小火煮30分钟，倒入火锅中，加入除葱段外的所有调味料煮10分钟至熟即可。

西红柿含有番茄红素，对心血管具有保护作用，并能减少心脏病的发作。番茄红素具有独特的抗氧化能力，能清除自由基，保护细胞，阻止细胞老化，多吃西红柿可以有效抗衰老，使皮肤保持白皙细嫩。

芦笋炒瘦肉

【材料】芦笋150克，瘦肉50克

【调料】姜片、盐、葱段各5克，味精少许

【做法】1.芦笋洗净，一切两半，切2厘米长的段。

2.瘦肉洗净，切成2厘米长的丝。

3.锅置火上，放油烧热，放入姜片、葱段爆香，再放入瘦肉丝、芦笋段翻炒，加盐调味，加少许水，加盖略焖至熟，放入味精拌匀即可。

芦笋可降低循环免疫复合物含量，可产生胸腺素，促进T淋巴细胞的产生，从而提高免疫功能，调节免疫机能；能够降低人体器官中过氧化脂质的含量，提高超氧化物歧化酶的活性，从而延缓衰老。

蜜烧甘薯

【材料】红心甘薯500克，红枣100克

【调料】冰糖适量，蜂蜜100克

【做法】1.甘薯洗净，去皮，先切成长方块，再分别削成鸽蛋形；红枣洗净去核，切成碎末。

2.炒锅上火，放油烧热，下甘薯块炸熟，捞出沥油。

3.炒锅去油置旺火上，加入清水300克，放冰糖熬化，放入过油的甘薯，煮至汁黏，加入蜂蜜，撒入红枣末推匀，再煮5分钟，盛入盘内即成。

养生谈　甘薯含有丰富的维生素C、微量元素硒和较多的胡萝卜素；蜂蜜有补中、润燥、缓急、解毒等的功效，营养丰富，是防老抗衰的佳品。

飘香藕片

【材料】嫩藕150克，枸杞子少许

【调料】白醋、盐、酱油各适量

【做法】1.将嫩藕去皮洗净，去节头后切成薄片，入沸水汆烫捞出过凉。

2.将枸杞子用沸水浸泡10分钟，备用。

3.将白醋、盐、酱油拌匀做成味料备用。将藕片码摆入盘，放上枸杞子，淋上味料拌匀，即可供食。

养生谈　莲藕生食能清热润肺，凉血行淤；熟吃可健脾开胃，止泻固精。老年人常吃藕，可以调中开胃，益血补髓，安神健脑，延年益寿。

第八章

蔬果中医养生

中医的养生理论讲究『天人合一』，即人体要顺应自然规律才能维持正常生命活动，同时提倡『饮食有节』的食疗养生观。『五谷为养，五果为助，五畜为益，五菜为充』，根据人体气、血、阴、阳偏盛偏衰的程度，选择不同的食物进行补益，本章介绍的就是基于中医理论的蔬果养生。

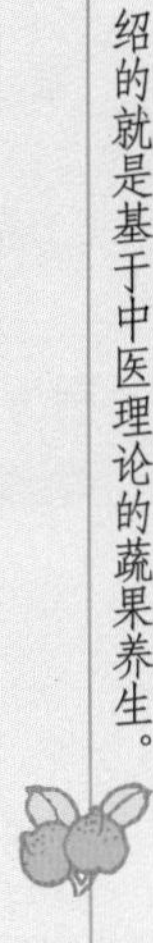

第一节 滋阴壮阳

ZIYINZHUANGYANG

阴阳学说是中医理论的指导思想，至今仍然在指导着中医临床。当人体处于阴阳平衡的状态时，中医便认为属于健康的状态；当病邪作用于人体，人体正气与之相搏，斗争的结果使得阴阳平衡被打破时，机体产生一系列病理变化，中医则称之为阴阳失调。阴阳之间相互依赖，互生互长。因此在治疗过程中要注意阴阳之间的关系，或滋阴，或壮阳，或阴阳双补，但滋阴须辅以补阳，补阳亦需配合滋阴，才能真正达到滋补的目的，使阴阳平衡。

中医辨证

阴虚体质多因久病阴伤，或房事不节，或过食温热香燥之物，或因情志内伤，暗耗津液，以致人体阴液亏损，失去润泽脏腑、滋养经脉肌肤的功用，出现身体羸瘦、形容憔悴、口干喉燥、咽痛咽干、口渴喜冷饮、大便干燥、小便短赤，甚至骨蒸盗汗，或午后低热，或夜热早凉、呛咳、颧红、消渴、舌红少苔或无苔，脉细数等一系列阴虚体征。

阳虚是指人体内的阳气不足，中国传统医学通常分为脾阳虚和肾阳虚，大多表现为畏寒肢冷、体温偏低、手足发凉，或腰背怕冷，或腰以下有冷感；大便经常稀薄不成形，小便清长，或小便频数，或溺后余沥，或阳痿；舌淡苔白，脉沉迟无力。

蔬果养生经

凡阴虚体质者，宜多吃些清补类食物，宜食甘凉滋润，生津养阴的食品，如新鲜蔬菜瓜果、膳食纤维及维生素含量丰富的食物，以及富含优质蛋白质的食品。可选用地黄、何首乌、白芍、天冬等药调配膳食。阴虚体质还宜服食菠菜、山药、银耳、蘑菇、黑木耳、西红柿、绿豆芽、葡萄、百合、甜橙、草莓、柚子、香蕉、西瓜等。

阳虚体质宜吃属性温热，具有温阳散寒且富有营养的食品。忌吃性寒生冷之物，如各种冷饮和生冷瓜果。

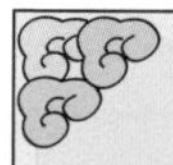
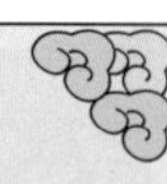

TIPS

摩击肾府

双手掌放于两侧腰部，从上向下往返摩擦，约2分钟，以微热为度。或双手握拳，用双手背面交替击打腰部，力度适中，每侧击打100次左右为宜。腰为肾之府，摩击肾府，又名“擦精门”，具健肾壮腰益精、疏通经络的作用。

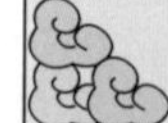

养生食谱推荐 >>

百合红枣粥

【材料】糯米 30 克，百合 9 克，红枣 10 颗

【调料】白糖适量

【做法】1.先将百合用开水冲泡一下，以除去一部分苦味。

2.把糯米、百合、红枣洗净，放入锅内，加适量水，先大火煮开，再转小火慢熬成粥，加白糖适量即成。

糯米甘平，能益气止汗；百合甘苦微寒，能清热安神，治虚火、利二便。辅以具养心补血安神作用的红枣。此粥对植物神经紊乱、更年期综合征有辅助食疗功效，能清虚火、安心神、治失眠，特别适合女性食用。

枸杞山药羊肉粥

【材料】羊里脊肉片、鲜山药各 100 克，糙米饭 360 克，姜末 5 克，枸杞子 10 克，黄芪、巴戟天各 20 克

【调料】盐 5 克，料酒 10 克，高汤 500 克

【做法】1.将山药、枸杞子、黄芪、巴戟天放入锅中，加适量水小火煮 30 分钟，取出药材中的黄芪与巴戟天不用，山药切条状备用。

2.将糙米饭及高汤加入做法 1 的药汁中拌匀煮滚后，加入羊里脊肉片及姜末、料酒、盐再煮 20 分钟。

3.切条状的山药放入做法 2 的粥中，再煮 2 分钟即可。

养生谈

山药含有多种营养素，有强健人体，滋肾益精的作用。凡是肾亏遗精、妇女白带过多、小便频繁等症，皆可食用。羊肉向来被中医认为具有补肾壮阳的作用，男士适合经常食用。枸杞子性味甘、平，入肾经，可滋补肾脏，生精养血。巴戟天性味辛、甘、微温，入肝、肾经，有补肾阳，强筋骨的作用，主治阳痿不起。此粥可温肾补阳，强精壮阳，对体弱气虚或贫血的女性朋友，也有很好的补养功效。

草莓香瓜汁

【材料】草莓6颗，香瓜半个，冰块少许

【做法】1.草莓洗净，去蒂；香瓜去皮，去子切小块。

2.将所有材料放入果汁机中，加入60克冷开水一起搅打1～2分钟，即可。

养生谈

草莓含多种糖类、柠檬酸、苹果酸、氨基酸，且糖类、有机酸、矿物质比例适当，易被人体吸收而达到补充血容量、维持体液平衡的作用；香瓜瓤肉含有蛋白质、脂肪、碳水化合物、无机盐等，可补充人体所需要的能量及营养素，帮助人体恢复健康。此汁可滋阴养血，补充营养。

咸汤圆

【材料】实心小汤圆500克，茼蒿250克，肉末、香菇、红葱头、虾仁各适量

【调料】盐5克，鸡精、高汤各适量

【做法】1.香菇泡软，去蒂，切丁；红葱头拍扁去皮，切碎；虾仁洗净泡软切碎；茼蒿洗净汆烫。

2.起油锅炒散肉末，放入做法1爆炒至香，加入适量高汤煮滚，盛出备用。

3.适量水煮滚，放入汤圆煮至浮起，捞出放进做法2中，加入盐、鸡精调好味即可。

养生谈

茼蒿含丰富的维生素、胡萝卜素及多种氨基酸，性味甘平，可以养心安神、润肺补肝、稳定情绪，茼蒿的芳香气味可以消痰化浊，宽中理气，主治痰多咳嗽等。

第二节 宣肺理气

XUANFEILIQI

肺主气，司呼吸。气是维持人体生命活动的最基本物质，肺主管呼吸之气。体内各种气机的运行，如营卫之气（西医所指的免疫力）、宗气（指呼吸之气、水谷之气的后天之气）、元气（先天之气）的生成和盛衰，都与肺有密切的关系。

中医辨证

呼吸作用必须通过肺气的宣发和肃降，才能将浊气排出体外，同时将津液和来自脾的营养物质输布到全身。

心将血脉输入肺，而脾则将营养物质输入肺，经由肺的呼吸作用，转变成体外之气；另外肺还通过肺气宣发作用，通过肌表腠理的开合，将汗液排出体外，以及将津液和营养物质布散于全身。

肺的肃降作用：通过肺气的肃降，将津液和水湿往下输送于肾。经过代谢和肾的气化作用，形成尿液排出体外。

如果肺的功能失常，便会产生一系列症状。

当肺失宣降时，将导致呼吸不畅，肺气拥阻，胸闷，甚至肺气上逆而喘。

当肺气虚损时，由于肺气不足，影响津液的输布代谢，水津不能气化，将使痰凝聚为饮。此外，肺气虚损，则卫气虚弱，肌表不固，因此容易自汗，易患感冒。

蔬果养生经

在日常生活中要注意饮食的调理，多吃新鲜的蔬果，如鲜芥菜、生姜、萝卜、佛手瓜、薤白、卷心菜、大头菜、韭菜、茴香、大蒜、紫苏、松蘑、香菇、梨、柑橘、猕猴桃、柚、荔枝、柠檬、山楂等。一些主食及豆类的选择也必不可少，如小麦、荞麦、粳米、高粱、刀豆、麦芽、豌豆、大豆及其制品等。要忌食辛辣、咖啡、浓茶等刺激品，少食肥甘厚味的食物。

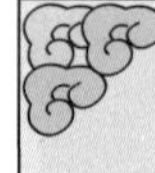

TIPS

按揉胸部

以一手中指指面沿锁骨下肋骨间隙由内向外适度按揉，以有酸胀感为宜，自第一、二肋间，二、三肋间顺序而下。坚持按揉胸部，可以宽胸理气，宣肺平喘。

养生食谱推荐 >>

百合金针

【材料】百合1个，鲜金针菇200克

【调料】橄榄油、盐各适量

【做法】1.百合洗净剥瓣去粗部；金针菇洗净去头部。

2.清水煮沸，金针菇入水汆烫至熟捞出。

3.再将百合汆烫至呈透明状捞出。

4.将汆烫后的金针菇、百合加橄榄油、盐拌匀。

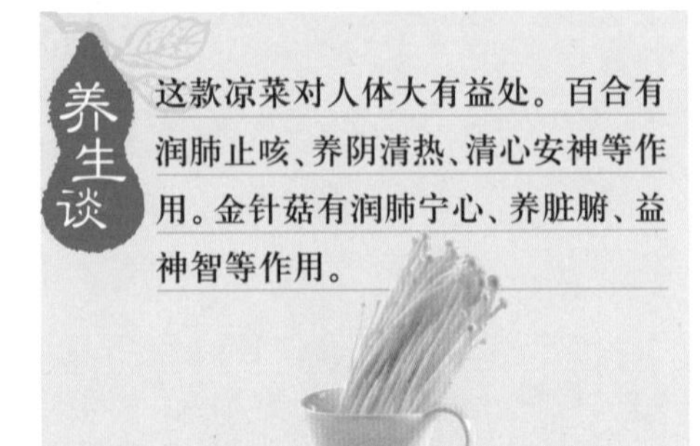

养生谈 这款凉菜对人体大有益处。百合有润肺止咳、养阴清热、清心安神等作用。金针菇有润肺宁心、养脏腑、益神智等作用。

高维生素果汁

【材料】橙子2个，橘子、红肉葡萄柚各1个，柠檬半个，冰块少许

【调料】蜂蜜5克

【做法】1.将橙子、橘子、柠檬洗净，去皮切块，分别放入榨汁机中榨成果汁。葡萄柚洗净去皮，切成小瓣状。

2.冰块放入玻璃杯中，倒入果汁并加入蜂蜜调匀，放入葡萄柚块即可饮用。

养生谈 柑橘类水果营养丰富，含有葡萄糖、果糖、蔗糖、多种有机酸、多种矿物质和维生素，尤其是维生素C、烟酸、胡萝卜素含量丰富，对调节人体新陈代谢、软化血管、防止血管破裂等大有裨益，其中柑橘络富含多种维生素，能促进微血管循环。柑橘还含有挥发油，能促进呼吸道黏膜分泌黏液，有利痰液的排出。中医认为，橘子性温，味甘酸，具有宣肺理气、祛痰止咳等功效；橙性寒，味甘酸，具有行气止血的功效。

银耳香菇粥

【材料】银耳、大米各 50 克，小香菇 150 克

【调料】盐 5 克

【做法】1.银耳冲净，用清水浸软后，去蒂，再切成小块。

2.香菇洗净，用水泡软；大米洗净。

3.将做法1和2放入锅中，加适量水，同煮成粥后，加盐调味。

此粥能补养肺气，通畅呼吸，增进肺功能和过滤污浊空气的能力，还能美润肌肤，使肌肤红润迷人。

杏仁煲萝卜

【材料】杏仁、川贝母各10克，萝卜 500 克

【调料】酱油、姜、葱、盐各适量

【做法】1.杏仁去皮尖，川贝母洗净去杂质。

2.萝卜洗净，切 4 厘米见方的块。

3.姜切块，葱切段。

4.锅置中火上烧热，放油烧至六成热，加入姜块、葱段爆香，下入萝卜块，加入500克水，放入酱油、盐、杏仁、川贝母，用小火煲至材料成熟、汤汁浓稠即成。

杏仁分为甜杏仁和苦杏仁两种。我国南方产的杏仁属于甜杏仁（又名南杏仁），味道微甜、细腻，具有润肺、止咳、滑肠等功效，对干咳无痰、肺虚久咳等症有一定的缓解作用；北方产的杏仁则属于苦杏仁（又名北杏仁），带苦味，苦杏仁在肠道中被分解，产生微量氢氰酸，对呼吸中枢具有镇静作用，可止咳平喘，对于因伤风感冒引起的多痰、咳嗽、气喘等症状疗效显著，但苦杏仁一次服用不可过多，每次以不多于 9 克为宜。

第三节 化痰止咳

HUATANZHIKE

咳嗽是呼吸系统最常见的病症之一，是人体的一种保护性措施，当呼吸道黏膜受到异物、炎症、分泌物或过敏性因素等刺激时，即反射性地引起咳嗽，有助于排除自外界侵入呼吸道的异物或分泌物，消除呼吸道刺激因子。

中医辨证

中医认为，“咳”谓无痰而有声，“嗽”谓无声而有痰，“咳嗽”谓有痰而有声。若有声无痰者责之于肺，多属阴虚肺燥；有痰无声者，责之于脾，多属脾虚不运，湿邪内阻，痰浊上干于肺；有声有痰者，肺气初伤，继动脾湿，属肺脾两脏同病。所以，辨痰之有无，可以辨别病变部位。

蔬果养生经

在日常生活中，要多吃萝卜、雪梨、黄瓜、荸荠等含水分较多的食物，可化痰平喘，宣肺理气。如果咳嗽痰多时，可大量食藕、白萝卜、嫩豆腐、水梨等。千万不要多吃橘子，因为橘子性温味甘，多吃会导致燥热生火、肺燥、起痰生疮，患上呼吸道疾病者食橘子非但不能化痰，反而有生痰、聚痰之弊。其实真正能起到止咳化痰作用的是橘络、橘红（为福橘或朱橘等多种橘类的果皮的外层红色部分）、橘皮，咳嗽者可多吃冰糖腌的鲜橘皮或煎服陈皮、橘络、橘红，但不宜食橘瓤。另外，在膳食中加一些止咳化痰的中药效果会更好，如杏仁、陈皮、甘草、半夏、生姜、夏枯草、车前子等。盐、辛辣食品、精加工食品和垃圾食物等会导致人体分泌过多的黏液，要少食甚至不食。

TIPS

服用复方甘草合剂注意事项

①服用后不要喝水，以免将覆盖在发炎咽部黏膜上面的有效成分冲掉，而降低其保护作用；②所含的酒石酸锑钾和复方樟脑酊刺激胃，易引起呕吐，宜饭后服。③其主要成分甘草能使血糖升高，糖尿病患者不宜服。

养生食谱推荐 >>

小萝卜蘑菇汤

【材料】小水萝卜200克，白玉菇、蟹味菇各50克，熏里脊肉150克，洋葱1/2个

【调料】奶油高汤、盐各适量，味精少许

【做法】1.将小水萝卜连少许缨洗净切厚瓣；洋葱洗净切块；熏里脊肉洗净切片；蟹味菇、白玉菇洗净待用。

2.锅中放油烧热，加洋葱片炒软，倒入适量奶油高汤，放入除洋葱外的所有材料，加盐、味精煮至成熟入味即可。

养生谈 萝卜性凉味辛甘，可化痰清热、下气宽中；蘑菇性平，味甘，其提取液具有明显的镇咳、稀化痰液的作用。此汤可化痰止咳。

醪糟浸荸荠

【材料】荸荠500克，枸杞子适量

【调料】醪糟100克，纯净水240克，白糖、白酒各15克

【做法】1.荸荠去皮洗净；枸杞子用温水泡软备用。

2.醪糟、纯净水、白糖、白酒混合调成汁，放入荸荠、枸杞子浸泡入味即可。

养生谈 荸荠甘寒，能清肺热，因富含黏液质，具有生津润肺化痰的作用，可治疗肺热咳嗽、咯吐黄黏脓痰等病症；枸杞子性味甘、平，入肺经，有滋阴润肺、化痰止咳之功。此品适宜于咳嗽有痰的患者食用。

葱油萝卜丝

【材料】白萝卜500克，水发香菇50克，青葱5根，新鲜橘子皮50克

【调料】盐适量

【做法】1.白萝卜洗净，刨去外皮，切成丝，放入大碗中，加入部分盐，抓揉浸渍片刻，挤去水分。

2.香菇用沸水泡发，洗净，切成丝；新鲜橘子皮洗净切丝；青葱切成葱花，撒在萝卜丝上。

3.炒锅置火上，放油烧至八成热，舀1小勺浇在萝卜丝上。锅留底油，烧热后下入香菇丝、橘皮丝，熘炒均匀后倒在萝卜丝上，加剩余盐拌匀即成。

养生谈 白萝卜性凉、味辛甘，可消食化积，化痰清热。此菜肴可增进食欲，提高免疫力。

酸辣白菜

养生谈 橙皮具有宽胸降气，止咳化痰的作用。实验证明，橙皮含0.93%～1.95%的橙皮油，对慢性气管炎有效，且易为患者接受。橙子果实所含的那可汀具有与可待因相似的镇咳作用。

【材料】白菜450克，柳橙汁370克

【调料】白糖30克，白醋、盐各10克，辣椒酱45克

【做法】1.白菜洗净切成四等份，将白菜心以斜刀去除，并拨开白菜叶。

2.白菜撒上部分盐，搅拌使之出水，1小时后以冷开水洗净盐分挤干。

3.加入辣椒酱、白糖、白醋、剩余盐搅拌均匀，再倒入柳橙汁即可。

第四节 疏肝利胆

SHUGANLIDAN

肝胆相连，二者经脉相互络属，故相合为表里。肝为脏，属阴；胆为腑，属阳，故又相合为阴阳。肝气有助于胆汁的化生，而胆汁的贮藏和排泄靠肝的疏泄功能调节。

中医辨证

肝主疏泄，即肝对全身气机、情志、胆汁的分泌和排泄、脾胃的消化以及血和津液的运行、输布具有调节功能。此外，女子的排卵和月经来潮、男子的排精，也与肝的疏泄功能密切有关。

肝又主藏血，即肝具有贮藏血液和调节血量的生理功能。胆的主要功能为贮藏和排泄胆汁，有助于食物的消化，并与人的情志活动有关。胆贮藏和排泄胆汁的功能，是由肝的疏泄功能调节与控制的，肝的疏泄功能正常则胆汁排泄畅达，二者共同维持人体生理功能。

中医认为肝脏与草木相似，春季属肝，是肝气最活跃的季节，也是养肝护肝最好的时机。由于肝胆相表里，功能相辅相成，肝疏泄正常，胆汁才能充盈，所以春天应肝胆并养。

蔬果养生经

养护肝胆首先要从饮食入手。专家建议，经常感到疲劳的人，应该增加白菜、圆白菜和菠菜等各式叶菜的食用量，因为这些蔬菜能加速排出体内的毒素。肝火旺盛的人，则可以早晚餐前空腹喝一杯保肝茶，以滋阴清肝火。平时也可以吃些温补的食物御寒助阳，例如韭菜、大蒜、洋葱、魔芋、香菜、生姜、葱，这些蔬菜性温、味辛辣，除了疏散风寒，还能杀死随春暖萌生的病菌。性温味甘的食物也有不错的护肝利胆的功效，这类食物如胡萝卜、菠菜、南瓜、扁豆、红枣、苹果、桂圆、核桃、栗子等。另外，在膳食中，还要多加一些中药，如莪术、姜黄、郁金、茵陈、枳壳、芍药、陈皮等，它们均能疏肝、利胆、降脂。

TIPS

护肝八守则

少吃高胆固醇食物；减少油脂的摄取；少吃加工类食品；多吃富含膳食纤维的谷类；多吃新鲜的蔬菜及水果；每天饮水 8 大杯；每天睡足 8 小时；每天散步 80 分钟。

养生食谱推荐 >>

水果仙草冻

【材料】仙草粉20克，猕猴桃1个，西瓜120克，哈密瓜150克

【调料】蜂蜜15克，水淀粉30克

【做法】1.仙草粉加750克水搅拌均匀，以小火加热且不停搅拌，最后加水淀粉勾芡拌匀，入冰箱冷却成冻。

2.猕猴桃、西瓜、哈密瓜去皮，挖球及切丁放在仙草冻上，淋上蜂蜜即可食用。

养生谈

此道点心含有适量的糖类，可提供肝病患者所需的热量。另外这道点心蛋白质含量低，对需限蛋白质摄入的患者也适用。

西瓜木耳羹

【材料】西瓜150克，水发黑木耳20克

【调料】白糖适量

【做法】1.将黑木耳放入温水中泡软。

2.将西瓜取肉切小丁，放入锅内，加入黑木耳与清水一起煮滚。

3.煮沸后加入白糖调匀即可食用。

养生谈

西瓜有利尿的作用，吃西瓜后尿量会明显增加，这可以减少胆色素的含量，并可使大便通畅，对治疗黄疸有一定帮助。黑木耳中的多糖体是不可多得的免疫增强剂，可明显促进肝脏蛋白质及核酸合成，提高肝脏解毒能力，保护肝脏功能。

梨香糖水

【材料】梨1个，香瓜半个，柠檬1/4个

【调料】果糖5克

【做法】1.柠檬洗净，榨出纯汁备用；梨、香瓜洗净，削皮，去核、蒂，切成块状。

2.梨块、香瓜块放进榨汁机内，加入冷开水，一起搅打均匀。再将打好的香瓜梨汁倒进杯中，以柠檬汁、果糖拌匀调味，即可饮用。

养生谈 梨含有较多的糖类物质和多种维生素，糖类物质中果糖含量占大部分，易被人体吸收，促进食欲，对肝炎患者的肝脏具有保护作用。另外，梨还具有增加血管弹性，降低血压的作用，其性凉并能清热镇静，肝阳上亢或肝火上炎型高血压病人，常食梨能使血压恢复正常，改善头晕目眩等症状。

五彩蘑菇汤

【材料】口蘑、胡萝卜各30克，豆苗20克，西红柿1个，菜叶少许

【调料】姜片、盐、味精、香油各适量

【做法】1.将胡萝卜洗净切菱形片，西红柿洗净切成菱形块。

2.锅内倒水，加姜片，待水烧热后将姜片捞出。

3.放入口蘑，煮至水沸，然后放入豆苗、胡萝卜块、西红柿块、菜叶，加适量盐调味。

4.待蘑菇煮熟软时，加入味精，淋上香油即可。

养生谈 口蘑可抑制血清和肝脏中的胆固醇上升，对肝脏起到良好的保护作用，它还含有多种抗病毒成分，对病毒性肝炎有一定的食疗效果。

第五节 补心安神

BUXINANSHEN

祖国医学认为，精、气、神为人之三宝。“精”为构成人体的重要基础，是生命的根本；“气”为人体的能量源泉，是生命的动力；在精和气的基础上产生精神、知觉、运动等生命活动现象的主宰称之为“神”。神气充盈则人体机能旺盛而协调；神气散则人体的一切机能的正常活动被削弱。尤其是现代人在工作、生活都处在紧张状态下，随时随地注意保养精神，就显得更为重要了。

中医辨证

精、气、神是防治疾病、保证健康长寿的根本，调摄保养精、气、神的方法关键在于安神。《庄子·养生主》主张：“纯素之道，惟神是守，守而勿失，与神为一。”说明了安神的重要性。神安定与否关键看心的功能。若精神活动的源头——神能够安静收纳于心中，这样就能有安稳的睡眠。若因为心过于兴奋，或是心功能衰弱，会使得心神变得不安定，便会无法入眠；睡眠过浅，一个晚上要醒来好几次的人，是因为囤积于体内致病的水分（痰）扰乱了心神；感到焦躁，或是想东想西无法入眠的人，是因为肝气停滞，导致热量囤积扰乱心神的缘故。另外，若肾中阴液不足，冷却心热的功能将会减退，导致无法控制心的功能，因此夜里往往无法入眠，就算睡着了也会马上醒来。相反地，若心功能减退，神无法收纳于心中，就算已经感到想睡，躺下盖上棉被，也无法轻易进入梦乡。

蔬果养生经

神只可得，不可失；只宜安，不宜乱。因此补心安神很重要，饮食上要选择具有补充阴液，安定心神效果的食材，如桂圆、梨、葡萄、山药、白菜、竹笋、黑木耳、黑豆、莲子等。同时在制作膳食时要加入中药成分，如能养心安神、益阴敛汗的酸枣仁，茯苓、人参、五味子、百合等。

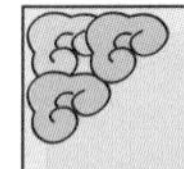

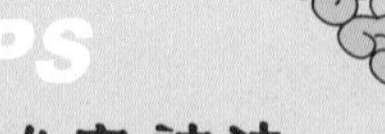

TIPS

振心脉宁心安神法

取立位，两足分开同肩宽，身体自然放松，两手掌自然伸开，以腰转动带肘臂，肘部带手，两臂一前一后自然甩动。当甩动至身体前面时，用手掌拍击对侧胸前区；当甩动至身体后面时，用手背拍击对侧肩胛区。可反复操作36次。

养生食谱推荐 >>

红枣葱白汤

【材料】红枣25颗，葱白(连根须)6根

【做法】1.先将红枣洗净，用水泡一会，再煎煮20分钟。2.然后加入洗净的葱白(连根须)6根，继续用小火煎煮10分钟。然后盛起喝汤，注意将红枣吃掉。

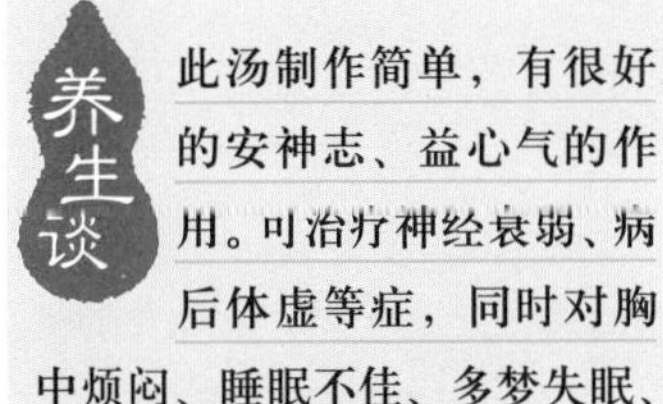

养生谈 此汤制作简单，有很好的安神志、益心气的作用。可治疗神经衰弱、病后体虚等症，同时对胸中烦闷、睡眠不佳、多梦失眠、记忆力减退有很好的食疗效果。

飘香莲子粥

【材料】莲子30克，粳米100克

【做法】1.莲子用水涨发后，在水中用刷子擦去表层，抽去莲心，冲洗干净后放入锅内，加清水在火上煮烂熟，备用。2.将粳米淘干净，放入锅中加清水煮成薄粥，粥熟后掺入莲子，搅匀即可食用。

养生谈 莲子有养心安神的功效，中老年人，特别是脑力劳动者经常食用，可以健脑，增强记忆力，提高工作效率；莲子味道极苦，却有显著的强心作用，能扩张外周血管，降低血压；莲子还有很好的去心火的功效，可以治疗口舌生疮，并有助于睡眠；莲子中的钙、磷和钾能促进凝血，使某些酶活化，维持神经传导性，镇静神经，维持肌肉的伸缩性和心跳的节律等作用。中医认为，莲子性平，味甘，入心、脾、肾精，具有补心安神的功效。

莲子百合煲瘦肉

【材料】莲子、百合各20克，猪瘦肉100克

【调料】盐适量

【做法】1.瘦肉洗净，切丝；将莲子洗净去心。

2.将肉丝、莲子、百合放入锅中，加水适量同煲，肉熟烂后加盐调味食用，每日1次。

养生谈

此煲可清心润肺，益气安神。中医认为，经常熬夜的人容易导致阴亏阳亢而产生阴虚内热的症状，不妨使用药膳适当进行调养，使精力充沛。

枣仁安身汤

【材料】酸枣仁10克，鱼肉80克，银耳1朵，西兰花30克，新鲜香菇2朵，金针菇20克，新鲜莲子15克

【调料】盐5克，红辣椒1根，葱1根

【做法】1.酸枣仁用茶包袋包起，加水800克熬煮至剩400克药汁。

2.将鱼肉洗净切大块；银耳洗净泡软用手撕碎；西兰花洗净切小朵；香菇洗净去蒂后在伞面刻花；金针菇洗净切去根部；莲子洗净；红辣椒切薄片；葱切葱花。

3.将做法1的药汁、做法2所有材料放入锅中，以中火煮开，加盖转小火煮至热，加盐调味即可。

养生谈

银耳含丰富的胶质及6种人体必需氨基酸，有润肺、生津功能。与有养心安神功能的莲子同煮，对心悸、失眠有改善功效。酸枣仁性平，具养肝镇静、宁心安神、止渴除烦功能，针对心悸、心烦、失眠、神经衰弱具改善效果。

银耳红枣木瓜羹

【材料】木瓜1个，水发银耳30克，红枣、莲子各适量

【调料】冰糖适量

【做法】1.木瓜洗净，去皮、子后切成小块备用。

2.银耳用温水泡至完全回软后，洗净备用。

3.红枣温水泡发洗净；莲子泡发后，去除莲心，洗净备用。

4.锅内放水，加入木瓜块、银耳、红枣、莲子、冰糖，先用大火烧开后改小火煲1～2小时即可。

养生谈 莲子中的钙、磷和钾含量非常丰富，除可以构成骨骼和牙齿的成分外，还有促进凝血，使某些酶活化，维持神经传导性，镇静神经，维持肌肉的伸缩性和心跳的节律等作用。

黄豆木瓜汤

【材料】泡黄豆30克，木瓜半个，草菇3～4朵，小油菜少许

【调料】盐适量，白糖少许，生姜1块

【做法】1.木瓜去皮、子，切块；小油菜去老叶、洗净，掰开；草菇洗净切片；生姜洗净，去皮切片。

2.锅中放油烧热，放入姜片炒香，注入清水，加入泡黄豆、草菇片，用中火烧开。

3.加入木瓜、小油菜，调入盐、白糖，用大火滚透，倒入汤碗内即可食用。

养生谈 黄豆中有不饱和脂肪酸的成分，可促进血液中的废物及脂肪全部排出，强化心脏功能，适当地摄取有助于健康。

第六节 生津止渴

SHENGJINZHIKE

津液是指除了血以外的所有体液，是脾脏将水的精华气化而成的。于脾脏生成的津液，在脾与肺、肾的作用下，以三焦为通路送往全身，并具有可滋润身体各个部位的功能。

中医辨证

被送往体表的津液会滋润肌肤毛发，送往体内的津液则可滋润脏腑。另外，关节内的骨髓亦含有津液，使关节能够灵活动作，并滋润骨髓与脑髓。

其他如汗与泪、唾液、口水、鼻水则为津液的代谢物，称为五液。这些分别为心液、肝液、肾液、脾液、肺液，是在对应的脏器当中所产生的。

另外，津液还具有在造血时当作血的原料来使用的功能。

在身体各部位经利用过而废弃的津液，会被送往肾脏，成为尿液，最后经膀胱排出。

营养不良、不卫生的饮食、脾胃异常、津液的过量消耗与排出，都会造成津液的不足，或者因热邪入侵损伤津液、津液随汗过量排出也都可能是原因。津液不足引起的症状有口腔与喉咙、鼻腔的干燥、肌肤松弛、毛发失去光泽、便秘等。

蔬果养生经

在饮食调理上要少吃辛味的葱、姜、蒜、辣椒，多吃些酸味的蔬果，多喝开水、豆浆、新鲜蔬果汁等，它们不但润燥通便而且富含水分，多食可补津液。如菠萝，能够健脾止渴，适用于虚热烦渴、腹胀吐泻等症；绿豆，不仅能有效控制糖尿病，而且还有助于解除烦渴等症状。

TIPS

凉茶与热茶哪个解渴

在炎热的夏季，有人为了解渴和求得凉快，常喜欢喝凉茶。其实，喝热茶才能降温快，而且还可使人耳聪目明，神思爽畅。有人做过试验，喝热茶时，通过发汗，可使人体皮肤表面温度在数分钟之内明显降低，大大改善口渴的感觉；而喝凉茶时，皮肤温度变化并不明显。实践证明，热茶比凉茶更能解渴。

养生食谱推荐 >>

醪糟浸杞子双瓜

【材料】黄瓜、冬瓜各250克，枸杞子少许

【调料】醪糟500克，蜂蜜15克

【做法】1.黄瓜洗净去子，切成细条；冬瓜去皮切条，氽烫至熟备用；枸杞子洗净泡软。

2.将做法1中的材料放入用醪糟和蜂蜜调好的汁中，浸泡2小时即可。

冬瓜含有多种维生素和人体必需的微量元素，可调节人体的代谢平衡。另外，冬瓜性寒味甘，可清热生津、清降胃水、解暑除烦，夏季多吃些冬瓜，可解渴消暑、利尿消肿。

醋熘藕片

【材料】鲜藕300克

【调料】高汤、盐、白糖各少许，醋30克，花椒粒5克，香油少许

【做法】1.将藕去皮洗净，切片。

2.锅置火上，加油烧热，放入花椒，炸出香味后，加入藕片略炒，烹入醋，加入少许高汤、盐、白糖，翻炒均匀，淋上香油，起锅即成。

莲藕性寒，味甘，可解渴，另外鲜藕中碳水化合物的含量较高，水分多，有利水通气、生津滋润、强身健体的功效。

第七节 补血养颜

BUXUEYANGYAN

中医一向主张女人以血为本，女性日常保养重在“养血活血，以内养外”，只有气血调畅，才是女性养颜祛斑、美白肌肤的根本。而今，补血养颜已经不再仅是女性朋友关注的焦点，越来越多的人开始注重气血的调养，重视肌肤的美白健康。要想面色红润有光泽，就从补血开始做起吧！

中医辨证

筋肉和骨骼之所以能结实强壮，眼睛能清楚视物，或是肌肤毛发能有光泽、能以手持物，都是因为血的作用。血与气一样，都是维持精神活动的基本物质，只有充沛气血，意识才能保持清醒，精神才能维持安定。血虚是血不足或血的功能减弱所引起的状态。造成血虚的原因有失血、血消耗太过、或造血机能减弱等。所谓失血，是指如月经出血过多等所造成的，就算造血量再多，若出血量过多，仍会造成血虚。造血功能减弱则是由于营养不良、脾胃功能减弱等原因，特别是具有造血功能的脾脏若发生异常，便容易引发血虚。血若不足，则血带来的营养与滋润也将不足，肌肤、毛发和眼睛、筋肉等各部位将产生异常。其主要临床表现为面色萎黄、唇甲苍白、头目晕眩、心悸不寐、失眠多梦以及妇女月经后期，量少色淡，甚或闭经等。血虚症常见于各种贫血、血液病、晚期癌症及慢性消耗性疾病中。

蔬果养生经

平时应该多吃富含优质蛋白质、微量元素（铁、铜等）、叶酸和维生素B_{12}的营养食物，如红枣、莲子、桂圆肉、核桃、山楂、菠菜、胡萝卜、黑木耳、黑芝麻等，它们富含营养的同时，还具有补血活血的功效。

常用的补血中药有当归、川芎、红花、熟地、桃仁、党参、黄芪、何首乌、枸杞子、山药、阿胶、丹参、玫瑰花等天然中药，用这些中药和补血的食物一起做成可口的药膳，均有很好的调节内分泌、补血养血的效果。

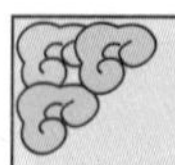

TIPS

补血小测试

1.肤色暗淡，唇、指甲颜色淡白。

2.时常有头晕眼花的情况发生。

3.最近一段时间经常心悸。

4.睡眠质量不高，常无故失眠。

5.经常会有手足发麻的情况发生。

6.月经颜色比正常情况偏淡且量少。

如果你有三条以上回答“是”，那么提醒你补血乃当务之急！

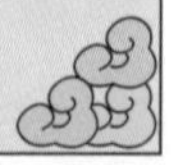

养生食谱推荐 >>

苋菜黄鱼羹

【材料】苋菜150克，小黄鱼净肉250克，春笋50克、火腿末适量

【调料】高汤、盐、料酒、胡椒粉、水淀粉、姜末各适量

【做法】1.苋菜洗净备用；小黄鱼洗净切成1厘米见方的小丁备用；春笋洗净切丁备用。

2.锅内加高汤、姜末、鱼丁、笋丁、料酒、盐和胡椒粉烧开。

3.撇去浮沫，再烧开1分钟，淋上水淀粉，待芡汁略有黏性时下入苋菜。

4.待苋菜断生，撒上火腿末略煮即可。

养生谈 绿苋菜含的铁质是菠菜的2倍，红苋菜含的铁质比菠菜更是高达6倍，而且没有草酸的干扰，铁质吸收好，因此，红苋菜是素食者最佳的补血食物。

补血润肤茶

【材料】黄芪25克，当归5克，桂圆20克，红枣3颗（去核），天冬15克

【做法】锅中放入水800克，加入全部药材小火煮30分钟，取汁饮用（分早晚饮服）。

养生谈 桂圆含多种营养物质，有补血安神的功效，对贫血有较好的疗效；红枣在中医处方里，是一味最常见的药食同源药，味甘性温，主要功能为补中益气、养血安神，临床主要用于脾胃气虚、血虚萎黄、血虚失眠多梦等症的治疗；当归性温，味甘辛，主要含有维生素A、维生素E、钴胺素、挥发油、精氨酸及多种矿物质，可以补血调经，用于心肝血虚、月经不调、闭经痛经等症；黄芪味甘，性微温，入脾、肺经，是补气药，可助气壮筋骨，长肉补血。合为可补益气血、淡化斑点、改善肤色黯沉、贫血头晕、脸色苍白等症。

糯米桂圆粥

【材料】桂圆肉100克，糯米240克

【调料】红糖80克

【做法】1.糯米淘洗净，加适量清水浸泡2小时，直接以大火煮沸，滚后转小火慢煮约20分钟，至米粒呈半花糜状。

2.将桂圆肉剥散，加入粥中煮5分钟，加红糖调匀即成。

桂圆含丰富的葡萄糖、蔗糖及蛋白质等，含铁量也较高，可在提高热能、补充营养的同时，促进血红蛋白再生以补血。桂圆肉除对全身有补益作用外，还可消除疲劳。

首乌木耳肝片

【材料】鲜猪肝250克，制何首乌20克，水发木耳75克，青菜心50克

【调料】葱花、蒜片、姜丝、料酒、酱油、盐、味精、醋、水淀粉、鸡汤、香油各适量

【做法】1.制何首乌洗净，烘干切片后放入砂锅，加适量水，浓煎40分钟，提取浓缩液20克备用；猪肝洗净，剖条，切成薄片；水发木耳择洗干净，撕小片；青菜心洗净，入沸水锅中汆一下。

2.将木耳、青菜心、葱花、蒜片、姜丝、料酒、酱油、盐、味精、醋、水淀粉以及制何首乌提取液同放入大碗内，加少量鸡汤拌匀成芡汁待用。

3.炒锅烧至六七成热，加入猪肝片，急火炒，加入料酒，炒透后倒入漏勺。

4.炒锅留底油，用大火烧至九成热，将猪肝片再回锅，同时将芡汁倒入，搅匀，翻炒片刻，淋入少许香油即成。

黑木耳中铁的含量极为丰富，为猪肝的7倍多，故常吃木耳能养血驻颜，令人肌肤红润，容光焕发，并可防治缺铁性贫血；何首乌性温，味苦，可治疗贫血，其中所含的卵磷脂为构成红血球及其他细胞膜的重要原料，并能促进血细胞的新生及发育；再加上肝是补血食品中最常用的食物，尤其是猪肝，其营养含量是猪肉的十多倍，食用猪肝可调节和改善贫血病人造血系统的生理功能。此菜是补血益颜的上等菜品。

第八节 强精固肾

QIANGJINGGUSHEN

构成人体的物质除了气、血、津液外，还有精，精是维系生命的根本能源。精分为先天之精与后天之精。先天之精继承自双亲，而将来也会由子女继承下去；后天之精，则是来自饮食中，靠补养获得。

中医辨证

先天之精储存于肾脏中，便成为肾精。肾精具有促使身体成长、发育，产生月经、精子等有关生育能力的功能。当人上了年纪，便会开始老化，肾精随之减少，生殖机能也随之衰退。

另外，先天之精也可以作为卫气与元气的原料，生成可应需要转化为血和骨髓的功能。

后天之精是透过脾与胃的功能，自饮食中合成，运往全身与脏腑中，成为维持生命活动的能量。其中，一部分被运往肾脏，补充随成长过程而消耗的肾精。

因此，如果肾精盛、肾气旺，就不易衰老；如果肾精亏损、肾气虚弱，就容易衰老，或是出现骨质疏松、脊柱弯曲、牙齿动摇等未老先衰的症状。

如果肾的功能失常，便会产生以下症状：

当肾精不足时，将导致骨骼痿软、两足痿弱无力。髓虚不足以充脑，脑髓空虚，智力减退，动作迟钝。

当肾气不固时，肾失封藏，则容易遗精、滑泄、呼多吸少、动则气喘、大便滑脱、小便清长、或尿有余涩、或二便失禁。

当肾阳虚损时，将导致阴寒内生，生殖机能减退，如阳痿、精冷不育或宫寒不孕等症。

蔬果养生经

肾与精有着密切的联系，平时要摄入一些固本培原、强精固肾的饮食，如有壮阳固精功效的韭菜及其种子，对阳痿、早泄及遗精等症效果极佳；有补肾益精、固涩止遗作用的山药，经常食用可防治阳痿、早泄、遗精、腿软；具有补皮涩肠、养新固肾功效的莲子，常吃能够治脾久泻、梦遗滑精、频尿、妇女白带；具有补益气血、添精生髓功效的荔枝，用于治疗病后精液不足、肾亏梦遗、脾虚泄泻、健忘失眠等症。

此外，膳食中还要加入芡实、枸杞子、鹿茸、菟丝子、肉苁蓉、淫羊藿等中药，它们是固肾涩精、补益精气、强盛阳道的良药。

养生食谱推荐 >>

养生谈 韭菜为辛温补阳之品，能温补肝肾，因此在药典上有“起阳草”之称；核桃仁性温，味甘，入肾、肺经，可补肾固精、强腰助阳，合为可用于治疗肾亏腰痛、遗精、阳痿、早泄等疾病。

韭菜核桃仁炒鸡蛋

【材料】韭菜100克，核桃仁50克，鸡蛋2个

【调料】盐、味精各适量

【做法】1.将核桃仁放入锅内翻炒几下，倒出冷却备用；将韭菜洗净、切段；鸡蛋打散。

2.将韭菜段放入蛋液内，加盐搅拌均匀。

3.锅内倒油烧热，将韭菜鸡蛋液倒入锅内，翻炒至散碎，再放入核桃仁，加味精翻炒均匀即可。

猪肉韭菜饺子

【材料】饺子粉1000克，韭菜500克，猪肉馅300克，鸡蛋1个

【调料】香油、十三香饺子馅料、盐、味精各适量

【做法】1.将鸡蛋磕入饺子粉中，和匀揉成面团，饧30分钟后，下剂子，擀饺子皮备用。

2.韭菜择洗干净，切末，与猪肉馅一起放入大一点的容器中，加十三香饺子馅料、盐、味精、香油拌匀。

3.取饺子皮，包入馅心制成饺子生坯。

4.锅内放水煮沸，下入饺子生坯，煮熟即可。

养生谈 因韭菜中含有挥发性精油硫化丙烯及锌，这些都是能增加男性雄风的物质，能改善阳痿，增强性功能，想要强精壮阳的人可以多吃一点韭菜。

猪腰荸荠汤

【材料】猪腰1个，荸荠100克

【调料】冰糖30克

【做法】1.荸荠洗净，去皮切成两半。

2.猪腰剖开洗净，去白色臊腺，切成腰花。将上述两料同放入一锅内，加适量水用大火烧沸。

3.投入打碎的冰糖，转小火煮30分钟至熟即成。

养生谈 荸荠性寒，味甘，能清热生津；猪腰性平，味咸，可和通肾气，通利膀胱。两者合煮成汤服食，最宜肾气亏虚引起的慢性肾炎。

枸杞核桃粥

【材料】枸杞子、核桃仁各20克，粳米100克

【调料】冰糖35克

【做法】1.把枸杞子洗净，去杂质；核桃仁洗净；粳米淘洗干净。

2.把粳米、枸杞子、核桃仁放入锅内，加清水1000克。

3.把锅置旺火上烧沸，再用小火煮45分钟至熟即成。

养生谈 枸杞子是强精固肾、固本培原、抗衰老的药食两用物品。据现代医学研究，枸杞子含有多种人体必需氨基酸，能使身体强壮，内服可补益精气、强盛阳道。核桃仁性平温，味甘，无毒，入肺、肾、肝经，可补肾强腰、强筋健骨、通润血脉、补虚劳，主治肾气虚弱、小便频数、四肢无力、腰腿疼、筋骨痛、虚劳喘嗽、女子崩带等症。此粥可补肾强精。

干烧四季豆

【材料】四季豆350克，猪肉馅50克

【调料】豆瓣酱、姜末、蒜末、酱油、白糖、香油、味精各适量

【做法】1.四季豆去筋洗净，放入沸水中汆熟后用冷水冲凉待用。

2.锅中放油烧热，放豆瓣酱、姜末、蒜末、肉馅，用小火煸出香味，炒成红色后，倒入四季豆煸炒，加适量酱油、白糖、水略烧。

3.待汤汁收干、材料成熟，加味精、香油即可。

养生谈 四季豆含丰富的钙、磷及多种维生素，能温中下气，补肾助阳，适用于肾虚腰痛等绝经期症状。与猪腰同食，补肾壮阳的功效更佳。

韭黄腰花

【材料】韭黄150克，猪腰1个

【调料】淀粉、蒜蓉、葱花、姜丝、盐、味精、白糖、香油、胡椒粉、鲜汤各适量

【做法】1.韭黄洗净切段；猪腰剖开，去除白色腰臊，洗净，切十字花刀后横切成条，放入沸水中汆烫一下，去除血水，捞出控干水分。

2.将盐、味精、白糖、胡椒粉、淀粉和香油放进碗里，再加少量鲜汤对成芡汁备用。

3.锅内放油烧热，放入猪腰片，滑油至五成熟，捞出沥油。

4.锅中留少许余油，放蒜蓉、葱花、姜丝、腰花、韭黄翻炒几下，调入芡汁炒匀即可。

养生谈 韭黄性味甘、温，无毒，具有健脾补肾、助阳固精的功效；猪腰含丰富的蛋白质、铁、锌等对人体十分有益的营养成分。经常食用可以补充精力，补肝肾，尤其对男性性功能障碍有一定辅助疗效。

第九节 舒筋活络

SHUJINHUOLUO

舒筋活络是治疗经络气血运行不畅，筋脉失养的方法。经络是气血运行的道路，在病理因素的影响下，经络不畅、气血运行发生障碍，就会导致各种疾病。

中医辨证

产生经络不畅的原因很多，其症状也各有不同。当人体感受外界的风寒湿邪后，就会经络闭阻，气血运行不畅，症见肌肉、筋骨、关节疼痛、麻木、酸楚、肿胀、屈伸不利等；特别是受邪气侵袭时，如风邪偏胜，则疼痛无定处；湿邪偏重，则肢节冷痛；若属湿热痹阻经络，症见肢体关节红肿热痛；若痰阻络脉，可见肢体麻木，或语言不利，或口眼歪斜等；若淤血阻络，症见关节肌肉疼痛有定处，疼痛夜重，舌质暗，或有淤斑淤点、脉细涩、头痛、胸痛、痛经等症。

蔬果养生经

舒筋活络法主要用于治疗经络闭阻、气血运行不畅所致的肌肉、筋骨、关节的疼痛、麻木、屈伸不利等症。常用的药物有独活、桑寄生、薏仁、威灵仙、鸡血藤、全当归、田七、桂枝、制南星、全蝎、白芍、川芎、桃仁等，能通经活络、祛除留滞、经络气血运行障碍所致的各种病证，食养可以食用舒筋活络，行气活血之物，如冬笋、木瓜、葱、姜、蛇肉、牛膝、山楂等。此外，还要多锻炼身体，早晚不宜静坐，静坐久了，易为风寒所侵。白天宜活动，宜晒背、晒双脚、活动筋骨，好让气血畅通。

TIPS

按摩天柱穴缓解肩颈酸痛

天柱穴在颈后风池穴下方。以拇指、食指抓住天柱穴，按压、搓揉5～10次。对高血压引起的头痛特别有效，但不宜过度用力。可缓解肩颈酸痛，疲劳困倦。

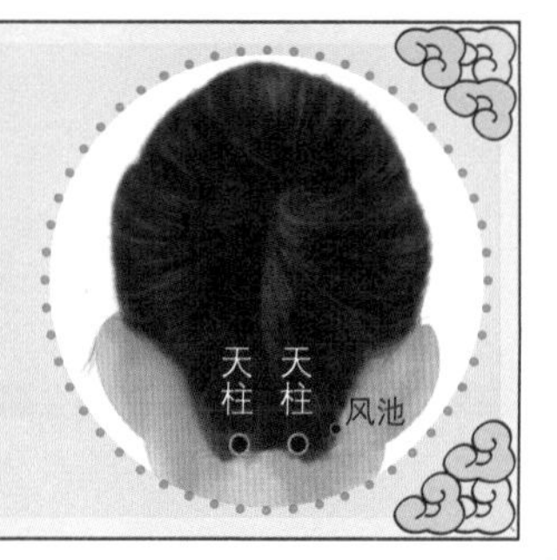

养生食谱推荐 >>

香菜葡萄柠檬汁

【材料】香菜、葡萄、菠萝各300克，柠檬半个，冰块2～3块

【做法】1.香菜洗净，用开水汆烫一下，切碎；将葡萄洗净，去掉皮和子；菠萝去皮，切成小块；柠檬连皮，切成3～4块。

2.分别将准备好的柠檬、菠萝、葡萄放入两层纱布中，用硬的器物压榨，挤出汁；将香菜放入纱布中，直接挤出汁；

3.将挤出的全部汁液一同放入盛有冰块的玻璃杯内。

4.或者将准备好的香菜、柠檬、菠萝、葡萄一同放入榨汁机内，搅碎出汁，用纱布过滤，注入装有冰块的玻璃杯中，搅匀即可饮用。

养生谈 肌肉拉伤后，会出现组织发炎、血液循环不畅、受伤部位红肿热痛。菠萝所含的菠萝蛋白酶成分具有消炎作用，可促进组织修复，还能加快新陈代谢、改善血液循环、快速消肿，是此时身体最需要的水果。

酱烧冬笋

【材料】冬笋500克，豌豆苗150克

【调料】甜面酱、白糖、酱油、盐、味精、香油、清汤各适量

【做法】1.冬笋洗净，切块备用；豌豆苗切去老根，洗净备用。

2.锅内放油烧至六成热，下冬笋炸至表面皱皮捞出。

3.锅内留少许余油，放入豌豆苗、部分盐，翻炒断生，装入盘中。

4.锅内另倒入油，烧至四成熟时，放入甜面酱炒香，加清汤，放冬笋块、酱油、白糖、剩余盐烧至汁浓油亮，加入味精、香油炒匀起锅，倒入装有炒好的豆苗即可。

养生谈 中医认为冬笋味甘，性微寒，有“利九窍、通血脉、消食积”等功效；另外豌豆苗中铁的含量特别高，可补血增髓。

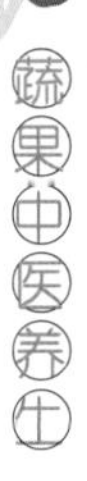

清炖蜂蜜木瓜

【材料】木瓜 300 克

【调料】蜂蜜少许

【做法】1.将木瓜去皮，去子，切成块状。

2.煲锅中加水，将木瓜块与蜂蜜一起煮 20 分钟，即可食用。

养生谈 木瓜中维生素 C 的含量是苹果的 48倍，常食具有舒筋活络，软化血管，抗菌消炎，增强体质之功效。

木瓜莴笋蒸鳝段

【材料】莴笋 200 克，大鳝鱼 500 克，熟火腿肉 150 克，木瓜 150 克

【调料】清鸡汤、盐、料酒、葱花、姜末各适量，味精、胡椒粉各少许

【做法】1.将鳝鱼剖开去除内脏，去头尾，洗净，用开水稍微烫一下捞出，刮去黏液，切成长短适中的段；将熟火腿肉切成片；莴笋去皮、叶，洗干净后切成片；木瓜洗净。

2.将锅中加入清水，放入一半的葱花、姜末和料酒，烧沸。

3.把鳝段放入沸水中烫一下捞出，整齐地排列在菜盘上，上面放火腿片、木瓜、莴笋片、胡椒粉、盐、清鸡汤及剩余葱花、姜片、料酒，加盖。

4.把绵纸浸湿，封严盖口，上笼蒸大约 1 小时后取出，启封，拣去木瓜，加味精即可。

养生谈 木瓜含有丰富的维生素 C 及 β－隐黄素，在流行病学研究中发现，若饮食中含有高量的维生素 C 或 β－隐黄素的人，他们发生类风湿性关节炎的概率会显著降低。此外，木瓜中的木瓜酶能抑制炎症反应，减少疼痛的程度，因此，木瓜是预防类风湿性关节炎的好水果。鳝鱼性温，味甘，它有补气养血、温阳健脾、强健筋骨、祛风通络等功效，尤以治疗颜面神经麻痹效果显著。此菜能祛风化湿、通经脉、强筋壮骨，患有风湿性关节炎、类风湿性关节炎、增生性关节炎等症的人可用此菜进行调养。

芋头骨头汤

【材料】芋头、猪腿骨各400克，杜仲12克

【调料】盐适量，葱花、味精、酱油各少许

【做法】1.把芋头洗净去皮，切成块；将猪腿骨敲碎，然后与杜仲一起放入砂锅中。

2.加入适量清水，熬煮2小时，待芋头熟烂后，放入酱油，撒上葱花、盐、味精，趁热食用。

养生谈 此汤可强筋骨，壮腰膝，健脾补肾。特别适用于脾肾亏虚、腰酸腿软及老年人骨质疏松等症。肥胖、痰盛者应忌服。

三鲜茄子

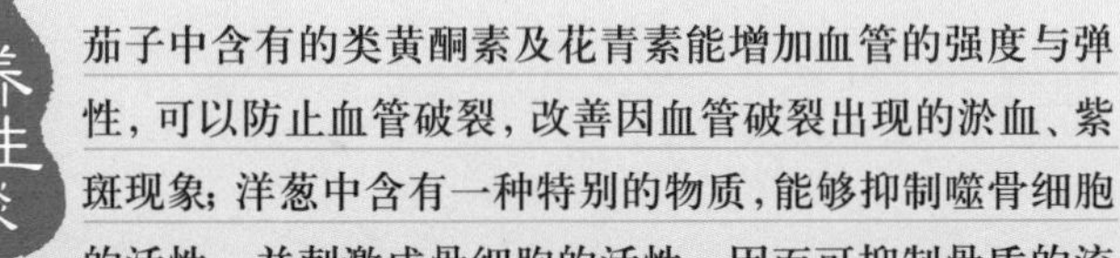

养生谈 茄子中含有的类黄酮素及花青素能增加血管的强度与弹性，可以防止血管破裂，改善因血管破裂出现的淤血、紫斑现象；洋葱中含有一种特别的物质，能够抑制噬骨细胞的活性，并刺激成骨细胞的活性，因而可抑制骨质的流失，另外，洋葱中的槲皮素及山柰酚等都是很好的抗氧化剂，能清除血管的自由基，保持血管弹性。因此本品可用于通经络、行血脉、舒筋骨。

【材料】小圆茄子5个，水发口蘑、水发黑木耳、鱼子酱各100克，油炸核桃仁50克，洋葱末10克

【调料】白糖20克，水淀粉15克，料酒5克，姜末10克，味精少许

【做法】1.将黑木耳、水发口蘑分别洗净，切成末。

2.炒锅上火，放入鱼子酱、洋葱末，待煸出香味后离火，倒入姜末、白糖、料酒、味精、口蘑末、黑木耳末、水淀粉，拌匀，制成馅料。

3.将茄子洗净，去盖，挖去中间部分的瓤，填入馅料，盖上茄盖。

4.将填有馅料的茄子放入蒸锅内，将蒸锅置大火上，蒸大约10分钟至熟后取出装盘，并在盘边围上油炸核桃仁即可。

附录：

蔬果营养总表

蔬果名称	营养成分	主要功效
芥菜	蛋白质、脂肪、碳水化合物、钙、磷、铁、维生素A、维生素B_1、维生素B_2、维生素C、烟酸等	芥菜散寒解表，温中利气，芥子温肺豁痰，消肿止痛
胡萝卜	维生素A、蛋白质、脂肪、糖、维生素A、B族维生素、苹果酸、钙、磷、铁等	健脾、化滞、解毒、透疹、强化视力、改善贫血、预防感冒
芥蓝	丰富的水分、维生素A、维生素C、蛋白质、脂肪、糖、膳食纤维、钙 、磷、铁等	解毒、清咽、平喘、美化肌肤、消脂减肥
萝卜	水分、碳水化合物、钙、磷、铁、膳食纤维、蛋白质、糖等	萝卜的根消积滞、清热化痰、下气宽中、解毒；叶消食、理气；种子下气定喘、消食化痰
油菜	水分、蛋白质、脂肪、糖、烟酸、膳食纤维、钙、磷、铁、维生素A、B族维生素、维生素C等	帮助保护视力、补充钙质、防止高血压
芹菜	维生素B_1、维生素B_2、维生素C、钙、铁、磷以及挥发性油脂、甘露醇等	预防癌症、防止老化、改善便秘、清除内热、滋润皮肤
圆白菜	碳水化合物、钙、磷、铁、维生素A、维生素B_2、维生素C与少量的硫、氯、碘、多种氨基酸	防止胃溃疡与便秘、消除疲劳、滋润五脏六腑

苋菜	蛋白质、水分、糖、钙、磷、铁、维生素A、B族维生素、维生素C、碳水化合物等	清热解毒、凉血、利尿，改善食欲不振、口干舌燥
卷心菜	碳水化合物、钙、磷、铁、维生素A、维生素C、膳食纤维、烟酸、蛋白质、脂肪等	清热、利尿、降血压、预防感冒、健胃
甘蓝	钙、磷、铁、维生素A、维生素B、维生素B_2、维生素C、糖、膳食纤维、灰质、蛋白质、脂肪等	健脾消积、改善食欲不振、消化不良及肠胃症状、强化骨骼
甜椒	蛋白质、水分、糖、脂肪、膳食纤维、维生素A、B族维生素、维生素C、钙、磷、铁、烟酸等	消除疲劳、预防感冒与动脉硬化、防疝痛
苦瓜	蛋白质、脂肪、钙、磷、铁、维生素A、维生素B_1、维生素B_2、维生素C、谷氨酸、丙氨酸、果胶	清热解暑、明目、解毒
丝瓜	脂肪、钙、磷、铁、蛋白质、多种维生素、淀粉等	美颜、护肤、美发、清凉、降火、解毒、利尿
结球莴笋	水分、糖、钙、磷、铁、维生素A、维生素B_1、维生素B_6、维生素C、烟酸、蛋白质、膳食纤维	改善便秘、化痰、促进循环、润肺
嫩茎莴笋	糖、维生素A、维生素B_1、维生素B_2、维生素C、烟酸、蛋白质、膳食纤维、脂肪、钙、磷、铁、钾、镁、硅等	强化骨骼、促进血液循环、滋润皮肤

菠菜	蛋白质、维生素A、维生素B、维生素C、铁、钙、膳食纤维、叶酸、草酸等	利五脏、通血脉动、止渴润肠、滋阴平肝。主治高血压、糖尿病、便秘等
茼蒿	蛋白质、脂肪、钙、磷、铁、维生素A、维生素B_1、维生素B_2、糖、膳食纤维、烟酸等	利脾胃、利便、消痰
菜豆	蛋白质、脂肪、钙、磷、铁、维生素A、维生素B_1、维生素B_2、维生素C、糖、膳食纤维、镁等	主治温中下气、益肾补元，治虚寒呃逆、呕吐、痰喘
草莓	维生素C、胡萝卜素、果胶、膳食纤维、果糖、蔗糖、柠檬酸、苹果酸、水杨酸、氨基酸以及钙、钾、磷、铁等矿物质	主治肺热咳嗽、咽喉肿痛、食欲不振、小便短赤、体虚贫血及酒醉不醒等症
荔枝	水分、维生素B_1、维生素B_2、维生素C、蛋白质、脂肪、胡萝卜素及果糖、葡萄糖、蔗糖、钙、磷、铁、苹果酸等	主治脾虚久泻、烦渴、呃逆、胃寒疼痛、疔肿、牙痛、崩漏贫血、外伤出血等
柠檬	水分、碳水化合物、膳食纤维、硫胺素、核黄素、烟酸、维生素C、维生素E、钙、磷、钾、钠、镁、铁、锌、硒、铜、锰、蛋白质、脂肪	主治暑热烦渴、胃热呕吐、胎动不安
李子	类黄酮、碳水化合物、果胶，维生素A、B族维生素、维生素C、维生素E、抗氧化剂、膳食纤维、钾、钙、磷	清热生津，泻肝利水。主治阴虚内热、骨蒸痨热、消渴、肝胆湿热、腹水、小便不利
苹果	水分、蛋白质、脂肪、膳食纤维、碳水化合物、钙、磷、铁、锌、胡萝卜素、维生素B_1、维生素B_2、烟酸、维生素C以及苹果酸、芳香醇、鞣酸、果胶等	主治津伤口渴、脾虚中气不足、精神疲倦、记忆力减退、不思饮食、暑热心烦、咳嗽

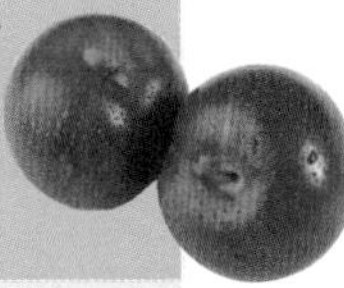

山楂	多种维生素、酒石酸、柠檬酸、山楂酸、苹果酸、黄酮类、内酯、糖、蛋白质、解脂酶、脂肪和钙、磷、铁等矿物质	主治积食、痰饮、吞酸、泻痢、腰痛、疝气、产后恶露不尽、小儿饮食停滞、产后淤积腹痛
石榴	碳水化合物、水分、维生素C、B族维生素、有机酸、糖、蛋白质、脂肪，以及钙、磷、钾等矿物质	主治津亏口燥咽干、烦渴、久泻、久痢、便血、崩漏
梨	水分、蛋白质、脂肪、膳食纤维、碳水化合物、钙、磷、维生素B_1、维生素B_2、烟酸、维生素C、柠檬酸、苹果酸等	生津润燥，清热化痰。主治热病伤津口渴、消渴、热咳、噎嗝、便秘等症
樱桃	蛋白质、脂肪、碳水化合物，膳食纤维，矿物质钙、铁、磷、钾、钠、镁，胡萝卜素、维生素B_1、维生素B_2、维生素C、柠檬酸、酒石酸等	主治病后体虚气弱、气短心悸、倦怠食少、咽干口渴及风湿腰腿疼痛、四肢关节曲身不利、冻疮等症
橘子	蛋白质、脂肪、碳水化合物、粗纤维、钙、磷、铁、胡萝卜素、维生素B_2、烟酸、维生素C、橘皮苷、柠檬酸、苹果酸等	开胃理气，止渴润肺，止咳化痰。主治消化不良、脘腹痞满、嗳气、热病后津液不足、伤酒烦渴、咳嗽气喘等症
甜橙	橙皮苷、柠檬酸、苹果酸、琥珀酸、果糖、果胶和大量维生素等	开胃消食，生津止渴，理气化痰，解毒醒酒。主治食积腹胀、咽燥口渴、咳嗽痰多、食鱼蟹中毒、醉酒等症
柚子	糖、有机酸、胡萝卜素、维生素B_1、维生素B_2、维生素C、维生素P和钙、磷、镁、钠等	健胃消食，化痰止咳，宽中理气，解酒毒。主治食积、腹胀、咳嗽痰多、痢疾、腹泻、妊娠口淡等症
葡萄	水分、葡萄糖、果糖、有机酸、蛋白质、钾、磷、钙、铁等矿物质及维生素A、B族维生素、维生素C、维生素P等	主治气血虚弱、肺虚久咳、肝肾阴虚、心悸盗汗、腰腿酸痛、筋骨无力、风湿痹痛、四肢浮肿、小便不利

柿子	鞣酸、蔗糖、葡萄糖、果糖、脂肪、蛋白质、钙、磷、铁和维生素C等	主治肺热咳嗽、脾虚泻泄、咯血、便血、尿血、高血压、痔疮等症
香蕉	蛋白质、脂肪、糖、膳食纤维、维生素A、B族维生素、维生素C、维生素E、泛酸、多巴胺以及磷、钙、铁、钾、钠等	清热生津，润肠解毒，养胃抑菌，降血压，降血糖。主治热病伤津、烦渴喜饮、便秘、痔血等症
菠萝	水分、蛋白质、脂肪、膳食纤维、烟酸、钾、钙、锌、磷、铁、碳水化合物、胡萝卜素、硫胺素、核黄素、维生素C、菠萝酶等	主治食欲不振、泄泻、低血压、水肿、小便不利、糖尿病等症
杏	碳水化合物、膳食纤维、维生素C、维生素A以及钾、磷、钙、镁、钠等	主治咽干烦渴、急慢性咳嗽、大便秘结、视力减退、恶性肿瘤等症
桃	蛋白质、脂肪、糖、钙、磷、铁和B族维生素、维生素C等	主治老年体虚、津伤肠燥便秘、妇女淤血痛经、闭经及体内淤血肿块，肝脾肿大
猕猴桃	糖、蛋白质、氨基酸、多种蛋白酶、维生素B_1、维生素C、胡萝卜素以及钙、磷、铁、钠、钾、镁等	主治烦热、消渴、黄疸及小便涩痛等症
板栗	水分、蛋白质、碳水化合物、维生素、胡萝卜素、维生素C、维生素E以及钙、磷、钾、钠、镁等矿物质	主治反胃不食、痢疾泄泻、吐血、便血、鼻出血、筋伤骨折淤肿、疼痛等症
核桃	蛋白质、脂肪、碳水化合物、膳食纤维、维生素E、胡萝卜素以及钙、钠、铁、钾、磷、镁、锌、等矿物质	主治肾虚不固、腰脚酸软、阳痿遗精、小便频繁、肺肾气虚、咳嗽气喘、大便燥结、痔疮便血等症

图书在版编目(CIP)数据

蔬果养生堂1000例/养生堂膳食营养课题组编著. -北京：中国轻工业出版社，2012.9
（彩读养生馆）
ISBN 978-7-5019-6172-6

Ⅰ. 蔬… Ⅱ. 养… Ⅲ. ①蔬菜-食物养生-食谱②水果-食物养生-食谱 Ⅳ. R247.1 TS972.161

中国版本图书馆CIP数据核字（2007）第152567号

责任编辑：张　弘　　责任终审：唐是雯
策划编辑：王恒中　　装帧设计：旭　晖
文字编辑：张秀丽　　美术编辑：成　馨　穆　丽

出版发行：中国轻工业出版社（北京东长安街6号，邮编：100740）
印　　刷：北京博艺印刷包装有限公司
经　　销：各地新华书店
版　　次：2012年9月第1版第6次印刷
开　　本：787×1092　1/16　印张：18
字　　数：260千字
书　　号：ISBN 978-7-5019-6172-6　　定价：29.90元
读者服务部邮购热线电话：010-65241695　010-85111729　传真：010-85111730
发行电话：010-85119845　65128898　传真：010-85113293
网　　址：http://www.chlip.com.cn
Email：club@chlip.com.cn
如发现图书残缺请直接与我社读者服务部联系调换